广东省海洋产业发展蓝皮书

2024

彭　勃　主编

海洋出版社

2024年·北京

图书在版编目（CIP）数据

广东省海洋产业发展蓝皮书. 2024/彭勃主编 .
北京 ：海洋出版社，2024. 11. -- ISBN 978-7-5210
-1419-8

Ⅰ. P74

中国国家版本馆 CIP 数据核字第 2024B8G977 号

策划编辑：赵　娟
责任编辑：赵　娟
责任印制：安　淼

海洋出版社　**出版发行**

http://www.oceanpress.com.cn
北京市海淀区大慧寺路 8 号　邮编：100081
鸿博昊天科技有限公司印刷　新华书店经销
2024 年 11 月第 1 版　2024 年 11 月第 1 次印刷
开本：787mm×1092mm　1/16　印张：16.5
字数：250 千字　定价：118.00 元
发行部：010-62100090　总编室：010-62100034

《广东省海洋产业发展蓝皮书2024》

编委会

前　言

海洋是生命的摇篮，是人类文明的重要发祥地和资源宝库。随着科技的发展和经济全球化的深入推进，海洋经济成为各国争相发展的战略领域。中国是海洋大国，党中央和国务院高度重视海洋经济的发展，明确提出了建设海洋强国的战略目标。习近平总书记 2023 年在广东省视察时强调，要加强陆海统筹、山海互济，强化港产城整体布局，加强海洋生态保护，全面建设海洋强省。为广东省加快建设海洋强省、在推进中国式现代化建设中走在前列指明了方向。

中共广东省委、广东省人民政府深入贯彻落实习近平总书记视察广东省重要讲话、重要指示精神，以及关于海洋发展的系列重要论述精神，落实中共广东省委十三届三次全会“1310”具体部署，锚定“走在前列”总目标，激活改革、开放、创新“三大动力”，加快形成和发展海洋新质生产力，做大做强做优现代海洋产业，助力全面建设海洋强省，将海洋经济打造成广东产业体系新支柱。2023 年，广东省海洋生产总值为 18 778.1 亿元，连续 29 年居全国首位。

在广东省自然资源厅的指导下，广东海洋协会组织编写了《广东省海洋产业发展蓝皮书 2024》（以下简称《蓝皮书 2024》）。本书的编写工作得到了广州海格通信集团有限公司、中国能源建设集团广东省电力设计研究院有限公司、广州黄埔文冲船舶有限公司、中国船舶集团经济研究中心、中国科学院南海海洋研究所、广州邦鑫数据科技有限公司、南方海洋科学与工程广东省实验室（湛江）、广东省海洋发展规划研究中心、暨南大学、广东省通信学会等单位的大力支持。

《蓝皮书 2024》立足广东省海洋产业发展实际，回顾和整理了海洋电子信息、海上风电、海洋生物、海洋工程装备、海洋公共服务等产业在国际、国内及广东省的发展状况；分析和预测了在当前国内外局势下各产业的发展前景、所面临的挑战和机遇；提出了应当促进海洋高端产业集聚，重视科技人才培养与创新团队建设、提升海洋科技成果转化能力，构建创新型海洋产业集群，推动海洋产业全方位升级等发展建议，帮助社会各界全面、深入地理解和思考广东省海洋经济的建设与发展。同时，本书也希望通过对产业和市场的分析，为决策者、学者和产业界提供有益的参考，助力广东省在新时代的海洋发展浪潮中不断探索前行，为实现海洋强国的伟大目标贡献自己的力量。

由于时间仓促且编者的水平有限，本书难免存在错漏，敬请读者批评指正。

编　者

2024 年 6 月

目　录

第一章　广东省海洋电子信息产业发展蓝皮书

第一节　海洋电子信息产业概况

一、海洋电子信息产业定义

电子信息产业，是指为了实现制作、加工、处理、传播或接收信息等功能或目的，利用电子技术和信息技术所从事的与电子信息产品相关的设备生产、硬件制造、系统集成、软件开发以及应用服务等作业过程的集合。

2003 年 5 月，国务院发布的《全国海洋经济发展规划纲要》将海洋经济定义为：海洋经济是开发利用海洋的各类产业及相关经济活动的总和。

海洋电子信息产业是一种典型的融合产业，即电子信息技术在海洋经济领域开展研究及应用的交集，是信息技术服务于科学考察、勘探与探测监测、运输、渔业、气象预报、权益维护、资源开采等与海洋相关产业活动的产物。海洋电子信息产业包括直接来源及服务应用于海洋的硬件、软件、系统和应用服务，技术上往往与其他海洋产业方向，包括海工装备、公共服务、应急救灾、风电系统等有交集。

二、海洋电子信息产业界定与划分

依据《电子信息产业行业分类注释（2005—2006）》，电子信息产业包括雷达工业行业、通信设备工业行业、广播电视设备工业行业等。

海洋经济一般包括为开发海洋资源和依赖海洋空间而进行的生产活动，以及直接或间接地开发海洋资源及空间的相关产业活动，由这些产业活动形成的经济集合均被视为现代海洋经济范畴。它主要包括海洋渔业、海洋交通运输业、海洋船舶工业、海盐业、海洋油气业、滨海旅游业等。

理论上，经过适海性设计改造，电子信息单位均可涉海。但由于受制于海洋认知、海洋活动人口红利、涉海技术积累、相关市场空间等因素的制约，涉海单位仅为电子信息产业的一部分。海洋电子信息产业细分领域多且分散，规模效应不明显，尚处于培育期。根据此特点，海洋电子信息产业统计有 3 个层面：一是有能力涉海的电子信息单位产值；二是涉海电子信息单位产值；三是涉海电子信息单位涉海业务产值。在本书中，主要统计涉海电子信息单位产值，兼顾有能力涉海的电子信息单位产值。

海洋电子信息通过数字化技术的应用和数据资源的流转，对涉海场景的产业模式、方式流程、治理机制等进行系统性重塑。海洋电子信息概念模型以数据为核心，融合数据维度、信息维度和价值维度，推动海洋领域模型化、自动化及智能化水平提升。海洋电子信息技术架构基于“4+2+2”架构构建完整的数字智能体系，重点发展立体感知、通信传输以及数据治理和人工智能技术，服务海洋资源保护、渔业渔政、交通运输、生态环境、能源开发、休闲旅游等典型应用。

图 1-1 为海洋电子信息概念模型，由 3 个维度、7 个域和各个域之间的数据流、信息流及价值流组成。底层的数据采集域实现了海洋电子信息原始数据的产生过程，数据传输域完成了原始数据的可靠、高效传输，在数据中心域通过数据治理、模型训练等工作过程将原始数据转化为应用单位可以使用的信息，按需合规供给政府单位、运营商、服务提供商等主体，支持海洋治理能力提升和产业发展，通过各类应用实现价值的转化。

由概念模型可知，海洋电子信息将数据维度、信息维度及价值维度有机结合在一起，这种有机整合不断促进海洋领域模型化、自动化及智能化水平的提升，从而提高海洋电子信息产业的效率和创新能力，推动海洋经济的可持续发展。随着科学技术的不断进步和垂直产业的广泛拓展，海洋电子信息将以更加全面、深入且可持续的方式助力海洋资源的开发利用和海洋生态的保护管理。

海洋电子信息体系架构如图 1-2 所示，按照“4+2+2”架构进行构建，以海洋立体感知网、综合通信网、数智中枢平台、应用体系为主干，

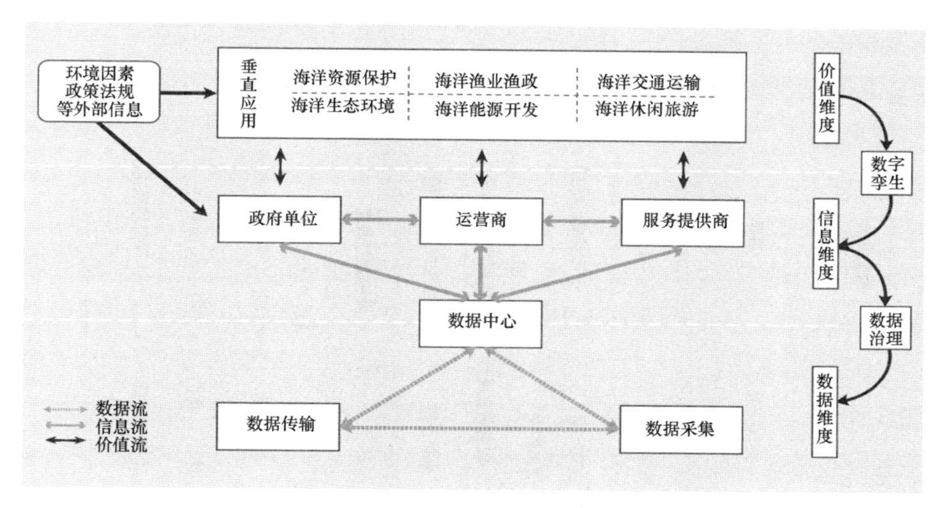

图 1-1　海洋电子信息概念模型

法规标准体系和网络安全保护体系为保障，科技创新生态和产业发展生态为支撑，彼此之间构成向下调用和向上支撑关系，各层又细分为不同的能力系统和组件，共同构成一个完整的海洋数字技术体系。

基础设施层——立体感知：通过卫星、航空器、探空仪器、海上探测船、海面和海底传感等设备设施对海洋环境的水文、气象、生物、电磁、声学、光电等数据进行综合性、实时性、持续性采集。同时，感知设施具备可远程管控和调节功能，提升感知质效，乃至具备以虚控实能力。

基础设施层——综合通信：由空基网络、天基网络、地基网络和海基网络等部分组成。高空通信平台、无人机自组网络等组成空基网络，具有覆盖能力增强、边缘服务赋能和灵活组网重构等作用；各种卫星系统构成天基骨干网和天基接入网，实现全球覆盖、泛在连接、宽带接入等功能；地面互联网、移动通信网负责业务密集区域的网络服务；通过海上无线网络、海上卫星网络等满足海洋活动的通信需求。

基础设施层——算力供给：通用算力支持大多中小型海洋业务应用场景，智能算力则用于进行人工智能相关的计算任务，超级算力用于处理复杂的科学计算、模拟等任务。异构算力调度系统是整合上述资源池的管理平台，通过统一调度和分配算力资源，实现资源的合理利用和优化。

数智中枢层：基于基础设施层构建高效、可扩展和安全的数据中枢能

网络安全保护体系
法规标准体系

用户：政府机构　科研院校　涉海企业　普通用户

应用层：
展示大屏　统一平台门户PC端　统一移动端
海洋牧场　海上安全　海洋新能源　海洋生态环保　海洋交通　海洋

数智中枢层：
数字孪生服务：模型构建　模型管理　模型训练　模型部署　海洋三维重建　防灾减灾预警　水文气象模拟　海洋时空反演　海岸带变化评估　海洋环境质量评价　用海项目评估　海洋生态适宜性评价
海洋大数据资源中心：海底地形数据　三维模型数据　导航设备数据　水文数据　动态传感器数据　海岸地貌数据　电子海图数据　气象数据　流场数据　……
数据治理：数据接入　数据采集　数据清洗　数据转换　元数据管理　主数据管理　数据质量提升　数据资源目录管理
数据湖仓：流批一体处理引擎　交互式分析引擎　图计算　资源调度器　事物支持　数据全生命周期管理

基础设施层：
算力供给：通用算力　智能算力　超级算力　异构算力调度
综合通信：跨域通信链路管理　跨域通信网络管理　跨域通信通用业务管理　跨域通信应用业务管理　4G/5G　北斗通信　卫星移动通信　卫星宽带通信　短波/超短波　微波宽带　专网通信　水声通信　通信管控设备
立体感知：
感知设施：空天遥感观测　生态环境监测　水文气象监测　声环境监测　电磁环境监测　雷达　光电　声呐　……
感知节点：天基层　空基层　海基固定层　海基机动层　岸(地)基层

科技创新生态
产业发展生态

图1-2　海洋电子信息体系架构

力。海洋数据全量全程存储在一体化海洋数据湖仓，对采集的数据进行预处理、清洗等操作，建立各类基础库、主题库、专题库等高质量数据集。通过数据建模和认知智能技术构建海洋三维建模、水文气象模拟、防灾减灾预警、海洋时空反演、海洋环境生态适宜性评估等数字孪生应用支撑能力。

应用层：为用户提供操作界面和可视化展示，用户可以通过大屏电脑、手机等设备进行操作，访问海洋牧场、海上安全、海洋新能源、海洋生态环保、海洋交通等海洋应用。

两大支撑体系：网络安全保护体系的作用是通过多层次的安全措施和技术来确保海洋电子信息整体的机密性、完整性和可用性，保护计算机网络免受网络攻击和数据泄露的威胁。法规标准体系为海洋信息化发展提供了法律保障和规范指导，为海洋信息化建设提供稳定的法律环境的同时，提高海洋电子信息建设发展的效率和质量。

两大生态系统：科技创新生态对海洋数字化发展起到了推动和引领作用，在基础研究、技术攻关、成果转化、科技金融、人才队伍等方面为海洋电子信息建设提供了合作发展的平台；产业发展生态与其对应，通过市场作用推动创新链和产业链融合，实现产业发展要素的高效流转和集聚，加速推动海洋经济的转型升级。

三、国外海洋电子信息产业发展现状

全球各个国家正在加紧布局海洋电子信息战略，尤其欧美等西方发达国家高度重视海洋信息化工作，在各类海洋信息的获取、传输、处理与应用等方面投入大量资源开展长期建设。

美国早在20世纪60年代即由美国国家海洋数据中心启动海洋信息化研究。20世纪90年代，美国主导开展实时地转海洋学阵计划（Array for Real-time Geostrophic Oceanography，ARGO），截至2023年6月底，在全球海洋上正常工作的活跃浮标数达3849个，22个国家和团体参与布放浮标。自21世纪以来，美国启动了IOOS（综合海洋观测网系统）计划和海洋数据获取与信息提供能力增强计划，由此形成集海洋信息获取、处理及管理于一体的全球体系。

美国还通过系列规划、立法等措施不断加强对海洋电子信息的引导和支持。2018 年 11 月，美国国家科学技术委员会发布《美国国家海洋科技发展：未来十年愿景》，确定了 2018—2028 年美国海洋科技发展的研究需求与发展机遇。2020 年底，美国政府颁布《数字海岸法》，要求将沿海数据与决策支持工具、最佳实践等有效结合，提高对沿海地区的管理能力。2021 年，美国政府颁布《蓝色地球法案》，支持创新、加快海洋技术的发展并改善对重要海域的监测，加强海洋数据管理。

欧盟通过促进海洋科学与政策衔接，提供共同战略议程和行动框架，有效地整合和提升了欧洲海洋探测和观测能力。自 2004 年至今，欧洲海洋观测网络形成了波罗的海、西北大陆架、北极、地中海和黑海 5 个区域业务海洋学系统。通过海洋探测和观测数据整合的管理，覆盖了欧洲及邻近海域和部分国际区域，创建了欧洲海洋数据的通用平台，有效地促进了海洋数据应用服务和共享。2020 年，欧盟和联合国启动了海洋数字孪生（Digital Twin of the Ocean，DTO）项目，通过结合与海洋相关的所有可用资源，对海洋或者部分海洋进行高分辨率的模拟，基于高性能计算、数据分析和 AI 技术，整合数据和模型，为决策提供支持。2023 年 4 月，英国普利茅斯海洋实验室牵头开展了一项新研究，该研究发布借助数字孪生技术，通过机器学习帮助研究人员模拟异常复杂的物理—生物地球化学海洋过程，预测海洋氧气异常，从而为可持续海洋管理提供指导的路径，终端用户无须在实验室或自然环境中观测即可模拟变化。

日本政府自 2008 年起，每 5 年制定修改一次《海洋基本计划》，作为国家海洋战略的总纲领。2023 年 4 月，最新一期草案发布，在重申上一期《海洋基本计划》提出的海洋安全保障、建立海域态势感知（Maritime Domain Awareness，MDA）体系、海洋环境保护等综合举措的基础上，提出了“海洋数字化转型”，升级 MDA 体系，大力发展水下无人装备等新举措。

韩国政府大力支持工业革命 4.0 技术在海洋领域的深度应用，不断提升渔业、海运物流、海上交通服务等领域的智能化水平。在渔业领域，韩国水产部通过“智慧养殖集群项目”、总许可捕捞量监控系统、水产品线上交易系统等项目实现了水产养殖生产、捕捞、流通全产业链数字化。在海运物流领域，韩国港口公司引入基于区块链技术的综合物流平台，整合分散的物流信息；基于韩国世界领先的造船公司，开发了船舶自动驾驶、自动航行船舶躲避碰撞等技术。在海上交通服务领域，建设了海洋安全综合信息系统（GICOMS），提供海洋安全信息、海盗信息、海洋气象信息以及海洋安全统计等统计信息，搭载了船舶监控系统、安全警报等装置，确保航行安全。此外，韩国在保护海洋生态环境方面开发了海洋垃圾智能回收系统，支持识别海洋垃圾来源及数量分布，预测海洋垃圾移动趋势。

目前，美国的海洋电子信息产业最为发达，欧洲以英国、北欧为代表处于领先地位。

在通信网络方面，美国和欧洲海洋通信依托于 INMASAT（总部位于伦敦）及 GLOBAL STAR [由美国劳拉公司（Loral Corporation）和高通公司（Qualcomm）倡导发起] 以及其他宽带通信系统，其 70%的海洋通信业务依托卫星完成。INMARSAT 是最早的 GEO 卫星移动系统，其利用美国通信卫星公司（COMSAT）的 MARSAT 卫星通信系统进行卫星通信，是一个军用卫星通信系统。20 世纪 70 年代中期，为了增强海上船只的安全保障，国际电信联盟决定将 L 波段中的 1535~1542.5 兆赫兹和 1636.3~1644 兆赫兹分配给航海卫星通信业务，这样 MARSAT 中的部分内容就提供给远洋船只使用。1982 年形成了以国际海事卫星组织管理的海事卫星（INMARSAT）系统，开始提供全球海事卫星通信服务。

美国国防部高级研究计划局（Defense Advanced Research Projects Agency，DARPA）是美国国防部下属的一个行政机构，负责研发用于军事用途的高新科技。其成立于 1958 年，当时的名称是“高等研究计划局”（Advanced Research Projects Agency，ARPA），1972 年 3 月更名为 DARPA，1993 年2 月改回原名 ARPA，至 1996 年 3 月再次更名为 DARPA。其总部位于弗吉尼亚州阿灵顿县。DARPA 希望建立一个海底网络，让军队可以在所有领域拥有态势感知或指挥与控制能力。DARPA 之前曾尝试过海底网络。其“战术海底”（Tactical Undersea）网络架构计划旨在通过海底光纤骨干网恢复基于射频的网络。

在立体感知领域，典型公司有位于硅谷的劳雷工业公司、LinkQuest、德立达 RD 仪器公司（Teledyne RD Instruments，RDI）等，其产品声学多普勒海流剖面仪（Acoustical Doppler Current Profiler，ADCP）、温盐深测量仪

(Conductivity-Temperature-Depth system，CTD)、回声探测仪等海洋仪器设备世界领先，GOOGLE 是最大民用遥感探测公司。

四、国内海洋电子信息产业发展现状

国内电子信息产业具有显著的区位特点，当前已形成环渤海、珠三角、长三角、华中鄂豫湘、西部川陕渝等产业聚集区，以及以核心城市为中心竞相发展的基本产业格局，形成了北京、天津、石家庄、青岛、哈尔滨、上海、南京、苏州、杭州、深圳、广州、武汉、长沙、西安、成都等产业聚集重点城市。

国内海洋电子信息产业细分领域多且分散，基于上述电子信息产业区位特点，结合国内海域分布情况，以及国家西部大开发政策，将国内研究区域划分为五大区域：

①泛渤海、黄海区域：包括京津冀、鲁、辽地区，兼顾军工特色明显的东北地区如哈尔滨；

②泛东海区域：重点为江、浙、沪所在长三角地区，兼顾福建；

③泛南海区域：重点为广东省所在粤港澳大湾区；

④华中地区：重点为鄂、豫、湘；

⑤西部地区：重点为川、陕、渝。

1. 泛渤海、黄海区域

以北京为中心的环渤海地区（包括北京、天津、河北、辽宁和山东等省市）是国内重要的海洋电子信息产业集聚地，该地区已基本形成了卫星设计、制造、系统运控，以及芯片、OEM 板卡设计制造、终端产品设计制造、电子地图数据采集和系统集成等非常完善的产业布局。该区域电子信息产业发展的主要特点：一是产业发展起步较早，发展速度全国领先，具有先发优势，上市企业数量占全国的 80%；二是聚集了大量的优势技术资源，北京是产业高端技术资源的集中地，汇集了一大批空间信息领域的科研院所、高校等优质资源以及企业技术研发总部基地；三是北京具备全国第一的先行先试的政策优势，国家专项多优先在北京落地；四是北京聚集了大量支持科技创新的金融资源，拥有庞大的投融资群体、完善的服务体系以及丰富的资本运作经验。

泛渤海、黄海区域以北京为中心，依托政治中心资源优势，汇聚大量的央企和高校，在国内5个电子信息产业研究区域中综合优势突出。部分典型单位介绍如下。

（1）北京海兰信数据科技股份有限公司

北京海兰信数据科技股份有限公司（简称“海兰信”）成立于2001年，2010年3月26日在深圳证券交易所上市。公司总部位于北京环保科技园，在海南三沙、广东、上海等地设有分支机构，在德国、新加坡、俄罗斯、加拿大等地设有分公司及研发中心。海兰信遵循“自主研发为基础、国际合作创一流”的研发理念，汇集了200余人的国际化研发团队，拥有近百项专利和软件著作权。

公司业务范围覆盖航海领域的商船、海工特种船、公务船、渔船、舰船等多种船型，以及海洋信息化领域的物理海洋、海洋测绘、水下工程、海底观测、海上无人系统、海域管理等。公司一直是相关领域政府机构的供应商，为此类客户提供综合导航系统以及基于船端和岸基对海的监控管理系统等产品及服务。同时，公司服务于远洋运输、海洋工程、海洋科学考察、海洋环境以及海洋渔业等民用领域，为客户提供综合导航、海洋信息与监控管理等产品及服务。

2023年6月30日，我国首艘数字孪生智能科研试验船“海豚1”下海首航，从蓬莱驶往青岛；沿途开展船舶设备性能指标验证、自主航行及作业、数字孪生系统虚实交互等一系列船舶智能化水平和能力的试验。“海豚1”科研船船体全长25米，排水量100吨；由哈尔滨工程大学智能科学与工程学院科研团队联合校外多家业内优势单位和校内多个涉船海学院自主研发，历时3年建造完成。全面解决了船舶总体、动力、电力、推进、导航、操控、船岸等一体化系统的可靠性设计，实现船舶经济、安全、可靠运行的目标。本次航行由哈尔滨工程大学牵头，海兰信作为参研单位提供固态雷达集成应用及多功能探测技术、高精度实时动态数字海图融合技术、甚高频声音和自然航行声号的声音识别应用技术、航行态势智能感知技术集成和试验验证技术等，共同承担本次船舶态势智能感知系统研制项目的科研任务。

（2）北京北斗星通导航技术股份有限公司

北京北斗星通导航技术股份有限公司（简称“北斗星通”）成立于2000年9月25日，是我国卫星导航产业首家上市公司。北斗星通因“北斗”而生，在我国首颗北斗卫星发射前夕注册成立；20余年来，北斗星通伴“北斗”而长，推动并见证了我国卫星导航及相关产业发展。

北斗星通已为海洋渔业领域提供“终端+平台+运营”的三位一体服务，拥有渔船用户4万余个，伴随手机用户近10万个，安装各类渔业应用平台1500余套，每年处理渔船报位逾15亿次。目前，北斗海洋渔业应用已进入3.0时代，依托北斗与物联网技术的深度融合，行业重点建设方向锁定为船舶智能监管、渔港数字孪生及渔业数据价值挖掘。随着“北斗三号”时代的开启，北斗与渔业还将携手走出国门，在海外开展更广泛的应用。

（3）中国卫通集团股份有限公司

中国卫通集团股份有限公司（简称“中国卫通”）是中国航天科技集团有限公司从事卫星运营服务业的核心专业子公司，具有国家基础电信业务经营许可证和增值电信业务经营许可证，是我国唯一拥有通信卫星资源且自主可控的卫星通信运营企业，被列为国家一类应急通信专业保障队伍。2019年6月28日，中国卫通成功登陆上海证券交易所主板挂牌交易。

“海星通”海洋综合信息服务平台是中国卫通为所有海洋卫星通信服务用户打造的集服务与管理于一体的多功能综合平台。船员可以通过“海星通”App，随时享用高速网络、流量充值、与家人联系，在海上享受流媒体服务、海上直播、培训等。企业可以通过“海星通”平台实现海陆协同，数据、视频回传，实时了解船只动向、船舶位置、船迹展示等，此外还可以提供视频监控、视频会议、流媒体服务、语音通话、气象预报等服务。“海星通”更是完成过多次海上救援的通信保障任务，确保海上工作、生活、娱乐全无忧。

（4）中国电子科技集团公司第五十四研究所

中国电子科技集团公司第五十四研究所（简称“中电科五十四所”）主要从事军事通信、卫星导航定位、航天航空测控、情报侦察与指控、通信与信息对抗、航天电子信息系统与综合应用等前沿领域的技术研发、生产制造和系统集成。中电科五十四所下设9个事业部，具有通信网信息传输与分发技术重点实验室，卫星导航系统与装备技术国家重点实验室，以及集团级航天信息应用技术重点实验室，3个国家级研究开发和检验认证中心。

亚丁湾护航是中华人民共和国海军成立以来首次在远海执行的多样化军事作战任务，中电科五十四所先后为其提供20余套卫星通信装备，并派出技术人员全程执行通信保障任务，为常态化护航任务的顺利进行做出了突出贡献。

（5）哈尔滨工程大学（水声工程学院）

哈尔滨工程大学水声工程学院源于1953年建立的我国第一个声呐专业——中国人民解放军军事工程学院（哈军工）海军工程系声呐专业，是改革开放后首批硕士、博士、博士后人才培养单位。经过几代人的不懈奋斗，目前已发展成为国内规模最大、学科方向最齐全、师资力量最雄厚的水声人才培养基地，是我国高水平水声技术人才的培养摇篮和水声技术新理论、新技术、新方法的创新源头，是哈尔滨工程大学“三海一核”办学特色最具代表性的学科、专业和教学科研机构之一。

学院科研紧密对接国家需求，积极发展基础性、原创性、颠覆性技术，全面服务国家重大科技专项工程，为我国水声事业进步、海洋强国建设做出重要贡献。近5年来，学院承担各级各类科研项目近900项，累计科研到款6.3亿元，获得国家科技发明奖、中国专利奖、中国高等学校十大科学技术进展奖、海洋工程科学技术奖、国防科技进步奖、国防技术发明奖、黑龙江省最高科技奖等省部级奖近30项，科研成果先后装备“蛟龙”号、“深海勇士”号、“奋斗者”号深海载人潜水器。2023年1—10月，新立项科研项目129项，项目合同总经费达5.09亿元。

（6）崂山实验室

崂山实验室是中央批准成立的突破型、引领型、平台型一体化的海洋领域新型科研机构，作为国家战略科技力量的重要组成部分，聚焦加快建设海洋强国等重大战略需求，以重大使命任务为牵引，开展战略性、前瞻性、系统性、颠覆性研究。崂山实验室于2022年8月正式挂牌组建。

2. 泛东海区域

以上海和南京为代表的长三角（包括上海、江苏和浙江等省市）是国内主要的电子信息产业研发、生产和应用地区，在电子信息产业中占有重要位置。长三角地区电子信息产业发展的主要特点：一是专业人才和产业发展基础在国内具有一定优势，具有较好的电子工业基础，企业研发能力较强，拥有核心技术；二是企业发展具有一定集聚性，产业链覆盖面较全；三是产业发展的市场基础较好，尤其在汽车应用、高精度接收机研发生产和集成应用方面具有一定优势，并且积累了丰富的应用示范经验。

上海国家民用航天产业基地是我国第一个国家级航天产业基地，2006年开发建设，主要由航天科技研发中心、航天科技产业基地和航天科普基地组成。其中，航天科技研发中心定位于打造集运载火箭、应用卫星、载人飞船、防空武器等航天产品研发、研制、试验于一体的航天科技研发基地，航天科技产业基地则以产业集群为目标，发展卫星导航应用和新能源产业，形成以卫星应用、航天技术及应用全面发展的产业格局。部分典型单位介绍如下。

（1）中国亨通集团公司

中国亨通集团公司（简称“亨通集团”）是中国通信光网、智能电网、新能源新材料等领域的国家创新型企业、高科技国际化产业集团，拥有控股公司70余家，其中5家公司在境内、外上市，产业遍布国内15个省市区和海外12座产业基地，业务覆盖150多个国家和地区，全球光纤网络市场占有率超15%，跻身全球光纤通信前3强，中国企业500强、中国民企百强。江苏亨通光电股份有限公司是亨通集团的核心层企业之一，是专业生产各类光纤光缆产品的股份有限公司。

（2）南京熊猫电子股份有限公司

南京熊猫电子股份有限公司（简称“南京熊猫”）于1992年4月由被誉为中国电子工业摇篮的熊猫电子集团有限公司独家发起设立，是我国电子行业的骨干企业。1996年5月和11月，公司分别在香港联合交易所和上海证券交易所挂牌上市，是我国电子信息行业第一家A+H股上市公司。

子公司南京熊猫汉达科技有限公司是国内领先的信息与通信解决方案供应商，在短波、超短波、卫星、机载、舰载、移动通信及通信系统构建一体化体系。

（3）江苏中天科技股份有限公司

江苏中天科技股份有限公司（简称“中天科技”）于2002年在上海证券交易所上市，海底光缆电缆是其主要业务之一，旗下中天海洋装备产业紧抓海岛开发、海洋新能源开发、海洋资源勘探等海洋经济大发展机遇，坚持陆海并重、光电融合，提供海洋装备整体解决方案。

在上海举办的第21届国际海事技术学术会议和展览会上，中天科技向业内人士展示了深海油气开发装备用电缆配套、海上风电输电、海洋油气开采能源传输、水下观测组网、水密连接器及组件等系统解决方案。

（4）上海华测导航技术股份有限公司

上海华测导航技术股份有限公司（简称“华测导航”）是国内高精度卫星导航定位产业的领先企业之一，致力于为各行业客户提供高精度数据的采集和应用解决方案，专业从事高精度卫星导航定位相关软硬件技术产品的研发、生产和销售，主要产品包括高精度GNSS接收机、GIS数据采集器、海洋测绘产品、三维激光产品、无人机遥感产品等数据采集设备，以及位移监测系统、农机自动导航系统、数字施工、精密定位服务系统等数据应用解决方案。

在广东粤电湛江外罗海上风电项目应用案例中，通过定期对运行期间风电场风机基础周边和路由海缆的冲刷情况进行监测，了解风机基础周边的海底底质类型及冲刷沟发育、变化情况，了解路由海缆的掩埋、裸露或悬空及变化情况，为风电场及海缆的运行维护提供依据。在测量船上，将挪威NORBIT公司生产的紧凑型多波束测深系统（iWBMS）和各辅助设备连接好后，利用支架将拖鱼固定在船舷一侧：表面声速仪、NORBIT iWBMS换能器通过支架入水，并置于船龙骨以下；将所有传感器连接到采集软件中，检查GPS信号、姿态信号、表面声速等是否正常；打开声呐采集软件，查看图像是否有严重弯曲变形等；调节增益，获得满意的声呐图像。运行多波束控制软件WBMS GUI和多波束测量导航与采集软件Qinsy，采用笔记本采集水深、姿态、定位、水声等数据，以及扩展液晶显示器用于显示导航图。华测多波束测深系统可以获取水下厘米级的高精度、高密度的点云数据。可以用来分析水下地形趋势走向。获取桩基水下部分周围海床的冲刷以及淤积情况，帮助我们及时清除或者抛石，以加固桩基。

（5）浙江大学（海洋学院）

浙江大学海洋学院舟山校区是浙江大学直属专业学院之一，是在杭州本部以外建立的首个办学特区。它坐落于中国第一大群岛和重要港口城市舟山市。海洋学院的前身为2009年成立的浙江大学海洋科学与工程学系，于2015年9月入驻舟山校区办学。

围绕国家海洋战略目标和舟山海洋工程装备等产业发展需求，浙江大学海洋学院舟山校区建设了消声水池、波流水池、操纵性水池、60兆帕压力桶、双六自由度仿真实验平台等10余个具有国际一流水准、能满足多种海洋试验需求的大型实验设施。本学院现有海洋工程装备国家地方联合工程实验室（浙江）、海洋感知技术与装备教育部工程研究中心、浙江舟山群岛海洋生态系统教育部野外科学观测研究站、海洋牧场水下在线监测科技团队全国工作站、浙江省海洋岩土工程与材料重点实验室、浙江省海洋观测—成像试验区重点实验室、海洋装备试验浙江省工程实验室、海洋工程材料浙江省工程实验室、海上试验浙江省科技创新服务平台、浙江省“智慧东海”协同创新中心、浙江省大湾区（智慧海洋）创新发展中心和山东省海洋牧场观测网数据中心、中国（浙江）自由贸易试验区研究院、舟山海洋电子信息产业创新服务综合体等科研平台，以及海洋电子信息技术浙江省领军型创新团队和海洋电子信息浙江省重点科技创新团队。

（6）复旦大学（大气与海洋科学系）

2018年1月，复旦大学批准建立大气与海洋科学系。2018年4月，大气与海洋科学系正式成立。大气与海洋科学系现设气象学与大气环境、气候系统和气候变化、大气物理和化学过程以及海洋气象学与物理海洋4个学科方向，作为国家和社会的人才培养基地，一直以培养大气科学与海洋科学的尖端人才为理念。

（7）东南大学（信息科学与工程学院）

东南大学信息科学与工程学院前身为南京工学院无线电工程系。学院现有“电子科学与技术”“信息与通信工程”2个国家一级重点学科，并设有2个一级学科博士学位授权点及博士后流动站，涵盖“通信与信息系统”“电磁场与微波技术”“信号与信息处理”“电路与系统”4个国家二级重点学科。2017年，“电子科学与技术”学科和“信息与通信工程”学科双双列入国家“双一流”学科建设名单，第四轮全国高校学科评估结果分别为A档和A-档。

学院现有移动通信和毫米波两个国家重点实验室、移动信息通信与安全教育部前沿科学中心、“无线通信技术”国家“2011计划”协同创新中心、水声信号处理教育部重点实验室和射频集成电路与系统教育部工程研究中心。学院作为核心力量发起建设了网络通信与安全紫金山实验室，已成为国家实验室重要组成部分，入选国家战略科技力量。该实验室面向网络通信与安全领域国家重大战略需求，以引领全球信息科技发展方向、解决行业重大科技问题为使命，通过聚集全球高端人才，开展前瞻性、基础性研究，力图突破关键核心技术壁垒，开展重大示范应用，促进成果在国家经济和国防建设中落地。

3. 华中地区

以武汉、长沙、郑州为代表的华中鄂豫湘地区科技和人才基础雄厚，具有技术研发优势。华中鄂豫湘地区的电子信息产业基础良好，其中武汉和郑州在测绘科学领域有着深厚的科研和人才基础。在卫星定位导航与测绘应用技术创新及产业化研发方面，以武汉大学、战略支援部队信息工程大学地理空间信息学院（原解放军测绘学院，简称“军测”）、国防科技大学为代表的高校，其研发力量和人才团队在全国乃至全球都处于领先地位，在华中地区带动出一批具有创新优势和极具发展潜力的中小型科技企业。特别是武汉拥有国内最大的光电子信息产业集群，建设了一批公共服务平台，为电子信息产业技术研发提供了强有力的支持。

武汉国家航天产业基地是我国首个国家级商业航天产业基地，于2017年正式开工建设，其战略定位主要包括围绕新型运载火箭及发射服务、卫星平台及载荷、空间信息应用、地面及终端设备制造等领域，打造世界级商业航天产业基地；打造华中高端装备制造产业高地；在商业航天龙头项目牵引下，快速切入航天新材料领域，打造中部地区新材料产业示范区。

华中地区以武汉为中心，形成了光通信（海洋通信网络）、导航测绘（海洋感知探测）2个典型产业的聚集区域，并依托中国船舶重工集团公司第七〇一研究所优势，具有较强的船舶电子总体设计能力。部分典型单位介绍如下。

（1）烽火通信科技股份有限公司

烽火通信科技股份有限公司（简称“烽火通信”）视为中国信息通信科技集团旗下上市企业，是国际知名的信息通信网络产品与解决方案提供商，国家科技部认定的国内光通信领域“863”计划成果产业化基地和创新型企业。

烽火海洋网络设备有限公司（简称“烽火海洋”）于2015年成立，位于珠海市高栏港，是目前国内海洋通信领域唯一一家拥有完全自主知识产权和全产业链的通信设备供应商，其致力于打造海底通信全链条EPC总包服务。烽火海洋的海洋观测网系统是包括岸基设备、海底设备与海底光缆在内的综合观测网系统。其中，岸基设备负责供电、信息的处理与分发以及与陆地光纤网络互联等功能；海底设备负责信息的获取上传分发与信号中继放大等功能；海底光缆则可以提供稳定可靠的信号传输通道。

（2）武汉高德红外股份有限公司

武汉高德红外股份有限公司（简称“高德红外”）创立于1999年，是规模化专业从事红外核心器件、红外热像仪、大型光电系统等的研发、生产、销售的高新技术上市公司。高德红外工业园位于“武汉·中国光谷”，占地200余亩（约13余公顷），拥有高科技人才4000余名，市值500亿元，已建成覆盖底层红外核心器件至顶层完整光电系统的全产业链研制基地。作为以红外热成像技术为主导的高科技公司，高德红外拥有自底层至系统的完整而全面的自主技术，并已构建完成从底层红外核心器件，到综合光电系统的全产业链研发生产体系。

（3）湖北久之洋红外系统股份有限公司

湖北久之洋红外系统股份有限公司（简称“久之洋”）主要从事红外热像仪、激光测距仪的研发、生产与销售，是国内少有的同时具备红外热像仪和激光测距仪自主研发技术与生产能力的高新技术企业，是中国高科技产业化研究会光电科技产业化专家工作委员会常务理事单位、中国光电子协会红外专业委员会常务理事单位、湖北省光学学会常务理事单位。公司主要产品包括具有先进水平的各型制冷红外热像仪、非制冷红外热像仪以及激光测距仪等产品，在红外热成像技术、激光测距技术、光学技术、电子技术、图像处理技术等方面具有综合学科优势，技术水平居国内领先地位。

（4）武汉大学（测绘学院）

武汉大学测绘学院是我国测绘高等教育和科学研究的著名学府，是全国高等学校测绘学科教学指导委员会主任单位。该学院立足测绘科学与技术发展前沿，综合办学实力强，人才培养质量高，设有国家信息化测绘人才培养模式创新实验区、国家级实验教学示范中心、国家级工程实践教育中心，对我国测绘教育和科技事业的发展具有引领性、示范性和辐射性作用，被誉为“测绘教育之都”。该学院设有3个系（测绘工程系、导航工程系、地球物理系）、5个研究所（测量工程研究所、空间信息工程研究所、航空航天测绘研究所、地球物理大地测量研究所、空间定位与导航研究所），2个部级重点实验室（地球空间环境与大地测量教育部重点实验室、自然资源部地球物理大地测量重点实验室），全球卫星导航服务系统（IGS）连续运行跟踪站、武汉大学海洋研究院、武汉大学灾害监测与防治研究中心等教学科研机构。学院近年来承担国家“973”计划、“863”计划、科技支撑计划、国家自然科学基金、重点工程项目等各类科技项目1000余项，获国家科技进步奖10余项，省部级科技进步奖100余项。

新一轮“双一流”建设高校及建设学科名单为：武汉大学建设学科为理论经济学、法学、马克思主义理论、化学、地球物理学、生物学、土木工程、水利工程、测绘科学与技术、口腔医学、图书情报与档案管理。

（5）国防科技大学（气象海洋学院）

国防科技大学气象海洋学院由原国防科学技术大学海洋科学与工程研究院和原解放军理工大学气象海洋学院合并组建。学院现编设有教学科研处、政治工作处、管理保障处共3个处室；大气科学与工程系、海洋科学与技术系、空间天气与环境探测系、地球信息科学与工程系、气象海洋保障与指挥系、数值气象海洋研究所、深海科学技术实验室7个系级单位。经过68年的建设与积淀，学院以教学科研为中心的各项工作蓬勃发展，具备建设世界一流气象海洋学院的坚实基础。学院以大气科学、海洋科学两个一级学科为建设核心，通过和计算机科学与技术、软件工程、光学工程、物理学、信息与通信工程、仪器科学与技术、水声工程等学科相互交叉融合，形成气象—海洋学科群，凝练建设军事气象海洋预报、军事气象海洋保障、大气海洋探测等多个学科方向。气象—海洋学科群被纳入学校“双一流”建设10个“一流学科”范畴，着眼于服务国家和部队需求，开展气象海洋领域前沿基础问题和科技创新研究，承担气象海洋领域国家专项等多项科研任务，为学校抢占气象海洋领域学科制高点，建设具有我军特色世界一流气象海洋学院提供强有力的学科支撑。

(6) 中国人民解放军战略支援部队信息工程大学

中国人民解放军战略支援部队信息工程大学（简称“信息工程大学”），以原中国人民解放军信息工程大学、中国人民解放军外国语学院为基础重建，隶属中国人民解放军战略支援部队，学校校区位于河南省郑州市、洛阳市，担负着为国防和军队现代化建设培养信息领域高层次专业化人才的重任。学校为军队2110工程重点建设院校、国家首批一流网络安全学院建设示范项目高校、中国人民解放军唯一的国家网络安全人才培养基地，也是国家非通用语人才培养基地、全军出国人员外语培训基地、外国军事留学生汉语培训基地。

信息工程大学创建于1931年1月，前身是军委工程学校第二部、第三部和东北民主联军测绘学校；先后由原解放军信息工程学院、解放军测绘学院、解放军电子技术学院和解放军外国语学院合并组建而成。

4. 西部地区

以成都、重庆、西安为核心的西部川陕渝地区在我国卫星产业中的重要性呈上升态势。西部川陕渝地区电子信息产业发展的主要特点：一是国内龙头研发及应用单位汇集；二是西部地区拥有深厚的军工科研和人才基础，高校和研究院所云集，高端技术人才丰富，为产业的快速发展奠定了基础和保障；三是西部地区地处中国西部大开发前沿，能够较容易享受到国家各项扶持政策，进而能够快速吸引企业入驻，带动当地经济发展；四是随着国家政策和资金的支持而壮大。

西安国家民用航天产业基地于2008年正式揭牌，以国家战略需求和区域经济发展为牵引，发展航天及军民融合、卫星及应用、新能源、新一代信息技术四大产业，建设特色鲜明的世界一流航天产业新城。

西部地区依托国家战略纵深优势，部分典型单位介绍如下。

（1）成都振芯科技股份有限公司

成都振芯科技股份有限公司（简称“振芯科技”）是一家致力于围绕北斗卫星导航应用的“元器件—终端—系统”产业链提供产品和服务的公司，拥有北斗分理级和终端级的民用运营服务资质，主要产品包括北斗卫星导航应用关键元器件、高性能集成电路、北斗卫星导航终端及北斗卫星导航定位应用系统。

（2）中电天奥有限公司

中电天奥有限公司（简称“中电天奥”）于2019年6月成立，由中国电子科技集团有限公司独资控股，在原中国电子科技集团有限公司第十研究所（简称“十所”）的基础上组建而成。十所于1955年在北京成立，于1957年迁址成都，是中华人民共和国成立后组建的第一个综合性电子技术研究所。

中电天奥拥有电科集团航空电子信息重点实验室和智能联合情报重点实验室、西南电子元器件复验/筛选中心、综合环境实验室、天奥校准/检测实验室（国防科技工业5113二级计量站）、计算机网络、SMT中心、电磁兼容工程与测试中心、北斗卫星导航产品2501质量检测中心、大型微波暗室以及先进的综合环境实验室，拥有各类仪器、设备，各种图书资料34万余册。

（3）重庆西南集成电路设计有限责任公司

重庆西南集成电路设计有限责任公司（简称“西南集成”）是中电科声光电科技股份有限公司下属的全资高科技企业，于2000年6月在重庆登记注册，现有员工300余人。

公司致力于硅基半导体模拟元器件及模组设计与产品的开发、生产和销售，开发了无线通信、卫星导航、短距离通信、电源管理、光伏保护等系列产品，广泛应用于物联网、绿色能源和安全电子等领域，可为客户提供核心芯片、模块、组件、系统解决方案等多种产品形态和服务。西南集成拥有多项发明专利、布图设计登记等知识产权，具有国际较先进的硅基半导体模拟元器件及模组设计与产品开发能力，在国内硅基射频集成电路行业处于领先地位，是我国在集成电路领域自主创新、自立自强的中坚力量。

该公司拥有较强的电路设计、测试分析和应用解决方案等专业技术团队；拥有先进的软、硬件平台；拥有丰富的上、下游资源，产品在市场上具备核心竞争力。该公司被评为“国家信息产业基地龙头企业”“中国卫星导航与位置服务行业五十强企业”“国家规划布局内重点集成电路设计企业”“全国电子信息行业优秀创新企业”“最具投资价值企业”“十年中国芯优秀设计企业”“重庆制造业企业 100 强”等。

（4）西安电子科技大学

西安电子科技大学是以信息与电子学科为特色，工、理、管、文、经多学科协调发展的全国重点大学，隶属教育部，是国家“优势学科创新平台”项目和“211 工程”项目重点建设高校之一，国家双创示范基地之一，首批 35 所示范性软件学院、首批 9 所设有国家示范性微电子学院、首批 9 所获批设立国家集成电路人才培养基地和首批一流网络安全学院建设示范项目的高校之一。2017 年学校信息与通信工程、计算机科学与技术入选国家“双一流”建设学科。

该学校是国内最早建立信息论、信息系统工程、雷达、微波天线、电子机械、电子对抗等专业的高校之一，开辟了我国 IT 学科的先河，形成了鲜明的电子与信息学科特色与优势。“十三五”期间，学校获批 8 个国防特色学科。学校现有 2 个国家“双一流”重点建设学科群（包含信息与通信工程、电子科学与技术、计算机科学与技术、网络空间安全、控制科学与工程 5 个一级学科），2 个国家一级重点学科（覆盖 6 个二级学科），1 个国家二级重点学科，34 个省部级重点学科，14 个博士学位授权一级学科，26 个硕士学位授权一级学科，10 个博士后科研流动站，65 个本科专业。在全国第四轮一级学科评估结果中，3 个学科获评 A 类：电子科学与技术学科评估结果为 A+档，并列全国第一；信息与通信工程学科位于 A 档；计算机科学与技术学科评估结果为 A-档，学校电子信息类学科继续保持国内领先水平。根据 ESI 公布数据，学校工程学和计算机科学均位列全球排名前1‰。

（5）电子科技大学

电子科技大学坐落于四川省成都市，原名成都电讯工程学院，是1956年在周恩来总理的亲自部署下，由交通大学（现上海交通大学、西安交通大学）的电讯工程系、南京工学院（现东南大学）无线电系、华南工学院（现华南理工大学）的电讯系合并创建而成。

该学校在1960年被中共中央列为全国重点高等学校，1961年被中共中央确定为7所国防工业院校之一，1988年更名为电子科技大学，1997年被确定为国家首批“211工程”建设的重点大学，2000年由原信息产业部主管划转为教育部主管，2001年被列入国家“985工程”重点建设大学行列，2017年被列入国家建设“世界一流大学”A类高校行列，2019年教育部和四川省签约共同推进该校世界一流大学建设。经过60余年的建设，学校形成了从本科到硕士研究生、博士研究生等多层次、多类型的人才培养格局，成为一所完整覆盖整个电子信息类学科，以电子信息科学技术为核心，以工为主，理工渗透，理、工、管、文、医协调发展的多学科性研究型大学，并成长为国内电子信息领域高新技术的源头，创新人才的基地。

（6）西北工业大学（航海学院）

西北工业大学航海学院作为学校“三航”特色学院之一，是我国海洋技术与工程领域科学研究和人才培养的“双一流”重点建设学院之一，主要从事水中兵器、水声工程、水下航行器、海洋工程等领域的科学研究和人才培养。

学院以“海洋工程类”大类招生，下设船舶与海洋工程、水声工程、信息工程（含控制）、海洋工程与技术4个本科专业，其中，2个国家级一流本科专业建设点、1个陕西省一流本科专业建设点、1个2021年新获批专业。

紧紧围绕立德树人根本任务和“双一流”建设目标要求，近年来，在“建设海洋强国”需求和“智慧海洋”等重大科技专项牵引下，学院在多学科融合方面不断探索与创新，拓展了船舶与海洋工程、海洋科学考察、深海资源开发、海洋信息智能感知等学科方向。成立兵器科学与技术、船舶与海洋工程以及信息与通信工程 3 个学科组，拥有兵器科学与技术、水声工程等一级（二级）博士招生学科 6 个、工程博士招生领域 2 个；拥有一级（二级）硕士招生学科 8 个、专业学位硕士招生领域 3 个；设有博士后流动站 3 个。

该学院现拥有“水下信息与控制”国家级重点实验室、“声学工程与检测技术”国家专业实验室、2 个工信部重点实验室、2 个省部级协同创新中心、1 个全国示范性全日制专业学位研究生联合培养实践基地、1 个陕西省海洋工程与技术检验检测共享平台、1 个陕西省重点实验室、2 个省部级实验教学示范中心、2 个陕西省人才模式培养示范区、1 个陕西省虚拟仿真实验教学中心。该学院拥有高速水洞、大型消声水池、大型综合水池、拖曳水池、水下物理场仿真、水下动力推进、声与振动控制、导航与控制仿真中心等实验室，开展导航定位、水下探测、水下信息处理、振动与噪声控制、水下发射等方面的研究工作，以满足师生教学和科研工作的需求。

第二节　广东省海洋电子信息产业发展现状

中共广东省委十三届三次全会强调，要全面推进海洋强省建设，在打造海上新广东上取得新突破。发展海洋电子信息产业，助力海上新广东建设的重大意义在于以下 3 个方面。

（1）提高人类对海洋的认知

深远海是远离陆地的海洋区域，也是人类足迹难以企及的地域，随着科学技术的进步与电子信息装备的小型化、无人化、智能化发展，将为开展海洋探测提供日益先进的技术手段。海洋电子信息的立体感知技术，可为全方位探索海洋提供“五感”（视、听、嗅、味、触）支持。

（2）为海洋产业赋能

海洋电子信息产业是海洋电子信息技术在海洋经济领域开展研究及应用的交集，是信息技术服务于科学考察、勘探与探测监测、运输、渔业、气象预报、权益维护、资源开采等与海洋相关产业活动的产物。“来自人民、为了人民、依靠人民”，海洋电子信息产业致力于信息化、智能化，将赋予海洋行业更多想象和行动空间。

(3) 提升海洋开发效率

进入近代以来，人类社会历经工业化、信息化的发展阶段，社会生产力得到极大的发展，电子信息产业的进步促进了生产效率的几何式提升。面对海洋能源、渔业、运输等领域的发展需求，通过陆上应用的适应性移植改造，海洋电子信息技术的应用有望加速海洋开发进程，提升海洋开发效率。

一、广东省海洋电子信息产业发展现状

1. 企业情况

广东省是制造加工大省，拥有电子产品制造加工优势，产业配套能力强，电子信息与通信产业链完善，在通信方面拥有华为、中兴等世界知名企业。该省在海洋电子信息产业发展过程中，突破了多项核心关键技术壁垒，并形成了产业化应用。在核心技术突破攻关方面，取得了长足进步，并在国内形成了优势的技术力量，完成卫星通信、短波、移动通信、超短波、数字集群等通信网络装备、航迹记录仪 VDR、自动识别系统 AIS、自动应答系统 ADS-B、综合控制台、船载通信导航系统、探测雷达等科研攻关。部分典型单位介绍如下。

(1) 广州海格通信集团股份有限公司

广州海格通信集团股份有限公司（简称“海格通信”）位于广州经济技术开发区，是国家创新型企业、全国电子信息百强企业之一的广州无线电集团的主要成员企业。海格通信是国家火炬计划重点高新技术企业、国家规划布局内重点软件企业，自 2003 年起连续入选中国软件业务收入前百家企业，拥有国家级企业技术中心、博士后科研工作站、广东省院士专家企业工作站，是全频段覆盖的无线通信与全产业链布局的北斗导航装备研制专家、电子应用系统解决方案提供商。

(2) 广州中海达卫星导航技术股份有限公司

广州中海达卫星导航技术股份有限公司（简称“中海达”）成立于 1999 年，2011 年 2 月 15 日在深圳创业板上市，是“北斗+精准定位装

备制造”类第一家上市公司。中海达成立至今，旗下拥有16家直接控股子公司，26家分支机构，2000余名员工。产品销售网络覆盖全球逾100个国家或地区，全球拥700余家合作伙伴，形成了覆盖全球的销售及服务网络。

中海达深耕北斗卫星导航产业，是国产卫星导航接收机（RTK）的先行者，持续多年开创行业前沿技术。公司以卫星导航技术为基础，融合声呐、光电、激光雷达、UWB超宽带、惯导等多种技术，已形成“海陆空天、室内外”全方位的精准定位产品布局，可提供装备、软件、数据及运营服务等综合解决方案。

（3）广州南方测绘科技股份有限公司

广州南方测绘科技股份有限公司（简称“南方测绘”）于1998年创立于广州，是一家集研发、制造、销售和技术服务于一体的测绘地理信息产业集团。业务范围涵盖测绘装备、卫星导航定位、无人机航测、激光雷达测量系统、精密测量系统、海洋测量系统、精密监测及精准位置服务、数据工程、地理信息软件系统及智慧城市应用等，致力于行业信息化和空间地理信息应用价值的提升。

（4）深圳金信诺高新技术股份有限公司

深圳金信诺高新技术股份有限公司（简称“金信诺”）——信号互联技术创新者，成立于2002年4月2日，是一家集研发、生产和销售于一体的高科技民营上市公司，专注于通过5G与智联网的前瞻布局为全球多行业、多领域的核心客户提供高性能、可设计定制的全系列信号互联产品、解决方案和服务。

金信诺在全球布局了以5G研究所、PCB研究所、光研究所、线缆研究所 & 连接器研究所、电磁与信号系统研究所为核心的五大研究所，并和东南大学合作成立了人工智能联合实验室，基于5G+AI探索更多商业的可能性。作为中国第一家同时主导制定连接线及连接器国际标准的企业，截至目前公司已制定并颁布23项IEC国际标准、8项国家标准、12项行业标准、2项国军标准。此外，还取得了122项发明专利、18项国防专利、12项外观专利以及553项实用新型专利，实现从“国产替代”到“自主创新”再到“行业引领”的三级跨越式演进。

（5）海能达通信股份有限公司

海能达通信股份有限公司（简称“海能达”）是一家全球化民营上市公司，总部位于中国深圳。该公司于1993年成立，是全球领先的专用通信及解决方案提供商，致力于为公共安全、应急、能源、交通、工商业等行业客户，在日常工作与关键时刻，提供更快、更安全、更多连接的通信设备及解决方案，助力城市更高效、更安全。

（6）珠海航宇微科技股份有限公司

珠海航宇微科技股份有限公司（简称“航宇微”），曾用名为“珠海欧比特宇航科技股份有限公司”，于2000年3月在珠海特区创立。航宇微推崇“芯科技、兴中国；小卫星、大数据”的发展理念，主要从事宇航电子、人工智能技术、微纳卫星星座及卫星大数据、智能测绘技术的研制与生产，服务于航空航天、工业控制、地理信息、国土资源、农林牧渔、环境保护、交通运输、智慧城市、数字政府、现代金融、个人消费等领域。

公司发射运营的“珠海一号”卫星星座目前已经按计划发射了12颗卫星（4颗视频卫星、8颗高光谱卫星）；卫星在轨运行正常，其中8颗高光谱卫星成为国际领先的高光谱卫星星座，具备2.5天对全球扫描一遍的能力；在广东珠海、黑龙江漠河、新疆乌苏、山东高密四地已经建成了4个地面接收站，共7幅卫星天线；在珠海建成了卫星大数据中心。公司具备了卫星测运控、数据接收、数据处理、数据存储分发以及数据应用等能力。“卫星空间信息平台”建成后，其空间段星座具备每天对特定目标不低于8次的重访能力，0.9米分辨率的视频卫星具备视频凝视和图像推扫能力，其多颗150千米幅宽的高光谱卫星将具备每两天左右完成对全球观测一遍的能力；地面段卫星大数据接收/存储/处理/分发能力将达到每年7000太字节；将为我国卫星大数据的应用及发展带来巨大的变革，为国土资源、农林牧渔、环境保护、交通运输、智慧城市、现代金融、个人消费等领域提供高效的卫星大数据产品及服务。

（7）中电科普天科技股份有限公司

中电科普天科技股份有限公司（简称“普天科技”）是高新技术企业和创新型企业，是由中国电子科技集团公司第七研究所民品部门于2000年转制组建的国有控股股份制上市企业，注册资本57 115万元。

普天科技业务范围涵盖电子信息与通信领域，可提供的产品和服务包括移动通信网络规划设计、通信/特种印制电路板制造、专用网络电子系统工程（智慧城市、物联网、云计算）、网络覆盖产品（天线、直放站、WLAN 等）。

（8）深圳市智慧海洋科技有限公司

深圳市智慧海洋科技有限公司（简称“深圳智慧海洋”）是一家从事海洋通信、海洋电子信息、海洋智能高端装备的研发与生产，致力于成为水下无线通信及网络整体方案提供商的开创型高科技公司。

该公司的水声通信和水下组网技术处于世界领先水平，可应用于水下无线通信基础设施建设，构建“水下 WiFi”网络及“水下卫星”导航通信网络，打造水下移动平台自组织（Ad Hoc）网络，还可集成海洋感知、智能控制、数据分析、数据融合与可视化等技术，与水上通信构成“空天地海”一体化通信网络，并使无线可遥控水下机器人（Wireless Remotely Controlled Vehicle，WRV）成为现实。公司在研的基于“人在回路”的深水常驻机器人（Resident Autonomous Underwater Vehicle，RAUV）系统将为中国在高端智能海工装备领域抢占又一个技术制高点。

2. 科学研究

（1）南方海洋科学与工程广东省实验室

2018 年，为深入贯彻落实习近平总书记视察广东重要讲话精神，大力实施创新驱动发展战略，推动高质量发展，广东省启动建设第二批广东省实验室，南方海洋科学与工程广东省实验室（简称“南方海洋实验室”）由广州、珠海、湛江市同步建设推进。

南方海洋科学与工程广东省实验室（珠海）由珠海市人民政府举办，中山大学牵头建设和管理。围绕海洋环境与资源、海洋工程与技术、海洋人文与考古三大研究领域，以“崇尚首创，力争最优”为标准，已布局建设 18 个创新团队。实验室创新团队通过机制体制创新，形成紧密、稳定、长期的实质性合作，实施多学科交叉融合重大项目，争取在科学前沿、核心关键技术和重大工程实际应用上取得创新性成果，服务国家海洋和区域社会经济发展。

南方海洋科学与工程广东省实验室（广州）（简称“广州海洋实验室”）成立于2018年11月，位于广州市南沙区，是广州市人民政府举办的省级科研事业单位，由中国科学院南海生态环境工程创新研究院和广州海洋地质调查局牵头，协同香港科技大学、南方科技大学等优势力量共建。以“立足湾区、深耕南海、跨越深蓝”为使命定位，聚焦“南海边缘海形成演化及其资源环境效应”核心科学问题，着力解决大湾区岛屿和岛礁可持续开发、资源可持续利用、生态可持续发展等关键核心科技难题。

南方海洋科学与工程广东省实验室（湛江）（简称“湛江湾实验室”）以湛江市人民政府作为建设主体，主要依托中国船舶集团有限公司、中国海洋石油集团有限公司、广东海洋大学和广东医科大学等单位共同建设。实验室结合湛江海洋基础优势与面向南海的地域优势，围绕国家海洋强国发展建筑，聚焦海洋装备、海洋能源、海洋生物等领域，重点突出深海装备、海洋牧场等方向，着重开展应用基础研究、应用开发研究，重点解决拉动广东（湛江）海洋产业发展的重大科学问题，突破核心关键技术，布局系列海洋功能研究中心、大型科学装置、公共服务平台等，建成具有国际和国内重大影响力的一流海洋创新高地，打造国家实验室预备队。

（2）中山大学

中山大学为第二轮“双一流”大学名单公布学校。中山大学“双一流”学科有哲学、数学、化学、生物学、生态学、材料科学与工程、电子科学与技术、基础医学、临床医学、药学、工商管理等学科。

2019年，中山大学牵头承研国家重点研发计划“宽带通信与新型网络”专项“面向海洋覆盖的应用示范网络”项目，该网络以10千兆比特每秒的激光通信、100兆比特每秒的卫星通信链路、1千兆比特每秒的微波通信构建高速骨干通信网络，完成数据的高速回传；以海岛高塔、浮空平台、海洋综合观测浮台、海上钻井平台、6米/1.2米锚泊浮标、海上船舶等为载体，搭载4G/5G宏基站、小微基站、NB-IoT基站组成接入网络，完成海量终端的接入；以浮标间的协作构建无线自组织网络，完成覆盖区域的扩展接入。项目拟在广东省海域群岛中，选择距离陆地较远的某岛屿为通信铁塔建设点，形成1万平方千米的区域覆盖。进一步地，辅以可在岛礁上部署、升空高度可调的浮空平台，搭载4G/5G通信系统，实现灵活机动、覆盖范围可变的网络服务。在主覆盖区内，海洋信息、边界监控、船舶态势等信息可以通过公网传递给陆地通信网络；主覆盖区域之外，通过海洋综合观测浮台、钻井平台、志愿船、灯塔、航标等搭载的基站形成局部热点覆盖，辅以中继节点协作形成区域自组网络，并以Ku/Ka或S频段卫星通信设备与公网实现互通。

（3）华南理工大学（电子与信息学院）

华南理工大学电子与信息学院创建于1952年。该学院现有信息与通信工程和电子科学与技术两个国家一级学科，有多个国家级和省部级教学科研平台，有引才育才的优良环境。近年来，在移动超声探测、人体数据科学、陆海一体化网络、人工智能系统技术、集成电路与微电子等方面均形成了鲜明的研究特色与优势，建有国家移动超声探测工程技术研究中心。

3. 总体评价

我国电子信息产业通过近20年的努力发展，依托人口红利优势在通信、消费电子领域有了长足进步，但在核心高端器件、基础软件、仪器设备方面与国际先进水平仍有较大的差距。海洋电子信息作为电子信息产业在海洋应用的分支，同样面临着这方面的挑战。

广东省海洋电子信息产业目前呈现出“两头小（应用系统、感知探测）+中间大（通信网络）”的格局，主要表现为通信产业和电子制造业发达、产业链完善、配套齐全，在参与国家级系统工程的总体设计与实施方面有待增强，在感知探测层面的核心技术与关键器件方面有待突破。在载体平台方面形成了新兴产业特色，在未来应用极具潜力的无人机方面具有领先优势，拥有世界级无人机企业大疆，以及特色企业广州亿航智能技术有限公司、广州极飞科技股份有限公司等企业。

以广州、深圳为中心的珠三角地区是国内最主要的海洋电子信息相关终端设备生产集散地，是当前国内海洋电子信息产业发展最早、市场化最好的地区。珠三角地区产业发展的主要特点：一是依托商业环境、商业文化优势，珠三角地区活跃的市场经济氛围使当地民营企业拥有灵活的资本运作和强大的市场拓展能力；二是政府服务高效而规范，企业生存附加成本低；三是拥有电子产品制造加工优势，产业配套能力强，形成了完整的海洋电子信息产业链。

珠三角地区研究机构颇具实力，拥有中山大学、华南理工大学、暨南大学、广东工业大学、广东海洋大学等高校，分别在通信、水声等方面展开长期研究。依托中山大学、中科院南海所、广东海洋大学组建了南方海洋实验室，形成了山东—广东的南北海洋实验室格局。

二、广东省发展海洋电子信息产业优劣势分析

2023 年 4 月，习近平总书记在广东省视察时强调，要加强陆海统筹、山海互济，强化港产城整体布局，加强海洋生态保护，全面建设海洋强省。广东省委、省政府高度重视海洋工作，将海洋作为高质量发展战略要地，推动海洋电子信息核心技术突破和产业应用发展取得明显成效。2023 年 6 月，广东省委第十三届三次全会部署强调，要全面推进海洋强省建设，在打造海上新广东上取得新突破。

1. 优势分析

广东省人民政府自 2018 年起设立海洋经济发展专项资金，重点支持海洋电子信息、海上风电、海工装备、海洋生物、天然气水合物、海洋公共服务业六大产业创新发展，目前已累计投入财政资金 17.5 亿元，带动海洋产业结构不断优化，成为推动广东省海洋经济增长的新动能。

在核心技术突破攻关方面，依托广东省电子信息产业力量完成卫星通信、短波、移动通信、超短波、数字集群等通信网络装备，航迹记录仪 VDR、自动识别系统 AIS、自动应答系统 ADS-B、综合控制台、船载通信导航系统、探测雷达等科研攻关，卫星通信、北斗导航、物联网等方面的技术已达到全国乃至全世界领先水平。

在核心技术产业应用方面，伴随着 5G 网络向海延伸，服务于渔船安全生产及海洋牧场、交通运输、海上风电产业等应用场景创新。开发了由 5G、云计算、物联网和“GPS+北斗定位”组成的数字渔船系

统，有效提升了渔业安全生产管理水平。广东目前规模最大的海上智能养殖平台——“海威 2 号”搭载了自动投饵、在线监测等智能设备，形成智能化养殖管理，节省人工成本 60%。全球首台“导管架风机+网箱”风渔融合一体化装备在明阳阳江青洲四海上风电场顺利完成海上安装。全球首个江海铁多式联运全自动化码头——广州港南沙港区四期全自动化码头进入设备调试期。深圳盐田港实现华南首个前装 5G 设备的远控轮胎吊常态化商用，在“5G+智慧港口”创新应用上取得新成果。揭阳神泉在全国率先打造“5G+智慧海上风电”标杆，汕头中澎二海上风电场、大唐南澳勒门海上风电场、外罗风电场等区域也均实现 5G 连片覆盖。

2. 短板分析

一是海洋通信网络覆盖难以满足日益增长的海洋活动需求。由于海洋场景在环境特征、业务需求等方面与陆地场景存在较大差异，在海上覆盖面临范围不足的挑战，且不同的通信制式互不兼容、带宽高低不一，导致海上通信质量难以保障，极大地限制了海洋产业走向深远海。

二是立体感知能力不足给海洋应用带来挑战。目前，我国的海洋观测网主要以潜标阵列为主，涵盖海面、水体和海底的立体化海洋观测网建设尚在探索阶段，对中小尺度过程的观测不够，对海洋信息数据的感知能力相对较弱。

三是数据采集和治理能力不足严重制约了海洋数字化发展。海洋观测数据来源多样，在数据采集、质控、处理以及存储方式等方面具有明显的多源性和异构性，空间覆盖广、时间序列长、数据庞杂等特点给海洋数据应用带来挑战。

四是海洋电子信息标准体系尚不全面。当前，国内海洋信息化的标准主要集中在船舶信息化，海洋水文、生物、化学、气象等领域的试验或调查方法上，在海洋牧场、海洋资源勘探与开发、海洋生态环境等行业的数字化方面标准基础薄弱，分级分类的海洋数据采集、存储、治理等技术标准体系建设不足。

第三节　广东省海洋电子信息产业发展前景分析

一、海洋电子信息产业发展环境

1. 政策环境

广东省濒临南海，海岸线漫长，必须依托安全、自主、可靠、可信的电子信息核心技术、装备、系统，支撑海洋强国建设。我国已进入由海洋大国向海洋强国转变的关键阶段，海洋经济发展处于向高质量发展的战略转型期。海洋相关政策相继出台，加快推动各地在海洋信息化建设上有的放矢、深化落地。

在宏观政策层面，从“十四五”规划到党的二十大报告都把海洋强国放在突出位置加以强调。《中华人民共和国国民经济和社会发展第十四个五年规划纲要》专章提出积极拓展海洋经济发展空间，建设现代海洋产业体系，打造可持续海洋生态环境，深度参与全球海洋治理。《“十四五”海洋经济发展规划》将把打造有竞争力的现代海洋产业体系作为主要内容。党的二十大报告再次强调，发展海洋经济，保护海洋生态环境，加快建设海洋强国，维护海洋权益。

在专项政策层面，呈现出从单一海洋观测网建设到总体部署，再到海事、航运、船舶、生态等更多专项应用覆盖的趋势。2017 年之前国家政策主要支持全国海洋观测网的基础建设以及与之相关的海洋信息设备制造、海洋观测信息技术。2017 年 5 月，国家发展和改革委员会和国家海洋局联合相继印发了《全国海洋经济发展“十三五”规划》。同年 8 月，国家海洋局印发了《国家海洋局关于进一步加强海洋信息化工作的若干意见》，对涉海相关产业进行了总体规划，同时提出了海洋信息化工作的顶层设计。随后几年，围绕着总体规划的涉海部署，国家又出台了海洋产业、海洋科技、船舶航运、海洋生态预警监测、海洋防灾减灾等一系列专项规划，为信息化建设提供了更丰富的建设场景及政策保障。

广东省人民政府办公厅 2021 年 12 月印发《广东省海洋经济发展“十

四五”规划》，重点打造海上风电、海洋油气化工、海洋工程装备、海洋旅游及现代海洋渔业5个千亿级以上海洋产业集群。到2035年，广东省将全面建成海洋强省，海洋综合管理水平得到全方位的提升，建成海洋治理体系与治理能力现代化先行区。

2. 市场环境

发达的海洋经济催生了大量的海洋电子信息需求，科学考察、勘探与探测监测、运输、渔业、气象预报、权益维护、资源开采等海洋相关产业活动均离不开电子信息。

2021年8月9日，广东省人民政府印发了《广东省制造业高质量发展“十四五”规划》（简称《规划》）。《规划》提到，全省已形成新一代电子信息、绿色石化、智能家电、先进材料、现代轻工纺织、软件与信息服务、现代农业与食品7个产值超万亿元产业集群，5G产业和数字经济规模全国第一。《规划》提出，到2025年，新一代电子信息产业营业收入将达到6.6万亿元，将形成世界级新一代电子信息产业集群。

两个万亿级产业（海洋经济、新一代电子信息）的碰撞与融合，必将催生千亿级以上的新业态（海洋电子信息），服务于海洋其他产业高效运作。

舰船电子信息行业具有较高的技术壁垒，在工程技术方面体现在设备工作环境差、种类复杂、电磁环境干扰严重等；在工程管理方面体现在研制周期长、生产批量少，经费需求量大。

民船电子设备虽占总船造价较低，但民船市场空间较大。2022年，全球船舶电子设备市场需求超300亿元，我国国内市场空间约100亿元，但因国外技术垄断及入级标准限值等，民船电子设备国产化率极低。随着国家高端制造业的不断完善，民船市场的电子设备国产化率将不断得到提升。

3. 产业环境

广东省通信产业和电子制造业发达，产业链完善，配套齐全，活跃的市场经济氛围使当地民营企业拥有灵活的资本运作和强大的市场拓展能力，政府服务高效而规范，企业生存附加成本低。这一切均造就了良好的电子信息产业环境。

综上所述，广东省发展海洋电子信息产业环境良好。

二、海洋电子信息产业趋势分析

1. 产业发展趋势

（1）产业发展层面，受累于经济环境，整体形势仍然严峻

通过分析广东省海洋电子信息主要上市公司财务数据（表 1-1），可见当前增长乏力，产业形势仍然严峻，需要进一步加大需求端刺激力度。

表 1-1 广东省海洋电子信息主要上市公司 2022—2023 年上半年营收增长数据

上市公司	2022 年营收增长	2023 年上半年营收增长
海格通信	2.58%	15.78%
普天科技	7.98%	-1.25%
金信诺	-22.03%	-5.88%
海能达	-1.16%	-7.39%
中海达	-26.58%	4.04%
航宇微	-38.87%	-16.11%

（2）国内产业资源向国有、央企、西部聚集

随着当前国际格局和国际体系的深刻调整，西部地区（川陕渝）战略纵深、优势凸显。在国家的顶层规划下，调集国有、央企头部资源，“集中力量办大事”，在西部地区布局卫星互联网等下一代卫星通信系统应用总体。

（3）随着人工智能技术应用的开启，海洋电子信息装备朝着小型化、无人化、智能化方向发展

OpenAI 在 2023 年 3 月 14 日发布了新的聊天机器人模型 ChatGPT-

4.0，ChatGPT 引发了史上第一次全球性 AI 使用热潮，2023 年被誉为人工智能应用元年，光通信、算力等人工智能基础设施备受资本推崇。无人智能装备引领电子信息发展潮流，不久的将来可应用在海洋探索与开发领域。

2. 技术发展趋势

海洋作为蕴含着巨大自然资源的宝库，也是国家重要的战略发展空间。海洋信息化是建设海洋强国的关键一环，加快建设以信息为主导的“智慧海洋”，可以有效提升我国开发和管控海洋的能力，是发展海洋经济、保护海洋环境、建设海洋强国的时代要求。基于物联网的海洋电子信息具有智能化、小型化、低成本、低功耗、低时延等优势，是实现海洋透彻感知、加快海洋信息化建设的重要技术手段之一。目前，我国的海洋电子信息建设面临自主产权的核心海洋传感器缺乏，深远海数据实时传输能力不足，信息安全保障不全等一系列问题。构建海洋电子应用系统的关键在于突破核心海洋传感器研制，大力发展基于卫星的全球海洋通信与环境探测体系，同时发展基于无人机的区域海洋环境机动探测系统，两者相辅相成，优势互补，实现天空、海面、海中、海底的一体化感知探测。

海洋通信感知是海洋数字化发展的关键基础能力，面对海洋复杂多变的环境，整合各领域先进技术建设新型通信感知网络成为迫切需求（图 1-3）。在此过程中，需要重点研究与发展三方面的关键技术：一是研究“空天地海”四位一体化技术，推进打造天基、空基、海基、陆基海洋一体化协同发展，从平面化向立体化转型，提升海洋电子信息可扩展性；二是推进数据获取和传感技术，利用多技术手段提升海洋感知，获取海洋数据，让“万物互联”迈向海洋；三是提升数据通信和传输技术，从海洋感知到的数据，利用通信与传输技术手段回传，分析数据赋能上层应用，形成闭环。

1）综合通信

（1）空天地海一体化网络技术

如图 1-4 所示，空天地海一体化网络由空基网络、天基网络、陆基网络与海基网络异构而成。这四层网络既能独立处理数据、层内协作通信，

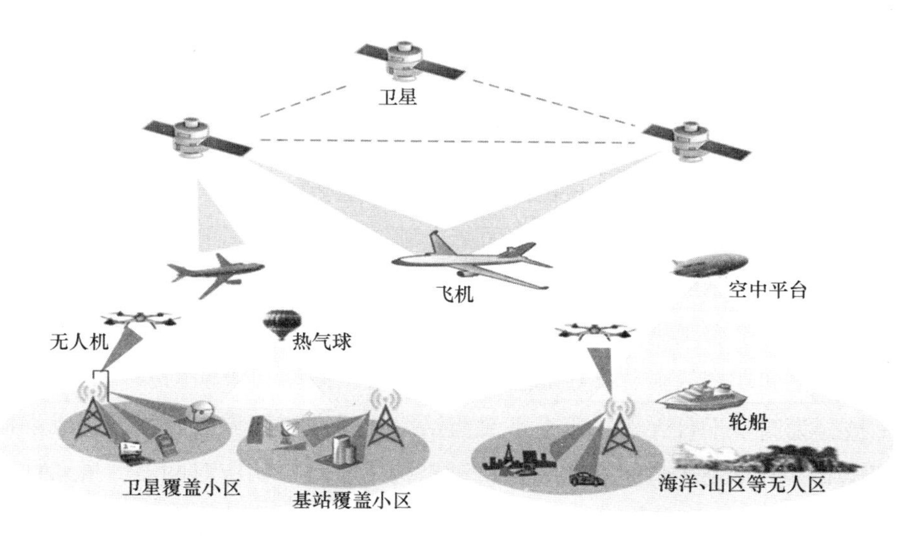

图 1-3　海洋电子信息整体组网示意图

也能实现层间的互联互通。由于各层内用户密度与各层的海拔高度成反比，层间实现的是向下覆盖和向上回传的链路结构。层内和层间的协作通信可以实现高质量的数据通信，为用户提供灵活的端到端服务。

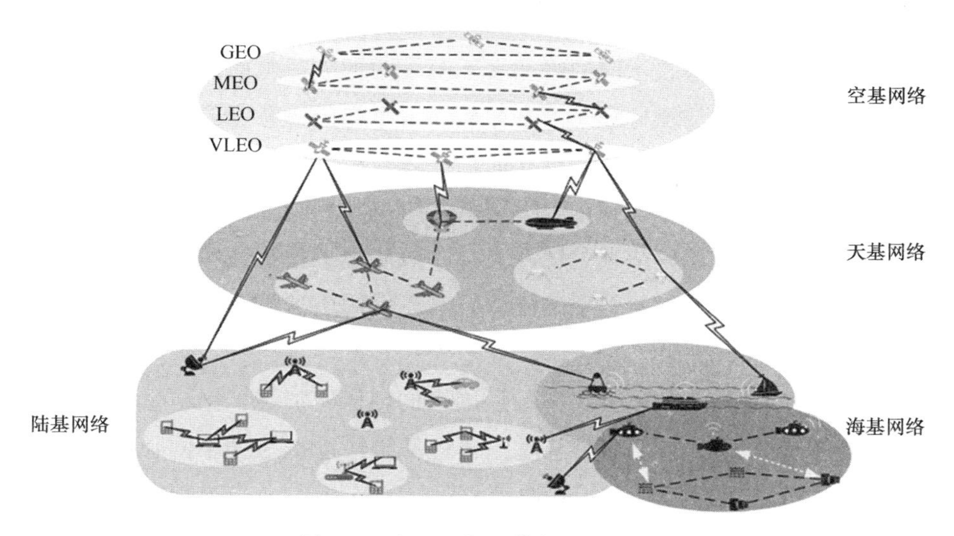

图 1-4　空天地海一体化系统模型

空天地海一体化网络主要以陆基网络为基础，由空基网络扩展，具有规模超大、覆盖率高、支持多种业务等特点。

空基网络由各种类型的卫星①、星座和相应的地面基础设施（地面站和控制中心等）组成。该层网络充分利用卫星传输距离长、灵活高效组网的特点，通过移动卫星节点、地面节点和空中节点之间的组网和互联，实现全球高效可靠的通信。

天基网络由飞机、无人机、飞艇等飞行器与系留气球组成。由于受大小、重量和功率的限制，各类天基网络设备被限制在不同的操作高度，通常被分为高空平台（组成静态平流层网络，具有通信响应时间短、成本低等优点）和低空平台（主组成低空动态网络，具有响应时间短、机动性和灵活性高等特点）。总体而言，天基网络可显著扩大通信距离，扩大地面网络的覆盖范围，完成空中信息的转发和交换，因此可以方便地应用于海事事务。

陆基网络由各种异构地面通信系统组成，如蜂窝网络、移动自组网、无线局域网、全球微波接入互操作性（WiMAX）、沿海岸基网络。在海洋相关的产业中，陆基网络主要应用部署于海岸、岛屿和岛礁上的固定台站和平台强大的支撑能力，确保海岸或周边岛屿应急通信的接入。

海基网络主要包括水面网络和水下网络两部分，水面网络主要包括具有通信能力的船舶、浮标和无人水面船，可以提供边缘服务。水面通信通常以船舶和浮标为平台，快速建立通信保障，在发生海上突发事件或自然灾害时能快速开展救援任务。水下网络一般由水下观测网络和水下自组织网络组成。水下观测网络通过铺设光缆和海底电缆进行通信；水下自组织网络是水下网络在无线通信中的延伸，主要由固定的传感器节点和移动节点进行水声通信。

随着空天地海一体化网络中各层网络的整体化加强，网络呈现出以下特征。一是异构性。网络的异构性主要包括异构设备（如不同硬件平台上的设备）、异构组网模式、异构通信协议、异构接入方式以及异构数据类

---

① 卫星包括地球同步（Geostationary Orbit，GEO）卫星，中轨道地球（Medium Earth Orbit，MEO）卫星，低轨道地球（Low Earth Orbit，LEO）卫星和极低轨道地球（Very Low Earth Orbit，VLEO）卫星。

型（如结构化和非结构化）。二是时变性。在空天地海一体化网络中，卫星、无人机和终端设备（如车辆、船只、水下机器人）的高机动性导致时变的动态网络拓扑，而不稳定的无线链路可能导致间歇性和不可预测的网络连接。三是自组织性。在空天地海一体化网络中，设备通过自配置、自诊断、自修复和自优化的能力能够自组织形成网络。这使该网络能够以灵活、按需的方式实现应急通信、无人机群导航等一系列网络功能。

当前空天地海一体化网络仍处于初步研究阶段，仍面临多种挑战，包括：卫星高速移动导致卫星与地面网络之间的拓扑频繁变化；空天地海一体化网络缺乏统一的空口设计；缺乏频谱资源分配机制等。针对这些挑战，需要攻破空天地海一体化网络的关键技术，比如基于位置信息的 IP 编址，构建层次化的空间位置编址，实现空天地海一体化网络的统一寻址；基站和核心网上天，从而提供空天地海统一的空口技术，提供业务的连续性体验，并最大化产业链规模效应；频谱协同管理，或采用统一的频谱分配等。

由于新技术的引进以及实际服务的需求，行业内也正钻研空天地海一体化相关技术的突破，空天地海一体化网络整体呈现出以下发展态势。

在网络架构方面，空天地海一体化网络呈现出复杂化和多样化的态势。由于不同维度的网络具有不同的特点和需求，在兼顾面向大规模数据传输的高带宽需求和面向实时通信的低时延需求，设计具有可扩展性、可重构性的多层网络架构尤为重要。NTN 技术（非地面组网、5G 与卫星的融合演进）将成为未来的重点方向，按照演进可以分为 3 个阶段：①天地互联阶段：这个阶段卫星网络架构与 5G 网络不变，通过网关实现互联互通；②天地融合阶段：采用天基网络与地基网络架构，通过接入网关，将天基接入网接入地基网络；③天地一体化阶段：天基网络与地基网络异构融合、协议融合，将实现资源一体化、接口一体化，实现全方位、全时空的数据采集与传输。

在数据感知方面，空天地海一体化网络呈现出智能化和协同化的态势。空天地海一体化网络旨在综合运用卫星遥感（天）、空基监测（空）、海岸监控（地）、浮标及水下感知（海）等手段，充分发挥多模态海洋数据的联合效用。通过云计算、大数据、移动互联、空间地理信息等新一代信息技术，实现基于多尺度时空分析技术的多源海洋监测数据深度，深度挖掘大数据多尺度、多层面的内在关联，提供更准确和更全面的海洋信息。

在数据传输方面，空天地海一体化网络呈现出无缝覆盖、高速高带宽的态势。天地海一体化网络致力于实现各个维度之间的无缝通信和数据传输，因此，网络覆盖范围扩大和连通性增强是空天地海一体化网络的重要目标。通过增加基站密度、提高网络的自组织能力等手段，可以扩大网络的覆盖范围和增强网络的连通性，实现全球范围内的无缝通信。同时，随着高速数据传输和交互通信的快速发展，空天地海一体化网络需要提供严格的端到端 QoS 保证，以支持海量数据的传输和实时通信。

在通感一体化方面，空天地海一体化网络呈现出自主感知和决策与多模式感知融合的态势。通信与感知不再是分开的，在通信的基础上实现感知，通过对多源、多类型数据进行整合和分析，能获取更全面、准确的实时感知信息，及时获取环境变化和目标动态的信息。将融合的数据利用高速通信技术进行实时传输，结合无人机、机器人等机动设备及此类设备搭载的传感器和智能算法，实现设备对环境的自主感知和决策能力。

（2）海洋水下通信技术

水下无线通信常用的方法包括电磁波通信、可见光通信和水声通信等。由于电磁波在海水中衰减严重，即使采用低频电磁波（如 30~300 赫兹），通信距离一般也仅在百米以内，并且需要大型天线以及高发射功率器件。光波在蓝绿波段对海水介质存在一个相对低损耗的“窗口”，使高速率、低延迟的水下无线光通信成为可能，但也仅限于短距离（百米以内）范围，且在浑浊水域等应用受限。声波作为机械波，不受海水导电的屏蔽作用影响，是目前唯一能在水下实现远距离无线传输的信息物理载体，成为远距离水下组网信息传输方式的首选。同时，有限的带宽、低声速传播、严重的多径和长时延拓展及多普勒扩、复杂的时—频—空变化，给水声通信带来诸多挑战。自人类社会进入现代以来，水声通信技术不断朝着高谱效和高可靠的方向发展，一系列先进的调制技术和信号处理算法被引入到水声通信，有效提升了水声通信传输效率。近年来，以深度学习为代表的人工智能技术被引入到无线与水声通信技术中，通过海量数据的训练，该技术在复杂场景中可达到更优的误码率性能。以水声通信技术为代表的海洋水下通信技术的发展趋势包括以下 3 个方面。

①提高通信容量和频谱效率。通过改进调制技术、信号处理算法和波形设计等手段，提高水声通信系统中的传输效率，还可以利用 MIMO、多址技术等多种技术手段来增加通信容量。

②提高可靠性和通信质量。开发自适应信号处理算法、信道均衡和纠错编码等技术，以提高水声通信的抗干扰能力和可靠性。

③多制式混合通信技术。水声通信可以考虑与其他通信技术相结合，如无线电通信和光通信。使不同通信方式的优势互补，进而实现更大范围的覆盖、更高的数据传输速率和更可靠的通信连接。

（3）海底光缆通信技术

海底光缆是数字经济时代全球经济社会活动的核心载体，承载了全球约 99%的国际通信流量。随着空分复用（SDM）技术、多纤对水下设备技术、开放式海缆（Open Cable）技术等不断取得新突破，带动海洋通信系统朝更大容量、更远距离、更低成本、更智能网络架构方向发展。

①空分复用技术提升系统容量。空分复用技术是增加海缆系统容量的主流技术，主要包括多纤对、多芯光纤等发展方向。行业内已有 24 纤对及多芯光纤海洋通信应用案例。

②单波长速率持续提高提升系统容量。提高单波长速率是提升海缆系统容量的另一种重要方式。行业内已实现单波长 800 千兆比特每秒速率，单纤对容量达到 35 太比特每秒。

③多纤对水下设备技术提升系统容量。多纤对水下中继器涉及大数光纤的馈通技术、高效泵浦驱动技术、超高工作电压及超大浪涌防护技术、多纤对泵浦共享技术等关键技术。行业内已发布（未商用）中继器纤对数量最多为 32 对。

④高电压供电技术提升系统跨距。光纤纤芯的增多带来光器件数量的增加，对整个海缆系统的供电能力提出了更高的要求。目前，传统 PFE 多为 15 千伏，18 千伏海缆供电标准正在推进中。

⑤开放式海缆技术提升系统组网选择。近年来，有中继海缆系统的 SLTE 与水下设备解耦已成为行业的发展趋势。Open Cable 是一种新型解耦

型组网架构，将 SLTE 与水下设备分离，可实现不同类型的 SLTE 共享同一光纤通道，也可针对各种颗粒大小的业务实现差异化服务，提升了系统灵活性，降低了业务成本，该模式已有商业应用，但仍存在波长间干扰大和功率控制不好等问题。

（4）海洋蜂窝通信技术

①岸基/路基海洋全方位覆盖。

海洋环境复杂，基站选址及数据传输条件受限，针对海洋场景，以现有移动 4G/5G 通信网络为基础，通过研究蜂窝通信组网技术，探索出多样化的通信组网系统技术。考虑到海域各业务对网络容量和覆盖范围需求不同，故将业务范围划分为沿海、近海、远海以及超远海四大区域，其中沿海、近海、远海采用 5G 蜂窝通信技术进行覆盖。沿海主要以短视频、渔民 IPTV、直播带货等业务为主，通过高频承载高带宽业务，中频作为辅助保障覆盖。近海以海洋监管、渔业执法等业务需求为主，通过“中频+高频”开通辅助上行（Supplementary Uplink，SUL）协同扩大信号边界。远海主要业务为视频、上网以及作业平台运维需求，可以通过低频中频宏站覆盖，以及平台内部署数字化室分系统，从而实现 5G 信号深度覆盖。

为实现更全面、更优质的海洋网络覆盖，需要超远覆盖技术、干扰消除技术、天线技术等典型技术的协同。

一是超远覆盖技术（图 1-5）。主要为视距传播场景，除了多频协同以及低频覆盖外，还有提升站址与天线挂高、高增益天线与大功率基站、大功率 CPE、PRACH 接入参数调优等手段扩大覆盖范围和提高质量。

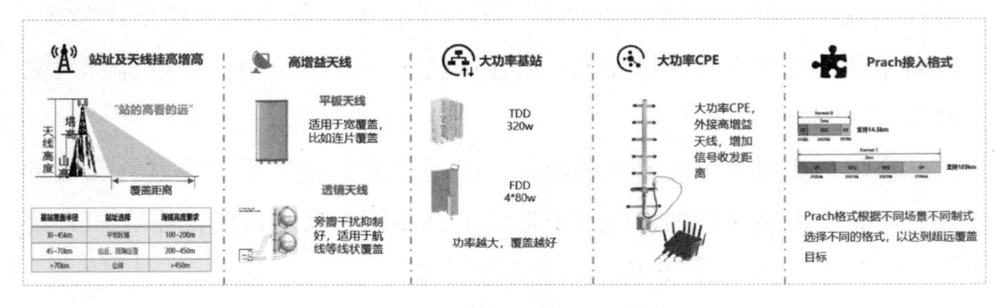

图 1-5　超远覆盖技术涉及的关键因素

二是干扰消除技术（图 1-6）。海洋信号干扰主要来自海面同频小区干扰、公网对海面站同频干扰，以及远端站的大气波导干扰。可以通过合理网络规划与优化、邻区间协同技术、干扰抑制算法，以及优化上下行GP（保护间隔）等技术实现。

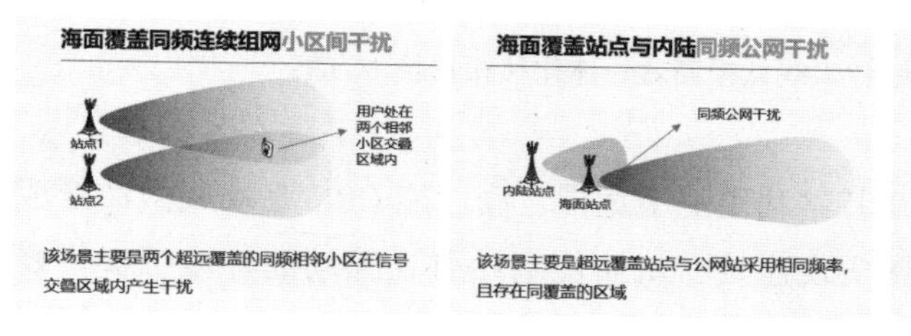

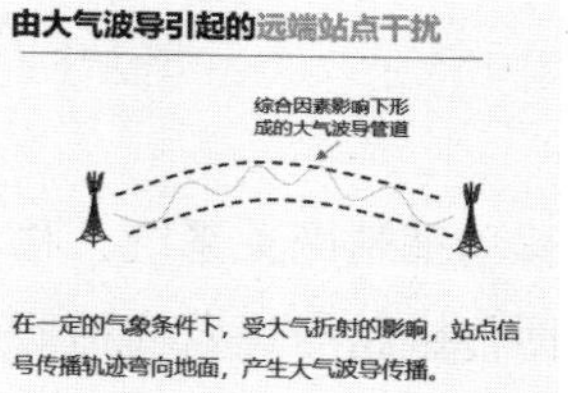

图 1-6　海面干扰的主要类型

三是天线技术。天线技术包括龙勃透镜天线技术（图 1-7）和绿色天线技术（图 1-8），前者通过龙勃透镜能量聚焦的原理，结合多层介质球体的折射特性，电磁波转化效率提升，实现超远距离覆盖。后者通过应用集成化移相馈电网络、高效率辐射阵列、集成化辐射单元组件等创新技术，降低天线内部传输损耗，提升扇区功率比，实现同等输入功率下，降低基站站址密度；在同等覆盖范围内，降低基站能耗。

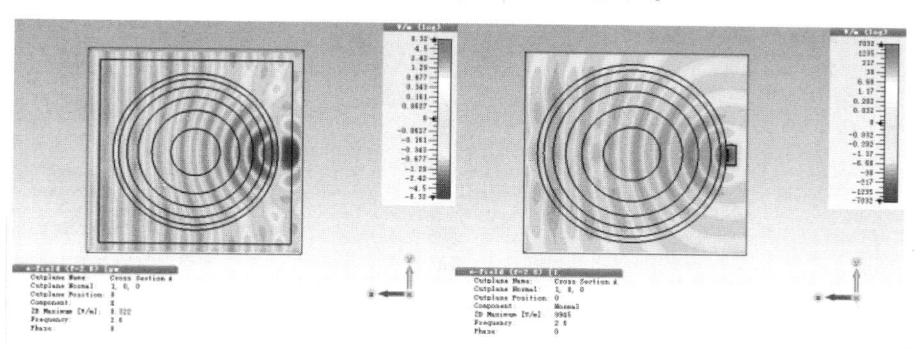

图 1-7　龙勃透镜天线高效率信号聚集原理

②移动基站回传与中继技术。

一是移动基站技术（图 1-9）。由于岸边宏基站较难满足海上移动大型船舶、海上作业平台等内部覆盖，因此需运用移动基站技术作为宏基站网络信号补充，基站跟随移动且信号不中断。通过在运营商核心网侧部署

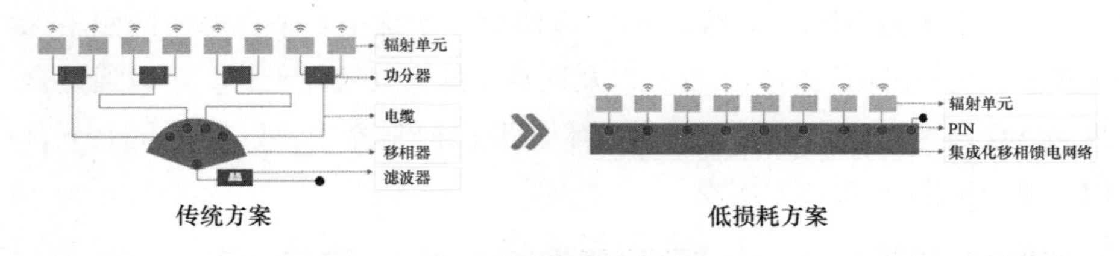

图 1-8　绿色天线低损高效一体化移相器技术方案

移动基站网关系统，移动基站利用卫星宽带、高性能 CPE 终端或微波形成回传链路与运营商核心网实现连接，从而使基站可在移动的环境下提供蜂窝通信覆盖。组网架构主要由基站网关系统、移动基站、卫星宽带终端、高性能 CPE 终端或微波等网元构成。

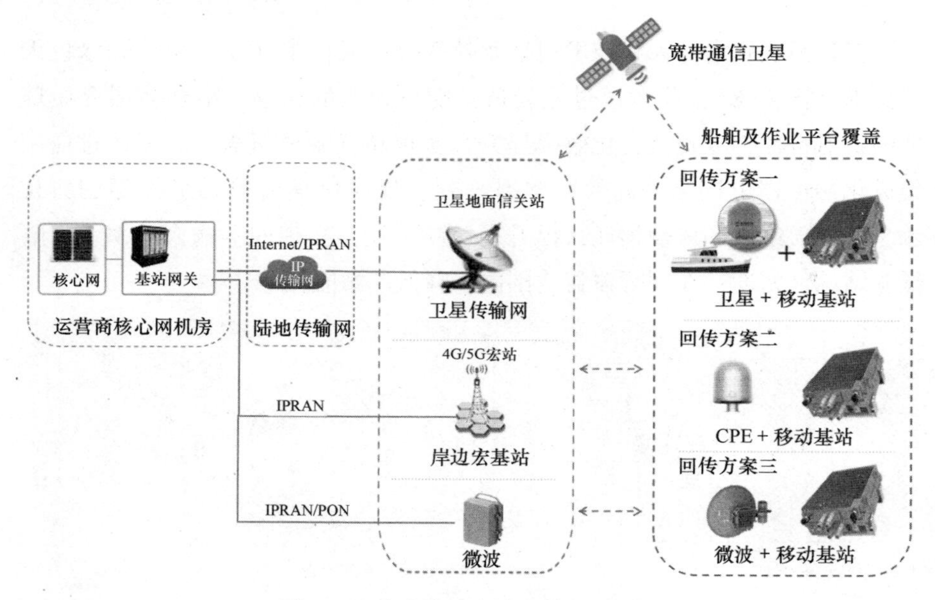

图 1-9　移动基站中继回传组网原理

二是射频中继拉远放大技术（图 1-10）。通过数字无线直放站，采用数字滤波、数字预失真、自动电平控制、自激对消等技术，在保障蜂窝基站信号延伸的同时，有效抑制对施主信源基站的干扰。此技术适用近海能接收到宏站信号的海上作业平台、船舶，是一种针对蜂窝基站信号进行拉远放大的低成本方案。

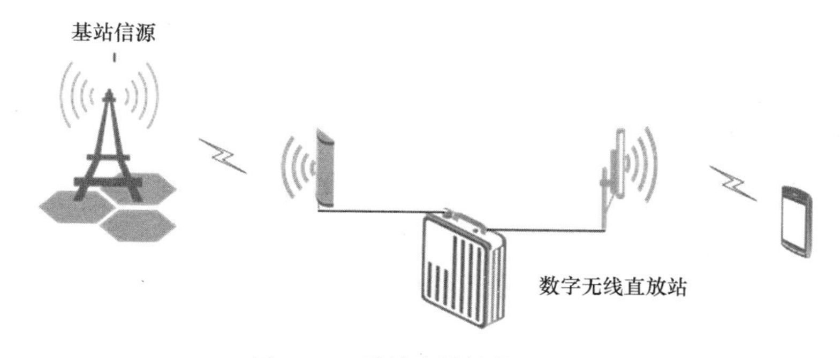

图 1-10　无线直放站拉远组网

③小型 5G 专网技术。

小型 5G 专网（图 1-11）主要由 5G 轻量级核心网、基站、高性能 CPE 终端等网元组成，面向海上作业平台、船载等信息化需求场景，构成本地化端到端组网技术，满足 5G 专网覆盖需求，为大型船舶、海上作业平台等信息化建设需求提供高质量的本地化网络，同时支持公、专网融合实现双连接，提供云边协同的网络能力。

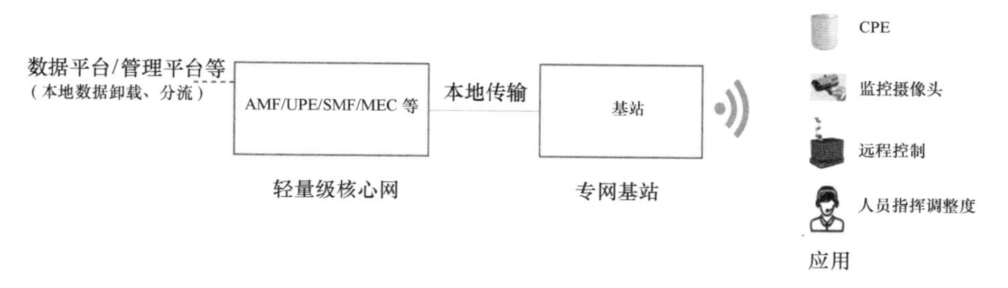

图 1-11　小型 5G 专网系统组网

（5）海洋卫星通信技术

海洋卫星通信技术包括高通量卫星通信和天通 S 卫星通信以及其他国外海事卫星 INMASAT、全球星 GLOBAL STAR 通信等。海洋卫星通信技术可以实现全球范围内的高速传输和高质量信息传输，在海洋中的信息传输需求中，这些优势尤其明显。

目前，卫星通信系统使用 Ku/Ka 波段的卫星频段，前向链路普遍采用 TDM/TDMA 接入，回传链路采用了自适应调制和编码，同时可使用高效的

LDPC 编码、自动传输电平控制和 ACM（功率控制）等来弥补衰落造成的影响，提高了信道利用率和终端的接入数。

利用地球低轨道卫星实现的低轨宽带卫星互联网（图 1-12），相比中、高轨卫星，具有全域无缝覆盖、传输时延短、链路损耗低、发射灵活的特点，用于海洋作业方面更能体现灵活性和低成本管控。低轨互联网服务依靠相控阵天线终端实现接入，可以分成两个阶段：第一阶段，通过目前已经实现的相控阵终端实现卫星的通信，将相控阵终端部署到船只、海上作业点、海上观测点等实现小范围的信号接收与发送，摆脱传统的线缆基站和高轨道卫星电话方式；第二阶段，通过手机终端和卫星载荷相控阵技术相结合方式实现卫星互联网接入，解决终端用户无法像使用便捷的地面蜂窝网络的弊端，更进一步实现灵活作业灵活应用的场景，使海上通信可以像地面一样便捷。

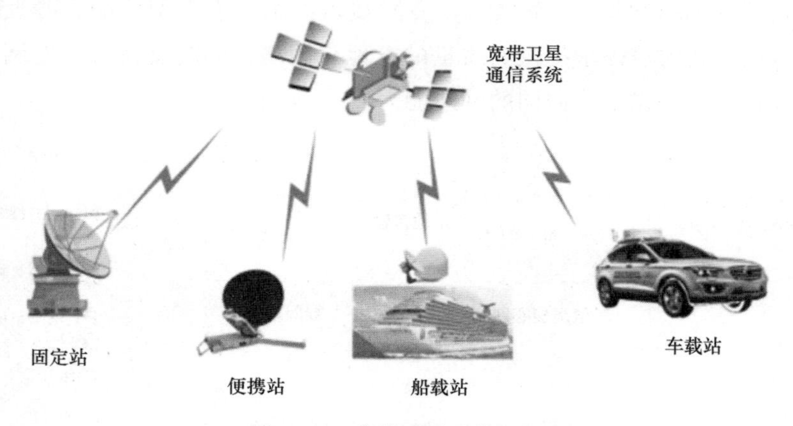

图 1-12　宽带卫星通信组网

卫星互联网与地面通信系统开始进行更多的互补合作、融合发展，朝着高通量方向持续升级，卫星互联网建设逐渐步入宽带互联网时期，逐渐取代高轨卫星通信系统。

2023 年 8 月 29 日，华为越过发布会突然开售搭载 7nm 5G 麒麟芯片 9000S 的华为 Mate60Pro。搭载的卫星电话功能将依托于我国自主研制建设的卫星移动通信系统“天通一号”卫星系统实现。目前，已有 3 颗卫星在轨运行，信号覆盖地形没有限制，海洋、山区、高原、森林、戈壁、沙漠都可实现无缝覆盖，可为个人通信、海洋运输、远洋渔业、航空救援、旅游科考等各个领域提供全天候、全天时、稳定可靠的移动通信服务，支持语音、短消息和数据业务。

2）立体感知

（1）水下感知技术

水下感知技术是指通过各种传感器和设备，利用物理信号的传播和交互作用，获取和解析海洋水下环境和目标的相关信息的技术。这里的“感知”是包含了检测、估计和识别等任务的统称。其中，“检测”一般是指判断所感知目标的存在与否，常用的性能指标包括检测准确率、漏检率、虚警率等；“估计”是指提取与感知对象相关的参数信息，如位置、速度、角度等，常用的性能指标包括均方误差、分辨率等；“识别”是指对感知对象的性质做分类或判别，一般常用识别准确率做性能指标。

水下感知传感器和设备主要包括声学、光学、电磁和磁传感器等。其中，光学感知主要利用可见光、近红外光和激光等光源，可用于水下近距离目标的观测和成像；电磁感知一般利用磁场测量和磁感应，可以推算出磁体与探头之间的相对位置，获得磁体在不同的位置下准确的磁场信息。声波探测的原理是通过分析声波信号的频率、振幅等参量，获取海洋中物体的位置、形态、密度、速度等重要信息。声波作为目前唯一能在水下实现远距离传输的信息载体，其在水中的衰减远小于光和电磁波，因此能够实现更长的传输距离使声学成为水下应用最广泛的感知技术。

以水声探测为代表的水下感知技术，主要研究目标和发展趋势可以概括为以下 4 个方面。

①高分辨率和高精度感知。高分辨率和高精度的水下感知能力可以提供更详细和更准确的水下目标信息，这一直是水下感知技术追求的目标。涉及的关键技术包括高精度传感器的设计和制造、先进信息理论和信号处理算法的研究，以及应对复杂海洋环境和系统误差的稳健性设计等。

②网络化协同感知。单个传感设备或平台受限于感知能力，难以满足对水下感知精度日益增长的需求。为此，分布式网络化的协同探测体系应运而生。水下多个感知设备通过网络连接并进行数据共享、协同工作和融

合处理，可显著提高水下感知系统的综合性能。

③智能化、自主化感知。人工智能技术的发展为水下感知技术带来新的发展机遇，应用人工智能和自主水下机器学习技术，可以对海洋水下感知数据进行智能分析和自主决策，提高感知系统的效能和自适应能力。另外，无人水下航行器和自主水下机器人在海洋水下感知中发挥着重要作用，并趋向于更高的自主性和智能化水平，可以有效地提高水下感知的灵活性、效率和精度。

④多模态融合感知。将多种感知技术（如声学、光学、电磁、磁学等）相结合，以获取更全面的水下信息。多模态感知系统通过信息融合可以提供更丰富的数据，提高对海洋环境和目标的理解和解释能力。

（2）海洋光缆感知技术

通过传感器、监测设备等手段对海底光缆进行实时监测和预警的技术，可以有效地减少光缆故障和损坏的发生概率；依托海底光缆的水下大范围布局，以海底光缆为传感介质进行地震、水温、洋流变化等环境监测，实现“通感融合”，对通信基础设施的安全监控与海洋信息的实时观测具有极其重要的理论和现实意义。

①海缆运行监测。借助光学、声学、机械传感器对重点线路、复杂海洋环境下运行的海底光缆进行重点监测和预警。

②环境监测。以海底光缆光纤为介质，利用分布式光纤测温技术（DTS）和分布式光纤声波传感技术（DAS）对光纤自身的拉伸、弯曲、扭转及温度变化进行反演，在终端利用数字信号处理技术提取出光信号的相位和偏振态信息，进而实现对海洋环境的实时监测和预警，为海洋科学研究提供数据支持。海底光缆监测具有覆盖范围广，数据采集和传输速度快，抗干扰能力强，可扩展性强等诸多优势，同时，受限于传统通信海缆的余长较大、拉伸刚度和弯曲刚度较大、传热效率较低等现状，其存在精度不足的情况，同时满足通信和感知双重需求的海缆是未来的发展趋势。

③地震监测。利用光脉冲信号在海底光纤传输时产生的光学偏振态（SOP）变化来监测地震。由地震造成的海床运动对海底光缆中的光纤产生机械干扰和物理变形，光纤变形使其中传输的光脉冲信号产生偏振态变

化。在基于海底分布式光纤传感的实时震动信号监测过程中，需从前向传播光场相位与偏振态信息中提取震动数据（图 1-13）。以海缆作为感知网络用于海洋地震监测具有全天候、实时化、覆盖广、低成本的优势，是对目前海洋地震等地质监测手段的有效补充。

图 1-13　基于海底光缆前向传输信号的地震监测示意图

（3）蜂窝通信感知技术

蜂窝通信感知是指无线网络在进行数据通信的同时，通过分析无线通信的直射、反射、散射等信号，实现对目标的定位、检测、成像、识别等感知功能，获得对目标对象或环境信息的感知。在传统技术领域，通信与感知是松耦合的，对业务或环境的感知依赖传感器采集获取，感知的内容通过通信终端发送，再经过蜂窝通信网络传输，传送到数据中心进行处理。蜂窝通信感知将感知与通信网络融为一体，具有全天候工作的优势，并呈现出泛在感知的特点，即不依赖传感器获取和通信终端发送，5G 通信网络可以直接进行感知数据的采集、传输，甚至可以进一步进行数据处理。蜂窝通信感知目前是 5G-Advanced 和 6G 的关键技术方向。

通信感知一体化（图 1-14）的关键技术包括以下 3 个方面。

①基于 OFDM 的感知信号设计。通信感知一体化通过软硬件设备共享，在相同频谱资源发送感知信号和通信信号，为了满足感知信号距离、速度、角度等感知参数精度要求，感知信号设计可以在 5G 系统的下行信道状态信息参考信号和跟踪参考信号等基础上加以增强。

② 3 种架构 6 种模式。根据感知信号发送和接收方式的不同分为自发自收、A 发 B 收和协作组网 3 种架构。具体分为基站自发自收、基站间协作感知、基站发终端收、终端发基站收、终端自发自收、终端间协作感知 6 种工作模式。

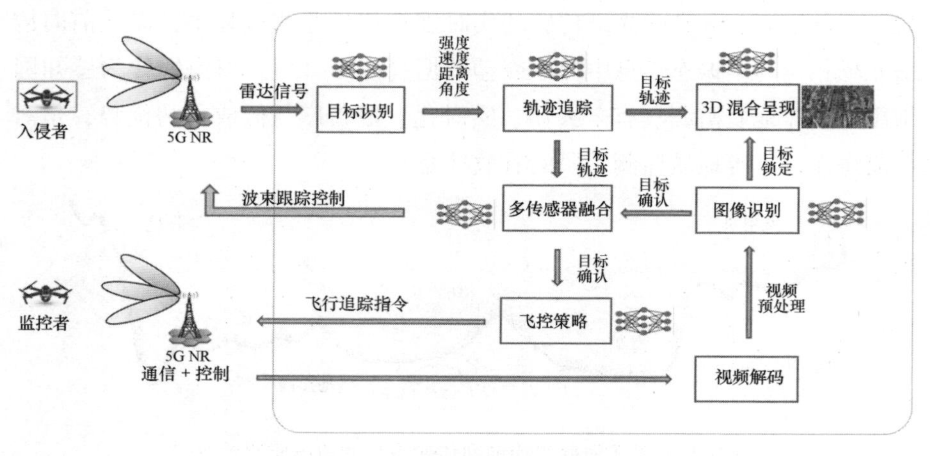

图 1-14　通信感知一体化应用示例

③基于不同网络架构的感知业务流程。面向不同的应用场景，感知业务需求可由终端、网络或业务平台提出，核心网可根据需求选择相应的网元参与，同时选择合适的基站或终端执行感知，基站根据需求调度无线资源进行感知或传输数据。

基于 5G 网络的通信感知一体化实现方式：5G 基站通过设备软硬件升级，即可在通信的基础上简单叠加感知功能，大大降低感知的部署成本。依托 5G 丰富频谱资源，特别是频率向高频段与大带宽演进，天线阵列规模更大，大大提升了感知能力，使感知距离达到公里级，感知精度达到亚米级。借助边缘计算（MEC）与算力基站，5G 网络可在接近用户的位置分析加工感知数据，实现一数多用和工业级应用场景支持，对行业开放能力，实现通信与行业深度融合，最终实现通信感知一体化向通信感知算控一体化演进。

（4）海洋卫星遥感技术

海洋卫星遥感技术是利用人造卫星上搭载的传感器，对海洋表面进行观测和测量的技术，通过传感器接收海洋表面反射或发射的电磁波，根据电磁波的强度、频率、相位、偏振等特征，反演出海洋表面的物理、化学、生物等参数。海洋卫星遥感具有大范围、高时空分辨率、多参数的观测能力，可以实现对全球海洋的连续、全面、定量的监测；还有快速响应、灵活调度、低成本的优势，可以满足多种应急和常规需求。

海洋卫星遥感系统主要包括卫星平台、载荷和地面站。卫星平台是指运载传感器的人造卫星，根据轨道高度和周期，可以分为低轨道卫星和静止轨道卫星。载荷是指安装在卫星平台上的传感器，根据工作波段和原理，可以分为主动式和被动式。主动式传感器是指自身发射电磁波并接收反射信号的传感器，如雷达高度计、散射计、合成孔径雷达等。被动式传感器是指只接收自然辐射信号的传感器，如可见光、红外、微波辐射计等。地面站是指接收和处理卫星数据的设施，包括天线、接收机、存储设备、处理软件等。

海洋卫星遥感技术的发展趋势主要表现在：一是向更高分辨率、更宽波段、更多极化发展，以提高观测质量和参数数量；二是向更多载荷组合、更多平台集成发展，以提高观测效率和扩大覆盖范围；三是向更智能化、更自主化发展，以提高数据处理速度和精度；四是向更开放化、更共享化发展，以提高数据利用率和社会价值。

3）应用层

数据治理技术对海洋感知数据进行采集、汇聚、清洗、融合、加工等一系列流程，实现数据标准化、资产化、服务化、价值化。在此基础上，通过数据建模与描述、数据挖掘与模式识别、人工智能与推理等技术对海洋进行高效认知，进一步结合可视化、智能交互等技术实现海洋数字孪生。未来，海洋数据治理技术将朝着更加精细化、自动化方向发展；海洋数据建模和认知智能技术则随着数据资源体量的不断增长，越来越普遍地利用数据挖掘、机器学习、大模型等新技术方法，赋能海洋数字孪生，更高效、更精准地解决海洋治理和产业发展问题。海洋数据治理和认知智能关键技术构成如图 1-15 所示。

（1）数据生产和治理（处理）技术

数据生产和治理（处理）技术，是对海量数据进行汇聚、存储、计算、加工、应用的数据生态系统，以数据资产化为导向进行数据治理，以数据服务的方式实现数据共享，达到数据标准化、资产化、服务化、价值化，为海洋科研、资源管理、环境保护和决策制定等提供支撑，实现对海洋电子信息的有效管理和合理利用。海洋电子信息数据生产和治理（处

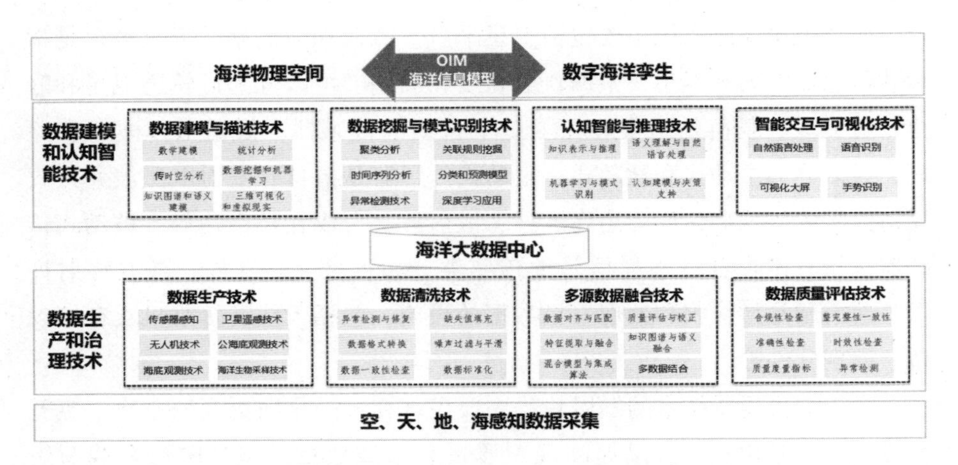

图 1-15　海洋数据治理和认知智能关键技术构成示意图

理）技术主要包括以下4 个方面。

①数据生产技术。

数据生产技术利用现代科技手段获取、生成和处理海洋相关数据。常见的海洋电子信息数据生产技术包括传感器网络技术、卫星遥感技术、无人机技术、海底观测技术、海洋生物采样技术、海洋信息系统技术、高性能计算和大数据分析技术，以及数据标准化和共享技术。

传感器网络技术实时收集海洋各项参数数据，如水温、盐度、流速、海洋生物分布等。卫星遥感技术利用卫星获取海洋遥感数据，包括海洋表面温度、叶绿素浓度、海洋色素、海洋悬浮物等。无人机技术使用无人机进行低空航拍，获取高分辨率的海洋影像和视频数据。海底观测技术利用声呐、激光测距等设备，在海洋底部进行测量和探测，获取海底地形、地质、地震等数据。海洋生物采样技术通过各种装置和方法对海洋生物进行采样和观测，使用浮标、渔网、网箱等设备进行鱼类、浮游生物的捕捞和监测，获得相关生物信息。

海洋数据生产和治理（处理）技术的发展趋势有以下方向。首先，随着传感器、卫星遥感设备和无人机等技术的进步，将实现海洋数据的高精度、高分辨率的获取，从而使覆盖范围更广、数据采集速度更快。其次，该技术将包括自动化清洗、数据质量评估、实时清洗与流数据处理，以及数据伪标记检测与处理等方面的技术应用在海洋数据清洗环节，这将推动海洋电子信息数据清洗的效率和准确性。再次，跨平台数据融合、数据质量评估与校正、知识图谱与语义融合、深度学习与人工智能的不断应用，将会提供更全面、更准确的数据支持。最后，未来的数据质量评估技术将趋向于自动化、智能化，注重多维度评估，应对非结构化数据挑战，关注数据可信度与隐私保护，推动开放共享与合作。这些趋势将推动数据的生产和治理（处理）技术朝着更精准、更智能、更宽广、更安全的方向发展，助力海洋科学研究、资源管理和环境保护等领域取得更好的成果。

②数据清洗技术。

数据清洗技术是对数据进行处理和修复，以提高数据的质量和准确性。常用的数据清洗技术包括异常检测与修复、缺失值填充、数据格式转换与标准化、噪声过滤与平滑、数据一致性检查等。

异常检测与修复是通过使用统计方法、机器学习算法和人工智能技术，检测和修复海洋数据中的异常值，以识别和纠正数据中的错误或异常观测，提高数据的可靠性。缺失值填充是用于处理海洋数据中的缺失值，可以使用插值方法或基于模型的方法进行填充，有助于减少由于缺失数据引起的分析偏差，并提高数据的完整性。数据格式转换与标准化是将来自不同数据源的海洋数据进行格式转换与标准化，以确保数据的一致性和可比性，包括统一数据的单位、坐标系统和时间格式等。噪声过滤与平滑是通过使用滤波技术和平滑算法，去除海洋数据中的噪声和不必要的波动，提高数据的平滑度和可读性，减少数据中的随机误差。数据一致性检查是对海洋数据进行一致性问题的检查，包括数据之间的逻辑关系、约束条件和数据完整性，帮助发现数据中的逻辑错误和不一致性，提高数据的一致性和可信度。

③多源数据融合技术。

多源数据融合技术是将来自不同海洋数据源的信息进行整合或融合，以获取更全面、更准确和更有洞察力的海洋数据结果。常用的多源数据融合技术包括数据对齐与匹配、数据质量评估与校正、特征提取与融合、知识图谱与语义融合以及混合模型与集成算法。

数据对齐与匹配是将来自不同数据源的海洋数据进行对齐和匹配，确保数据在时间、空间和属性上的一致性。通过空间插值和时间同步技术实现数据对齐，并使用属性映射和转换技术进行数据属性匹配。数据质量评估与校正是对来自不同数据源的海洋数据进行质量评估，检测数据异常、缺失和错误，并采取相应的校正措施。通过统计方法、异常检测算法和机器学习模型进行数据质量评估与校正。特征提取与融合是从多源海洋数据中提取有用的特征，并进行融合。使用信号处理、图像处理、文本分析等技术来提取特征，并采用统计、机器学习和深度学习等方法进行特征融合。知识图谱与语义融合是建立海洋知识图谱，将来自不同数据源的海洋数据与领域知识进行关联和融合。通过构建结构化的知识图谱和采用语义化的融合技术，实现多源数据的整合，并支持语义搜索和推理分析。混合模型与集成算法是采用多种模型和算法的组合来融合多源海洋数据。通过融合规则、加权平均等集成方法，以及采用混合高斯、混合决策树等模型，将来自不同数据源的预测结果进行整合，从而提高预测的准确性和鲁棒性。多源数据融合技术能够为海洋科学研究、资源管理和环境保护等领域提供有力的支持。

海洋电子信息多源数据融合技术的发展趋势包括跨平台数据融合、数据质量评估与校正、知识图谱与语义融合、深度学习与人工智能应用，以及实时数据融合与决策支持等方面。这些趋势将推动多源海洋数据的整合与应用，为海洋科学研究、资源管理和环境保护等领域提供更全面、更准确的数据支持。

④数据质量评估技术。

数据质量评估技术是用于评估海洋数据准确性、完整性、一致性、可靠性和可用性的技术。常见的海洋电子信息数据质量评估技术包括数据合规性检查、数据完整性检查、数据一致性检查、数据准确性检查、数据时效性检查、数据异常检测、数据质量度量指标以及数据可视化与交互。

数据合规性检查用于确保数据符合预定的规范、标准或要求，如检查数据格式的正确性和数据字段的齐全性。数据完整性检查评估数据是否包含所有必要的信息，检查数据是否存在缺失字段或记录。数据一致性检查评估数据在不同数据源、时间点或维度之间的一致性，例如检查数据是否存在冲突、重复或矛盾的信息。数据准确性检查评估数据的准确性和真实性，例如与其他可靠数据进行比对，验证数据的正确性。数据时效性检查评估数据的及时性和更新频率，检查数据是否及时更新以及是否滞后于实时情况。数据异常检测用于识别数据中的异常值或异常模式，使用统计方法或机器学习算法发现数据中的异常情况。数据质量度量指标定义和计算衡量数据质量的指标，如数据精确度、完整度和唯一性等方面的数据质量度量。数据可视化与交互通过可视化工具和交互界面帮助用户直观地理解和评估数据质量，绘制数据质量报告、生成数据质量指标的图表等。

未来海洋电子信息数据质量评估技术将趋向于自动化、智能化，注重多维度评估，应对非结构化数据挑战，关注数据可信度与隐私保护，推动开放共享与合作，并提供更直观、易用的可视化与交互性工具。这些发展趋势将有助于提高海洋电子信息数据的质量，并促进海洋领域的科学研究与应用。

（2）海洋数据建模和认知智能技术

海洋数据建模和认知智能技术利用数学、统计学和人工智能等方法，将海洋领域的数据进行抽象描述或直接利用计算机系统模拟人类智能认知行为，构建数学模型以解释及预测海洋系统的行为和特征。通过海洋数据建模，可以对海洋环境、生态系统、气候变化等进行定量分析和模拟，推断未来的发展趋势和评估不同决策对海洋的影响。数据建模和认知智能技术主要包括以下 4 个方面。

①数据建模与描述技术。

数据建模与描述技术将海洋数据转化为可操作的模型和描述形式，助力我们更好地理解、分析和应用海洋数据。数学建模可模拟及预测海洋现象和变化，统计分析可揭示数据的规律和趋势，时空分析可描述数据的时变和空间分布，数据挖掘和机器学习可发现数据中的模式和规律，知识图谱和语义建模可提高数据的语义化与可理解程度，三维可视化和虚拟现实可直观展示海洋系统的特征和过程。通过这些技术，我们能够提取海洋数据中的关键特征和模式，获得对海洋系统的定量描述和预测能力。

海洋电子信息数据建模与描述技术将朝着多源数据融合、高分辨率数据处理、深度学习应用、可视化与交互技术的改进，以及云计算和边缘计算的发展方向不断演进。这些趋势将为我们提供更强大的工具和手段，以更好地理解海洋系统、保护海洋资源并支持决策制定。

②数据挖掘与模式识别技术。

数据挖掘与模式识别技术是一种从大量海洋数据中发现规律、模式和关联的方法。它可以帮助我们从海洋数据中提取有价值的信息和知识，并支持对海洋系统的理解和预测。其典型技术包括：聚类分析通过将相似的海洋数据对象分组形成簇，揭示数据的内在结构和相似性。关联规则挖掘可以揭示海洋数据中不同变量之间的关联性。时间序列分析可以发现海洋数据中的周期性、趋势性和季节性模式，预测未来的海洋变化情况。分类和预测模型是通过构建预测模型来预测未来海洋状态或事件的技术。异常检测技术用于寻找海洋数据中的异常数据或异常事件等。

数据挖掘与模式识别技术在海洋领域中的发展趋势包括深度学习的应用、多源数据的集成与分析、可视化与交互分析、强化学习的应用以及实时处理与大数据技术。这些趋势将推动技术的智能化，提升处理能力、多维综合分析能力，优化决策和实现实时动态的预测能力。

③认知智能与推理技术。

认知智能与推理技术是将人工智能技术应用于海洋领域的重要发展方向，它通过模拟人类的认知和推理过程，使机器具备理解、推理、解释、联想、演绎等多方面内容，实现对海洋数据的智能分析与决策支持。该技术涵盖了知识表示与推理、语义理解与自然语言处理、机器学习与模式识别以及认知建模与决策支持等关键领域。通过知识表示与推理，可以建立海洋领域的知识模型，并进行逻辑推理和关联分析。语义理解与自然语言处理使计算机能够理解人类的语言输入，并从海洋数据中提取有用信息。机器学习与模式识别技术利用大数据进行训练和模式识别，为海洋环境变化提供预测与决策支持。认知建模与决策支持能够模拟人类的思维过程，帮助我们对复杂海洋现象进行深入分析，并为决策者提供科学建议。

认知智能与推理技术的发展呈现出以下趋势：多模态数据融合将不同类型的海洋数据进行整合，并利用认知智能与推理技术进行综合分析与决策支持。先进的深度学习模型将持续提高对海洋数据的建模与预测能力。

社交智能和协同决策将强调人机协同，在决策过程中融入社交智能的概念，提供个性化和即时性的决策支持。建立完整、精准的海洋知识图谱，并利用推理技术进行知识推理和模式分析，可以加深对复杂海洋现象的理解。领域专家系统未来将发展为基于海洋领域专业知识的智能推理与决策系统，为海洋科学家、决策者和领域专家提供个性化、定制化的智能服务。面向边缘计算的优化将使智能分析和决策更靠近数据源，提高响应速度和系统的可伸缩性。

④智能交互与可视化技术。

智能交互与可视化技术结合了人机交互、可视化展示、智能分析和实时性等特点。它通过自然语言处理、语音识别、手势识别等技术实现人与计算机的智能交互，将复杂的海洋数据以图表、地图、动画等形式进行可视化展示，同时运用人工智能和数据分析技术进行智能分析与挖掘。该技术具有实时性和即时性，能够及时处理和展示海洋数据，满足海洋环境监测和灾害预警的需求。此外，智能交互与可视化技术还能够根据用户的需求和偏好进行定制化展示，为海洋资源管理、环境保护、科学研究等领域提供智能分析与决策支持。该技术在推动海洋领域的智能化、可持续发展和决策科学化方面具有广泛的应用前景。

智能交互与可视化技术的发展趋势包括增强现实和虚拟现实的融合、交互方式的多样化、数据可视化的创新和故事化呈现、智能分析和决策支持的提升，以及可持续发展和社会参与的加强。这些趋势将增强用户体验，推动海洋领域的智能化和可持续发展。该技术将更加沉浸式和个性化，以创新的方式呈现出海洋数据，帮助用户更好地理解与分析海洋系统。同时，它还将融入新的交互方式，为用户提供更多样化的用户体验。智能分析与决策支持能力也将不断提升，为用户提供更精准的分析结果和进行推荐。在可持续发展和社会参与方面，智能交互与可视化技术将发挥更大的作用，推动海洋资源管理和环境保护，并促进公众对海洋问题的了解和参与。

（3）海洋数字孪生技术

海洋数字孪生技术是数字化海洋领域的重要技术，利用实时采集的海洋数据与数学模型进行集成和对比，生成准确反映实际海洋系统的数字孪生模型，建立物理海洋系统与数字化虚拟系统之间的联系，实现海洋物理环境改造、资源开发和工程建设过程中的模拟仿真、预测预警和干预优化。海洋数字孪生建设的发展可以划分为以下 3 个阶段。

①以虚映实：建模与仿真阶段。

这是海洋数字孪生建设的起始阶段，重点关注海洋系统的建模与仿真。通过收集和整合海洋观测数据、数值模型等信息，建立虚拟的海洋系统模型，并利用模型进行系统的仿真实验和预测。这个阶段主要的目标是验证建模方法和技术的可行性，提高模型的准确性和逼真度。

②虚实融合：数据同化与优化阶段。

在建立了初步的海洋系统模型后，进一步引入数据同化与优化方法进行模型校正与优化。通过将观测数据与模型进行比对和融合，校正模型的输出结果，提高模型的准确性和可信度。同时，通过优化算法和方法，对模型的参数和结构进行优化，以进一步提高模型的性能和预测能力。

③以虚控实：干预影响与综合应用阶段。

在前两个阶段的基础上，海洋数字孪生建设逐渐实现了虚拟模型与实际海洋系统的交互和控制。通过将虚拟模型与实际海洋系统进行连接与交互，获得实时的海洋数据和观测反馈，并根据虚拟模型的预测结果和优化策略，实施对实际海洋系统的控制和调整。这个阶段的目标是实现海洋数字孪生的综合应用，为海洋工程、资源管理、环境保护等领域提供全面的支持与决策依据。

未来，数字孪生将进一步推动多学科、多领域的合作技术研发与创新，海洋科学、数值模拟、数据科学、人工智能等方面的融合不断加深，数据应用和模型优化持续加强，数字空间孪生模型与实际海洋系统交互连接将更加紧密。

第四节　广东省海洋电子信息产业发展建议

海洋电子信息产业是建设海洋强国、推动高质量发展的重要支撑，广东应充分发挥“数字政府”和数字经济强省优势，着力布局海洋电子信息产业，利用电子信息技术推动海洋经济高质量发展。

一、完善顶层设计，制定海洋电子信息发展规划

明确海洋电子信息在海洋强省建设中的战略地位，综合考虑政策、技术、产业、生态和社会等多个层面，制定广东省海洋电子信息愿景和战略目标，统筹海洋电子信息基础设施建设、通信感知网、数据治理、应用等关键布局，为广东省海洋电子信息发展提供明确的路线图，以推动海洋经济的高质量发展，使广东省在海洋电子信息领域保持领先地位。

二、持续创新关键核心技术，增强自主创新能力

加大对海洋电子信息关键技术领域的科研投入，包括海洋传感技术、通信技术、数据治理、人工智能和海洋电子信息标准体系等。支持研发新型海洋传感器，以实现多维度、多模态、高分辨率的海洋数据采集，改进传感技术的稳定性、耐用性和低能耗特性，以适应恶劣的海洋环境；支持水下通信、光缆技术、蜂窝通信和卫星遥感通信技术研发，以提高和扩大海洋数据的传输速度、可靠性和覆盖范围；加强海洋融合组网研究，以满足海洋领域的不同需求，以提高海洋通信的可用性和效率；加强海洋数据融合与智能分析算法、数据安全研究，在海洋气象、海洋生态、海洋污染的方面研发海洋数据模型和预测算法，发展海洋数字孪生前沿技术；增强海洋电子信息的辅助决策能力，加强海洋数据安全问题研究，以应对潜在的数据泄露和恶意攻击，从而提高海洋电子信息的数据价值和安全性。

三、强化法规标准引领，保障数据安全和使用效能

制定海洋数据管理规章制度，规范海洋电子信息数据的收集、存储、传输、处理、共享和应用等环节，明确数据所有权、使用权和责任，保护数据安全和隐私。制定海洋数据采集和感知设备技术标准规范，针对不同的细分领域控制数据质量，指引数据采集、传感器校准等技术规制，提高整个海洋数据使用效能。制定海洋数据开放共享监管和保护政策，鼓励公益性数据向社会开放共享，促进数据资源整合和创新应用，防范数据被泄露、篡改、窃取等风险，打击数据侵权行为，维护国家利益和公共利益。

四、加强应用和示范，加快海洋电子信息推广

海洋电子信息的实际应用至关重要，应该依托市场主体需求，选择适宜的区域加大海洋电子信息应用示范。打造海洋电子信息示范区，围绕海洋牧场、海上安全、海洋能源、海洋环境与生态等有实际应用需求和高潜力的领域，打造一批省级海洋电子信息示范区，做强海洋电子信息产业，提升海上安全数字化水平，升级海洋生态环境监测手段，以最大限度地展示数字技术的应用效益；建设高标准海洋电子信息综合试验场，强化技术创新、装备创新、模式创新，持续深化体制机制改革，开展多层次、具有广东特色的高标准海洋电子信息综合试验场建设，鼓励科研机构和企业在试验场内进行海洋电子信息相关的技术研究和创新，助力打造海上新广东。

五、深化产学研用协同创新，推动成果转化应用

发挥海洋电子信息产业分会作用，促使政府、产业界、科研机构和高校之间更紧密地合作，推动知识和技术的跨界流动。开展技术需求“揭榜挂帅”创新机制，确保研究成果与市场需求保持一致，形成产学研用优势互补创新体系，推动创新链和产业链深度融合；建立海洋电子信息专业人才培养基地，以产业需求为导向培养海洋电子信息领域的高级人才，支持创新团队的建设和发展。

六、强化人才队伍建设，提升海洋电子信息核心竞争力

要建设全球海洋人才高地，营造良好人才创新生态环境。加强海洋电子信息相关专业的教育和培训，提高学生的理论水平和实践能力，培养具有创新精神和国际视野的高层次人才。建立海洋电子信息人才激励机制，鼓励海洋电子信息人才参与海洋电子信息项目的研发和应用，营造良好的人才发展环境。加强海洋电子信息领域的科研合作与交流，促进不同学科、不同机构、不同地区的人才互动与融合。加强海洋电子信息领域的产学研结合，推动海洋电子信息技术的转化和应用，提高人才的实践能力和社会价值。

第二章　广东省海上风电产业发展蓝皮书

第一节　海上风电产业概况

一、海上风电产业链的主要构成

海上风电产业链主要包括海上风电装备制造、专业服务、施工安装、和运营维护等。

1. 装备制造

海上风电装备制造主要包括海上风电机组、海上变电站、海底电缆和海上桩基制造等环节。

海上风电机组装备制造主要环节包括整机制造以及叶片、塔筒、齿轮箱、发电机、变流器、电控系统、锻铸件等主要设备和部件。设备级再往下分解：叶片主要由树脂、玻璃纤维或碳纤维、结构胶、夹层材料、涂料等原材料制成；塔筒、齿轮箱、轴承、发电机、铸件、锻件等主要由钢、铜等原材料制成；变流器、电控系统等主要由电力电子器件和电子元器件构成。

海上变电站主要包括海上升压站和海上换流站，海上变电站装备制造主要环节包括海上变电站上部组块建造以及变压器、配电装置、柔性直流换流阀、控制保护设备等设备制造。设备级再往下分解：变压器主要由铜、铁、硅片、绝缘材料等原材料制成；配电装置主要由开关电器、保护电器、测量电器、母线和载流导体构成；柔直换流阀和控制保护设备主要由电力电子器件和电子元器件构成。

海底电缆制造主要环节包括海底电缆本体和弯曲限制器、海缆监测装置等附属设备。海底电缆本体主要由铜、钢、铅等金属材料、绝缘材料、光纤等构成。

海上桩基制造主要是指海上风电机组和海上变电站基础支撑结构的加工制造。

2. 专业服务

海上风电专业服务主要包括科技研发、咨询、勘察设计、检测认证、保险和融资租赁等。

3. 施工安装

海上风电施工安装主要包括海上施工安装和陆上施工安装。海上施工安装包括海上桩基施工、海上风机安装、海上变电站安装和海缆敷设等主要环节。

4. 运营维护

海上风电运营维护主要包括投资运营和专业维护。

二、海上风电发展现状

截至2022年底，全球海上风电装机容量约64.3吉瓦。海上风电装机容量排名前五的国家分别是中国、英国、德国、荷兰、丹麦。其中，我国海上风电装机容量为31.5吉瓦，占全球海上风电装机容量比重为49%。根据全球风能理事会（GWEC）预测，2030年全球海上风电累计装机容量将达到270吉瓦。

截至2022年底，我国海上风电累计装机容量3051万千瓦，累计装机容量排名前五的省份（直辖市）分别是江苏省、广东省、福建省、上海市、浙江省。其中，广东省海上风电累计并网装机容量约790万千瓦，位居全国第二，仅次于江苏省（约1183万千瓦）。随着海上风电规模化开发和向深远海发展，预计到2030年和2060年我国海上风电装机容量分别为5500万千瓦和3亿千瓦。

广东省海上风电资源丰富，近海海域风能资源理论总储量约为1亿千瓦。“十四五”时期，广东省计划新增投产装机容量约1700万千瓦，预计到2025年，广东省海上风电累计并网装机容量将达到1800万千瓦，在全国率先实现平价上网。根据相关研究，到2030年，为达到预期的非水可再生能源电力消纳责任权重指标，广东省海上风电规模将达到3500万千瓦以上；展望2060年，广东省海上风电装机容量将达到1.1亿~1.6亿千瓦。

三、海上风电产业发展概况

1. 全球领先地区海上风电产业布局情况

欧洲是全球海上风电发展的引领者，在历经产业发展的沉淀后逐渐形成了几个著名的海上风电母港港口，如丹麦埃斯比约港、德国不来梅哈芬港、荷兰埃姆斯哈文港等。这些欧洲国家的港口城市都完成了从渔牧养殖村、能源运输枢纽到风电之都的转型。

（1）丹麦埃斯比约港

丹麦埃斯比约港位于欧洲丹麦日德兰半岛西海岸，从一个古老渔村发展为丹麦的航运出口中心，1970年初在毗邻的北海发现油田，从此正式成为一所石油重镇。最近几年，埃斯比约港逐渐转型为海上风电之都，欧洲每年70%~80%新生产的海上风机，都是从这个港口运往世界各地的，已成为欧洲海上风电第一港、世界上最重要的风力发电和设备生产与出口以及技术研发基地之一。

埃斯比约港面积约4.5万平方千米，海上风电业务占地面积为2.6万平方千米，约占港口用地的58%，辐射半径1000千米。埃斯比约港入驻了超过200家海上风电相关企业，员工总数超过1万人，拥有充足的港区设施、物流条件和技术人才储备，形成了丹麦海上能源集群。65%的丹麦风机从埃斯比约港出口，除此之外，港口还直供英国3吉瓦的海上风电项目配套装备。丹麦海上能源协会总部位于埃斯比约，有230家会员企业，覆盖了埃斯比约地区海上能源的相关产业链。

（2）德国不来梅哈芬港

德国不来梅哈芬拥有欧洲最长的连续性集装箱码头岸线，不来梅哈芬港是著名的集装箱货运码头。不来梅哈芬市有着悠久的工业历史，曾是造船中心，后因造船业衰败而被当地政府改造致力于风力发电。

近年来，德国北海海上风电行业的总投资近一半来自不来梅哈芬港，不来梅哈芬港已成为德国最重要的海上风电发展基地。目前，德国不来梅哈芬风电产业集群组织包括约 185 家会员，拥有一条完整的本地供应链，同时聚集着许多风电相关的行业和大经销商。产业集群促进了德国西北地区海上风电行业的发展，是风电定向投资的典范。

（3）荷兰埃姆斯哈文港

荷兰埃姆斯哈文港位于荷兰北部，靠近多个海上风电场，港口可达性、可触及性、便利性非常强，航道和入海口宽大，可使海上风机设备顺畅进出，发展港口经济有得天独厚的优势。现有 100 多家物流和服务公司，海上风电产业供应链成熟，帮助投资商节约了大量成本，成为涵盖比利时、丹麦、英国、德国等地重要的海上风电安装和组装基地。

2. 国内领先地区海上风电产业布局情况

江苏省是我国海上风电第一大省，截至 2022 年底，江苏省海上风电装机量已达 1183 万千瓦，占全国海上风电装机量四成左右。近 10 余年，江苏省立足自身资源优势和产业基础，抢抓能源产业发展的有利机遇，把海上风电装备制造为主体的新能源战略新兴产业作为优化产业结构、促进转型升级的重要引擎，不断夯实产业发展基础，加快转型升级步伐，海上风电产业链竞争实力和创新能力达到了国内一流、国际先进水平。

2020 年 12 月，江苏省人民政府印发《江苏省“产业强链”三年行动计划（2021—2023 年）》，该计划提出聚焦 13 个先进制造业集群和战略性新兴产业，实施 531 产业链递进培育工程，用 3 年的时间重点培育 50 条具有较高集聚性、根植性、先进性和具有较强协同创新力、智造发展力和品牌影响力的重点产业链，做强其中 30 条优势产业链，促进其中 10 条产业链实现卓越提升。其中，新型电力（新能源）装备集群是排名第一的先进制造业集群和战略性新兴产业。

2021 年 2 月，江苏省人民政府印发《江苏省国民经济和社会发展第十四个五年规划和二〇三五年远景目标纲要》，纲要提出全面提升产业链供应链竞争力。实施“531”产业链递进培育工程，着力培育50条重点产业链，做强30条优势产业链，推动10条卓越产业链快速提升。开展“产业强链”3年行动计划，创建一批具有标杆示范意义的国家级先进制造业集群，攻克一批制约产业链自主可控、安全高效的核心技术，推动一批卓越产业链竞争实力和创新能力达到国内一流、国际先进水平。其中，风电装备被列入“50条重点产业链”和“30条优势产业链”。

2023年8月，江苏省发布《江苏省海洋产业发展行动方案》，该方案指出，全力推进近海海上风电规模化发展，稳妥推进深远海风电试点应用，研究多种能源资源集成的海上“能源岛”建设可行性，探索海上风电、光伏发电融合发展。突破超长风电叶片、高强度齿轮箱等关键部件研发制造能力，增强运维能力建设。推进高效电池片、大尺寸组件等关键零部件研发制造，推动沿海光伏产业高端化发展。积极探索海上风电制氢、太阳能海水制氢、深远海碳封存等前沿技术，打造海洋可再生能源利用高地，支持盐城、南通、连云港沿海的新能源等产业，积极参与国家先进制造业集群竞赛。先期以沿海LNG接收站液态交易为试点，逐步开展江苏省天然气交易中心建设研究。规划建设连云港徐圩新区、盐城滨海港、南通通州湾综合能源基地，加快建设江苏省2021年海上风电竞争性配置项目。

江苏省海上风电产业主要分布在南通、盐城和连云港3个沿海地市，海上风电电力设备等装备制造在南京、无锡和苏州等内陆地市也有布局。

（1）江苏南通

近年来，南通市积极探索海上风电发展路径，以资源开发促进产业集聚，风电产业迎来跨越发展的窗口期。全市形成了陆上、海上风电开发运营，风电整机和配套设备制造，风电技术研发，风电场施工建设和运行维护，以及勘察设计、防腐材料、海洋环境保护、大型设备物流等较为完整的风电产业体系，龙源电力、华能电力、上海电气、中船海装、远景能源等龙头企业相继落户。南通市拥有如东国家火炬海上风电特色产业基地以及通州湾示范区装备工业园、启东海工船舶工业园、海安装备制造产业园等多个专业化产业园区，具备承载风电产业链项目的良好条件。园区功能划分清晰，产业协同发展，全市基本形成布局集中、产业集聚、发展集约的现代化风电产业发展格局。被誉为“东方埃斯比约港”的如东小洋口全国首个风电母港核心功能区已打造完成，打通了海上风电重装设备出海通道，主机、风叶制造、塔筒、单桩加工等企业蜂拥而至，崛起了百亿元级风电高端装备制造产业园。

（2）江苏盐城

近年来，盐城市充分挖掘利用丰富的资源禀赋，壮大风能清洁产业，构建风电新能源全产业链。目前，盐城市海上风电产业以大丰风电产业园、射阳风电产业园、阜宁风电产业园、东台市风电产业园为载体，多个园区被认定为国家火炬特色产业基地、省特色产业集群、省特色产业基地和省特色产业园，新能源产业规模化、集群化发展特征凸显。

经过多年发展，盐城市已集聚一批行业领军企业，新能源规上企业达115家，初步构建起资源开发、装备制造、科创研发、多元应用、配套运维等全产业链布局，着力打造千亿级海上风电产业基地。盐城市将持续拉长新能源产业链条，培育海上风电运维产业链，推进海上绿电资源开发，加快新型储能电站布局，力争到2025年，新能源产业规模突破2000亿元，新能源装机规模突破2000万千瓦。

以盐城大丰区为例，海上风电链上企业如今已近30家，落户有金风科技、中车电机等产业龙头企业，并相继引进迪皮埃、中船重工双瑞风电叶片、中天科技海缆等一批产业链企业，形成了整机及配套电机、叶片、海缆等研发、制造和运维服务一条龙的产业链条。

第二节　广东省海上风电产业发展概况

一、广东省海上风电产业总体

近年来，广东省通过海上风电规模化开发建设，带动风电研发、装备制造及服务业发展，促进海上风电装备制造骨干企业做大做强，已初步形成了集海上风电研发、装备制造、工程设计、施工安装、运营维护于一体的海上风电产业链。

广东省阳江全产业链基地基本形成，粤东海工、运维、科研及整机组装基地加快建设，汕头国际风电创新港、汕尾海工基地、揭阳运维基地协同并进。中山海上风电机组研发中心建成投运。省内的龙头企业有明阳智能，此外，金风科技、上海电气、国电南瑞、鲁能新能源、东方电气、东方电缆、禾望电气、龙马重工等国内风电设备知名企业均有在广东设立分公司并开展业务。多家大型能源电力企业积极参与广东省海上风电项目的投资建设，包括广东能源集团、深圳能源集团、中广核集团、三峡集团、国家电投集团、大唐集团等。

1. 阳江市海上风电产业情况

阳江市海上风电产业主要依托广东（阳江）国际风电产业城建设。围绕“一链引领、双核驱动、三区交融、四心并举、五能协同”的规划理念，坚持“立足广东、辐射全国、走向世界”，充分发挥阳江的资源禀赋优势、区位优势，科学谋划，创新驱动，以市场为导向，以技术为支撑，充分发挥龙头企业的引领作用，突出产业优势，优化产业布局，完善产业配套，全力打造产业链价值链高度一体化的、国际一流的海上风电全产业链生态体系基地。

坚持“立足广东、面向全国、辐射全球”，突出创新链、价值链引领，充分发挥龙头带动作用，持续加强城市空间拓展、功能提升、制度创新，积极建成世界一流的风电科技创新策源地、海上风电高端装备制造基地、全球化的海上风电母港和海上风电开发建设引领区，打造国际化零碳产城融合发展新典范，融入全球风电市场，全面构建具有国际影响力的风电城，推动全球能源向清洁低碳转型，切实保障产业链、供应链安全和国家能源安全。

至 2025 年，初步建成世界知名的风电科技创新基地，海上风电科研基础设施建设、创新研发成果数量国内领先，成为国家级海上风电创新引擎；基本建成国际领先的风电高端装备制造基地，产品和技术供应范围覆盖全国并初步辐射至东南亚地区，实现风电产业年产值达到 1000 亿元；建成功能齐全、面向全球的海上风电母港；全产业链建设成效显著，基本构建覆盖创新研发智能制造、施工安装、运维认证、金融服务、数字支撑的海上风电产业全链生态系统；“三区交融”的空间格局不断优化，产业发展形成集聚，生活配套加快完善，营商环境显著提升。

至 2035 年，建成世界领先的国际风电城，成为全球风电创新发展的标杆、产业集聚的基地、零碳产城融合的典范。技术和产品供应范围覆盖亚洲并辐射全球，实现风电及其延伸产业年产值超过 2000 亿元。广东（阳江）国际风电城成为阳江连接世界的新名片。

广东（阳江）国际风电产业城秉承“产城融合”的发展理念，形成节约资源和保护环境的空间格局，构建以产业生产核心、服务配套核心“双核引领”，形成阳江港片区、长洲岛片区、金朗岛片区三区交融的国际风电城总体空间布局，总面积 115 平方千米，其中陆域面积 103.9 平方千米，用海面积 11.1 平方千米。

截至 2023 年 9 月，已有 30 多家风电整机及配套企业签约落户（表 2-1），总投资约 267 亿元，其中，明阳智慧能源集团股份公司（简称“明阳智能”）及金风科技股份有限公司（简称“金风科技”）整机、明阳智能叶片、广东水电二局股份有限公司（简称“粤水电”）塔筒、中国水利水电第四工程局有限公司（简称“水电四局”）塔架、国家海上风电装备质量监督检验中心等共 18 个项目建成投产，年产值 422 亿元。宁波东方电缆股份有限公司（简称“东方电缆 ”）海底电缆、中车株洲电机有限公司（简称“中车电机”）发电机、中国东方电气集团有限公司（简称“东方电气”）气电机、深圳市禾望电气股份有限公司（简称“禾望电气”）变流器和电控系统等 12 个配套项目正在抓紧建设，总投资约 115 亿元，年产值 302.3 亿元。在筹建项目共 6 个，总投资 81 亿元，产值 23 亿元。

表 2-1　阳江市主要海上风电企业（不完全统计）

产业环节	企业名称
风机整机制造	明阳智能（投产）、金风科技（投产）
叶片	明阳智能（投产）、中材科技股份有限公司（筹建）、广州聚合新材料科技股份有限公司（筹建）、山东双一科技股份有限公司（筹建）
塔筒	水电四局（投产）、粤水电（投产）
发电机	中车电机（在建）、东方电气（在建）

续表

产业环节	企业名称
变流器	禾望电气（在建）、维谛技术有限公司（筹建）
电控系统	禾望电气（在建）、埃斯倍电科（青岛）有限公司（筹建）
液压系统、制动系统	品奇布班察工业制动设备（沈阳）有限公司上海分公司（筹建）
润滑系统	广东意德风电设备有限公司（筹建）
锻件、铸件	广东龙马重工集团有限公司（投产）
海上升压站建造	水电四局（投产）、粤水电（投产）
海底电缆	东方电缆（在建）
海缆附属设备	江阴久盛科技有限公司（筹建）、广州市盘洋船舶机械有限公司（筹建）、浙江中自庆安新能源技术有限公司（筹建）
桩基制造	水电四局（投产）、粤水电（投产）
检测认证	北京鉴衡认证中心有限公司（投产）
施工安装	广东精铟海洋工程股份有限公司（筹建）
投资运营	三峡新能源阳江发电有限公司、中广核阳江海上风力发电有限公司、广东华电新福阳江海上风电有限公司、广东粤电阳江海上风电有限公司
专业运维	广东精铟海洋工程股份有限公司（筹建）

2. 汕头市海上风电产业情况

汕头市海上风电产业主要依托汕头港广澳港后方建设4200亩（280公顷）的海上风电装备制造产业园、近2000亩（约133公顷）海工装备制造产业园和配套风电专用码头。

其中，汕头海上风电创新产业园位于汕头市濠江区广澳物流园西北侧，以上海电气风电广东海上智能制造项目为龙头，规划建设集研发、制造、运维、大数据等一体的风电产业园。海工装备产业园位于广澳港三期工程后方，前方配套建设3个2万吨级泊位风电码头，后方园区包括生产用地、生产设备和厂房、产品储存用地，海工装备产品包括海上风电塔筒、管桩、导管架等基础构件、浮式基础、海上升压站基础及上部结构组件等。

截至 2023 年，引入装备制造、海工装备、检验认证等实体产业企业 22 家（表 2-2），海上风电开发企业共 10 家，签约项目投资额约 300 亿元，主要包括主机、发电机、轴承、齿轮箱、塔筒、叶片、钢结构、电缆、变流器、主控设备、润滑系统、试验基地及认证中心等。其中，上海电气集团股份有限公司（简称“上海电气”）整机和电机厂已建成投产，整机年产能量 300 套，电机年产能约 200 套；“四个一体化”风电装备金风科技整机、中车电机发电机、德力佳传动科技（江苏）有限公司（简称“德力佳”）齿轮箱、洛阳轴承集团股份有限公司（简称“洛阳 LYC 轴承”）轴承、广东省风电临海试验基地、北京鉴衡认证中心有限公司（简称“北京鉴衡认证”）等已开工建设；其余项目均在开展前期筹建工作。

表 2-2　汕头市主要海上风电企业（不完全统计）

产业环节	企业名称
风机整机制造	上海电气（投产）、金风科技（在建）
发电机	上海电气（投产）、中车电机（在建）
轴承	洛阳 LYC 轴承（在建）
齿轮箱	德力佳（在建）
润滑系统	青岛盘古润滑技术有限公司（待建）
塔筒	广东固韩重工设备有限公司（在建）、大金重工股份有限公司（待建）
叶片	中材科技股份有限公司（在建）
钢结构基础制造	广东固韩重工设备有限公司（在建）、大金重工股份有限公司（待建）
结构件、智能工装	上海永镜机电成套有限公司（待建）
海上升压站	大金重工股份有限公司（待建）
试验、培训中心	北京鉴衡认证（在建）
临海试验基地	广东电网有限责任公司（在建）
咨询设计	中国电建集团华东勘测设计研究院有限公司
施工安装	中国电力建设集团有限公司（框架协议）、中国机械工业集团有限公司（框架协议）、中铁大桥局集团有限公司（框架协议）

续表

产业环节	企业名称
投资运营	中国大唐集团有限公司、中国华能集团有限公司、国家电力投资集团有限公司、三峡新能源汕头发电有限公司、华润电力风能（汕头）有限公司、汕头京能清洁能源有限公司、深圳能源集团股份有限公司、广东汕头鲁能新能源有限公司、国投电力控股股份有限公司、国电电力发展股份有限公司

3. 汕尾市海上风电产业情况

汕尾市海上风电产业主要依托汕尾陆丰碣石海工基地建设。汕尾陆丰碣石海工基地布局在汕尾（陆丰）临港工业园区内，位于陆丰核电进场道路东南侧，基地一期规划用地约 1.49 平方千米，于 2022 年建成投产，达产后年生产能力为 100～150 台（套）。碣石海工基地远期规划用地约 21.7 平方千米，着力打造海工、运维、科研及整机组装基地。

截至 2023 年 11 月，海工基地已引进中广核新能源海上风电（汕尾）有限公司（简称“中广核”）、明阳智慧能源集团股份公司（简称“明阳智能”）、中天科技集团有限公司（简称“中天科技”）、青岛天能重工股份有限公司（简称“天能重工”）、先进能源科学与技术广东省实验室汕尾分中心等配套企业（表 2-3），计划总投资约 318 .7 亿元。截至 2023 年底，基地已完成投资约 78.5 亿元，其中，明阳叶片厂已建成投产；中天科技产业园、天能重工海上风电装备制造项目、汕尾水工码头已完成。中电建核电陆丰能源装备智造基地项目、省能源和科技实验室汕尾海上风电分中心已开工建设。2023 年，已形成年产值约 114 亿元。

表 2-3　汕尾市主要海上风电企业（不完全统计）

产业环节	企业名称
风机整机制造	明阳智能（投产）
叶片	明阳智能（投产）、惠柏新材料科技（上海）股份有限公司（框架协议）、浙江联洋新材料股份有限公司（框架协议）

续表

产业环节	企业名称
塔筒	天能重工（投产）
齿轮箱	南方宇航科技集团有限公司（框架协议）
轴承	洛阳新强联回转支承股份有限公司（框架协议）
发电机	湖南湘电动力有限公司（框架协议）、威伊艾姆电机（中国）有限公司（框架协议）
电控系统	威伊艾姆电机（中国）有限公司（框架协议）
液压系统	特力佳（天津）风电设备零部件有限公司（框架协议）
制动系统	江苏三斯风电科技有限公司（框架协议）
润滑系统	郑州奥特科技有限公司（框架协议）
锻件、铸件	张家港广大特材股份有限公司（框架协议）、湘潭永达机械制造股份有限公司（框架协议）
海底电缆	中天科技（投产）、无锡市恒龙电缆材料有限公司（框架协议）
桩基制造	天能重工（投产）
施工安装	中交第三航务工程局有限公司（框架协议）
投资运营	中广核
专业运维	中集海洋工程有限公司（框架协议）

4. 揭阳市海上风电产业情况

汕尾市海上风电产业主要依托揭阳惠来临港产业园建设。揭阳惠来临港产业园位于惠来县东南沿海一带，总规划面积25.35平方千米，其中，陆域面积18.46平方千米、海域面积6.89平方千米，重点打造风电装备产业区、LNG及冷链物流加工等四大板块。

截至2023年11月，基地已引进了国家电力投资集团有限公司、美国通用电气公司（GE）、明阳智能、江阴远景能源科技有限公司（简称“远景能源”）、中广核、揭阳亨通海洋技术有限公司等企业。其中，美国GE海上风电机组总装基地厂房已投产，年产值70亿元；揭阳明阳新能源综合基地项目已投产，年产值约5亿元；广东蓝水海洋工程装备基地项目已投产，年产值约20亿元；远景南方智慧能源产业园项目已投产，年产值约30亿元。揭阳亨通海洋技术有限公司生产基地、蓝水深远海装备科技制造项目（一期）、天顺风能（苏州）股份有限公司重型风电海工装备智能制造项目（一期）已落地正在建设中，总投资约28.5亿元，形成产值约50亿元。

二、广东省海上风电产业发展优势

1. 政策激励发展前景广阔

全球能源转型为海上风电产业提供了发展空间。在全球化石能源日渐枯竭和气候变化形势严峻的背景下，风能作为一种可再生、环境影响小的清洁能源，其战略价值日益凸显，各国都非常重视风能的开发利用。全球多个国家和地区都对海上风电发展进行了规划，尤其是欧洲国家，大多将海上风电作为新能源发展的主要方向之一。

我国绿色发展新要求为海上风电发展提供了政策指引和保障。坚持以习近平新时代中国特色社会主义思想为指导，全面贯彻党的十九大和十九届历次全会精神，深入贯彻习近平总书记对广东系列重要讲话和重要指示批示精神，完整、准确、全面贯彻新发展理念，锚定碳达峰、碳中和目标，以“四个革命，一个合作”能源安全新战略为统揽，围绕广东省率先建成清洁低碳、安全高效、智能创新的现代能源体系发展目标，合理规划布局省管海域新增海上风电场址和粤东海上风电基地，推进海上风电规模化、集约化、可持续开发，推动技术进步和产业升级，以海上风电规模化开发带动海上风电产业集群发展。

广东省寻求新的海洋经济增长点为海上风电提供了发展契机。当前，广东省海洋传统产业产能过剩，海洋新兴产业处于萌芽期，海工装备处于转型期，海洋服务业发展滞后，迫切需要培育海洋经济新的增长点。海上风电项目技术性强、经济体量大、产业关联度高，作为新兴经济增长点的潜力巨大。

电力体制改革为海上风电提供了发展新动力。新一轮电力体制改革通过逐步放开发用电计划、建立优先发电制度等方式，构建现代竞争性电力市场。海上风电项目要通过竞争配置方式组织建设。在新的体制机制下，海上风电等可再生能源将能公平地参与市场交易，消纳市场逐步扩大，为海上风电提供了发展动力。

2. 市场空间巨大

（1）资源禀赋优越

广东省风能资源较为丰富。广东省拥有4114千米海岸线和41.93万平方千米辽阔海域，港湾与岛屿众多。由于沿海地区地处亚热带和南亚热带海洋性季风气候区，冬季、夏季季风气候特征十分明显。夏季风出现在4—10月，盛行偏南风；冬季风出现在11月到翌年3月，盛行偏北风。广东省沿海风速较大，沿海海面100米高度层年平均风速可达7米/秒以上，在离岸略远的粤东海域，年平均风速可达8~9米/秒或以上。风功率密度较大，沿海岛屿的风能密度为200~400瓦/平方米，粤东海域可达750瓦/平方米。粤西、珠三角海域风功率密度等级为3~4级，而粤东海域可高达5~6级。风能利用小时数较多，广东省海域不小于3米/秒的风速全年出现时间为7200~8200小时，有效风力出现时间百分率可达82%~93%。

广东省湍流强度较低，有利于风电机组布置，由于广东省海岸线呈东北—西南走向，所以广东省沿海风向和风能密度方向分布为秋冬占优型，各风向频率和风能密度的方向分布主要集中在N—E扇区之间，尤其是集中于NNE—ENE方向上，其湍流强度一般不超过0.10，这种分布特征较有利于风电机组布置，这是因为来自北方的冬季风经过长途跋涉到达广东省沿海时多已变得相对湿暖和减弱。因此，冬季风一般不会给风电机组造成破坏性影响，并且冬季风给广东省风能资源的贡献率可达到70%以上。

（2）开发潜力巨大

广东省海上风能资源丰富，沿海平均风速较大，风功率密度和风能利用小时数较多，湍流强度较低，适合规模化开发海上风电。

综合考虑海洋功能区划、海洋生态保护、港口通航、海底光缆及油气管道布置、军事设施影响等多方面因素，广东省近海海域（50米水深以内）风电实际可开发容量超7000万千瓦，深远海域（大于50米水深）风电可开发潜力更为巨大，海上风电可开发容量在全国居于首位。截至2023年12月，广东省已全容量并网的海上风电项目有27个，累计并网装机容量874.575万千瓦，已完成省管竞配项目700万千瓦，示范项目100万千瓦；同时国管竞配1600万元，再遴选800万元开展前期工作。巨大的规模化开发潜力成为广东省海上风电产业发展的天然优势。

3. 目标明确、路径清晰、产业基地规划合理

《广东省海上风电规划调整报告》提出了明确的海上风电产业发展目标和实施路径，具有重要的指导作用。

（1）发展目标

①省管海域场址。根据《广东省能源发展“十四五”规划》，广东省将持续推动能源的清洁发展，不断优化能源供给结构，非化石能源装机比重将提升至50%左右，“十四五”期间新增海上风电装机容量约1700万千瓦。结合各规划场址建设条件和电网的消纳能力，综合考虑海上风电产业链供应能力、建设成本、项目经济效益、产业发展和技术进步等因素，确定省管海域新增规划场址的开发目标为：到2025年底，开工建设海上风电装机容量达到800万千瓦以上，其中建成投产400万千瓦以上；到2030年底，规划场址全面开工建设，实现对区域能源转型和社会经济发展的有力支撑。

②国管海域场址。根据广东省能源发展总体目标和粤东区域的经济与能源发展需求，结合粤东海上风电基地的建设条件和电网的消纳能力，综合考虑海上风电产业链供应能力、建设成本、项目经济效益、产业发展和技术进步等因素，确定粤东海上风电基地开发目标为：到2025年底，粤东基地开工建设海上风电装机容量600万千瓦以上，其中建成投产200万千瓦以上；到2030年底，粤东基地累计开工建设海上风电装机容量达到2100万千瓦左右，累计并网装机容量达到1800万千瓦左右，实现对区域能源转型和社会经济全面发展的支撑。

（2）实施路径

通过海上风电规模化开发建设，以广东省海上风电装备制造骨干企业为龙头，带动广东省风电研发水平提高和装备制造及服务业发展，促进广

东省海上风电装备制造骨干企业做大做强。在阳江市建设海上风电产业基地，在粤东建设海上风电运维、科研及整机组装基地，在中山市建设海上风电机组研发中心，形成集海上风电机组研发、装备制造、工程设计、施工安装、运营维护于一体的风电全产业链，将广东省海上风电产业打造成为具有国际竞争力的优势产业。

海上风电产业基地布局在统筹考虑广东省海上风电场址资源分布、各区域产业基础、交通港口条件等的基础上进行了合理规划，产业聚集效应已初步显现。

（3）产业基地规划合理

海上风电整机制造产业基础较好，国内竞争力持续提升。海上风机整机制造对整个海上风电产业的带动作用明显。目前，广东省拥有明阳智慧能源集团股份公司、金风科技股份有限公司、上海电气集团股份有限公司、美国通用电气（GE）等多家海上风电整机制造龙头企业，总产能可以满足广东省海上风电规模化开发的风机供应需求，并具备辐射海外和周边省份的生产能力。其中，广东省本土企业明阳智慧能源集团股份公司在海上风电整机制造领域的竞争力持续提升，截至2022年，海上风电机组新增装机位居全国第一位。

海上风电专业服务产业基础较好，在国内处于领先地位。近年来，广东省充分整合省内外科研院所、高校、企业等创新资源，加快建设产业创新平台，在风电领域科研方面具备一定的基础条件，有先进能源科学与技术广东省实验室（汕尾、阳江分中心）、广东省风电技术工程实验室、广东省风电控制与并网工程实验室3个省级重点实验室以及中国能源建设集团广东省电力设计研究院有限公司、南方电网科学研究院等央企技术平台。广东省海上风电咨询服务企业较多，基本涵盖了海上风电咨询服务的各个环节。中国能建广东省电力设计研究院有限公司等勘察设计企业具有丰富的近海风电工程业绩，勘察设计能力处于全国领先地位。

4. 产业链主要环节基本完备

（1）风电机组装备制造

在整机制造方面，目前，广东省有明阳智慧能源集团股份公司、金风科技股份有限公司、上海电气集团股份有限公司、美国通用电气（GE）4家海上风机整机制造企业。

在叶片制造方面，广东省目前仅有明阳智能1家叶片生产企业，该公司在全国多地布局有叶片生产基地，在国内的风电叶片市场中也占有较大比例。明阳智能现有的海上风电叶片基地分别为中山叶片生产基地、阳江叶片生产基地、汕尾叶片生产基地，3个海上风电叶片生产基地年最大产能可达到2700片，合计900套，能够生产最长130米左右的叶片。明阳智能目前在中山、阳江、汕尾投产的海上叶片生产基地产能可保障与其生产的海上风电整机的配套性，具有较强的竞争优势。在叶片原材料领域，广东省仅有广州聚合新材料科技股份有限公司、广州惠利电子材料有限公司等树脂企业。

在塔筒制造方面，广东省现有多家风机塔筒企业制造商。广东蓝水海洋工程有限公司（揭阳）、广东长风新型能源装备制造有限公司（汕尾）年产能均超过20万吨，广东水电二局股份有限公司、中国水电四局（阳江）海工装备有限公司年产能均超过10万吨，广东蓝水新能源装备制造有限公司、广东蓝水深远海装备科技有限公司、广东润龙重工集团公司、拓能能源装备（陆丰）有限公司、广东固韩重工设备有限公司5家企业正在加快推进生产基地建设。

在齿轮箱制造方面，汕头市引进德力佳传动科技（江苏）有限公司设立生产基地，项目正在建设，预计投产后年产能超过800台（套）。

在轴承制造方面，汕头市引进洛阳LYC轴承有限公司设立生产基地，项目正在建设，预计投产后年产能达到600台（套）。汕尾市与远景能源有限公司签订战略合作框架协议，谋划远景科技集团零碳产业园项目，规划年产能3500台（套）轴承。

在发电机制造方面，广东省现有多家风机发电机企业制造商。东方电气（广东）能源科技有限公司、广东中车新能源电机有限公司、上海电气上电电机广东有限公司年产能均超过200台（套），通用电气海上风电设备制造有限公司年产能超过100台（套），广东润龙重工集团公司、东方电气风电有限公司、西安中车永电捷力风能有限公司正在加快推进生产基地建设，谋划引进长沙长利集团有限公司、中车株洲电机公司、宜兴华永电机有限公司设立新的生产基地。

在变流器制造方面，广东省现有深圳市禾望电气股份有限公司、维谛技术有限公司等多家风电变流器企业，在风电变流器领域具有一定的技术优势和市场竞争力。

在电控系统制造方面，广东省现有深圳市禾望电气股份有限公司等风电电控企业。

在铸件、锻件制造方面，广东省风电铸锻件企业主要为广东龙马重工集团有限公司。

（2）海上升压站及电气设备制造

海上变电站上部组块方面，广东省海工制造企业尚无海上变电站建造业绩，已投产的和在建的海上升压站均由省外企业建造。

在变压器制造方面，广东省高压变压器企业主要为中山 ABB 变压器有限公司、广州西门子变压器有限公司。

在配电装置制造方面，广东省配电装置制造企业主要包括广州西电高压电气制造有限公司、广州白云电器设备股份有限公司、广东明阳电气股份有限公司等。

在柔性直流换流阀制造方面，目前，广东省仅有两家柔性直流换流阀制造企业。汕头市引进汕头南瑞鲁能控制系统有限公司建设生产基地。揭阳明阳新能源科技有限公司主要生产海上风电升压系统、高压直流并网送出系统及相关配套产品。

在控制保护设备制造方面，广东省控制保护设备制造企业主要为长园深瑞继保自动化有限公司，但尚未有海上风电供货业绩。

在变流器制造方面，广东省现有深圳市禾望电气股份有限公司、维谛技术有限公司等多家风电变流器企业，在风电变流器领域具有一定的技术优势和市场竞争力。广东省在 IGBT 半导体芯片产业有一定布局，包括深圳方正微电子有限公司（芯片制造）、深圳芯能半导体技术有限公司（模组）、比亚迪股份有限公司（集成设计制造）。

电控系统制造方面，广东省现有深圳市禾望电气股份有限公司等风电电控企业。阳江风电产业基地引进了埃斯倍（SSB），主要生产风电变桨控制系统。

（3）海底电缆制造

广东省现有广东东方海缆技术有限公司、中天科技南海海缆有限公司、揭阳亨通海洋技术有限公司、恒明盛新材科技（陆丰）有限公司4家海底电缆制造企业。中天科技南海海缆有限公司年产能高压交、直流海底光电缆600千米，广东东方海缆技术有限公司、揭阳亨通海洋技术有限公司、恒明盛新材科技（陆丰）有限公司3家企业正在加快推进生产基地建设。

在海底电缆附属设备制造方面，广东省海底电缆附属设备企业较少，广东省已建海上风电项目海底电缆附属设备主要由省外企业生产。

（4）桩基和塔筒制造

广东省海上桩基制造企业主要包括中船黄埔文冲船舶有限公司、广船国际有限公司、广东水电二局股份有限公司、中国水电四局（阳江）海工装备有限公司、珠江钢管（珠海）有限公司、广东中远海运重工有限公司等。汕尾海工基地的广东长风新型能源装备制造有限公司和广东天能海洋重工有限公司尚未形成实际产能。

（5）铸件、锻件制造

风电铸件主要包括轮毂、机舱、底座等，风电锻件主要包括主轴、法兰等。

广东省风电铸锻件企业主要为广东龙马重工集团有限公司。广东龙马重工集团有限公司由山东龙马控股集团有限公司于2018年在阳江设立，一期铸造项目已投产。永冠集团控股的江苏钢锐精密机械有限公司已与汕头市海上风电创新产业园签订战略合作框架协议。

（6）科技研发

近年来，广东省充分整合省内外科研院所、高校、企业等创新资源，加快建设产业创新平台，在风电领域科研方面具备一定的基础条件，有先进能源科学与技术广东省实验室（汕尾、阳江分中心）、广东省风电技术工程实验室、广东省风电控制与并网工程实验室3个省级重点实验室以及中国能源建设集团广东省电力设计研究院有限公司、南方电网科学研究院等技术平台。其中，先进能源科学与技术广东省实验室开展核能、海上风电、可再生能源及先进能源等基础研究与关键核心技术研究。

（7）广东省海上风电咨询服务

广东省海上风电咨询服务企业较多，涵盖了海上风电咨询服务的各个环节。中国能源建设集团广东省电力设计研究院有限公司在海上风电规划、工程咨询等方面积累了丰富的经验，承担了《广东省海上风电场工程规划》《广东省海上风电发展规划（2017—2030年）（修编）》编制工作和省内大部分海上风电项目的前期咨询工作。广州华申建设工程管理有限公司、广东创成建设监理咨询有限公司、广东天安项目管理有限公司在海上风电工程监理方面业绩丰富。自然资源部南海调查中心、中国科学院南海海洋研究所、广东省气象局等专业机构在各自领域具有技术和资源优势。

（8）广东省海上风电勘察设计服务

广东省现有多家海上风电勘察设计企业。中国能源建设集团广东省电力设计研究院有限公司在海上风电勘察设计方面积累了丰富的经验，是国家标准《海上风力发电场设计标准》的第一主编单位和国家标准《海上风力发电场勘测标准》的第二主编单位，承担了广东省大部分海上风电工程勘察设计工作。广州海洋地质调查局、中交第四航务工程勘察设计院有限公司、自然资源部南海调查中心也在海洋地质勘查方面有着丰富经验。

（9）广东省海上风电检测认证服务

广东省现有广东鉴衡海上风电检测认证中心有限公司、广东电网有限责任公司等风电检测认证企业。广东鉴衡海上风电检测认证中心有限公司是北京鉴衡认证中心有限公司于2018年在阳江设立的检测认证机构，建设风电装备认证中心、整机装备检验实验室、部件装备检验实验室及在役机组检验实验室，在海上风电装备领域形成覆盖原材料、关键部件、整机、在役机组的全寿命周期的检验检测能力。广东电网有限责任公司电力科学研究院是广东电网有限责任公司以分公司模式管理并实行独立核算的二级机构，可开展海上风电机组并网性能试验与研究、海上风电场运行控制试验与研究、海上风电并网及与储能协同控制试验与研究等工作。

（10）广东省海上风电金融服务

海上风电金融服务主要包括保险、融资租赁、产业引导基金等。在保险方面，广东省海上风电保险业务主要由中资大型保险公司承接。在融资租赁方面，广东省有海上风电融资租赁成功案例，2017年粤科港航融资租赁有限公司与广东精铟海工成功签署了自升式海上风电安装平台融资租赁项目，是国内通过融资租赁模式开展海上风电项目的创新之作。在产业引导基金方面，广东有阳江海上风电产业发展基金，由阳江市恒财城市投资控股有限公司、中信建投资本管理有限公司、中国三峡新能源（集团）股份有限公司、中广核风电有限公司、广东省能源集团有限公司及广东华电福新阳江海上风电有限公司共同出资设立，总规模120亿元。

5. 广东省自然资源厅为海上风电产业发展保驾护航

自2018年起，广东省自然资源厅设立省级海洋经济发展专项资金重点支持包括海上风电在内的海洋六大产业项目的科技创新和成果转化（表2-4）。2018年，海上风电产业方向支持立项4个，支持经费6500万元；2019年，海上风电产业方向支持立项6个，支持经费6012.5万元；2020年，海上风电产业方向支持立项7个，支持经费5000万元；2021年，海上风电产业方向支持立项5个，支持经费7000万元；2022年，海上风电产业方向支持立项6个，支持经费6900万元；2023年，海上风电产业方向支持立项5个，支持经费3800万元。

上述专项资金对海上风电项目的支持贯彻落实了《粤港澳大湾区发展规划纲要》及中共广东省委十二届四次全会精神，加快构建了“一核一区一带”区域发展布局，促进了区域协调发展，推动了珠三角地区、东西两翼市海洋经济高质量发展，打造了充满活力的沿海经济带，极大促进了海上风电产业核心技术研发创新、科技成果转化与产业化，解决了一系列的制约广东省海上风电发展的技术难题。

表 2-4　2018—2024 年广东省级促进经济发展专项资金（海洋经济发展用途）资助海上风电研究项目

年份	序号	项目	承担单位	经费（万元）
2018	1	广东海域风资源分布状况与风能储量调查	深圳航天宏图信息技术有限公司	2000
	2	远海岸风电输送关键技术及装备研究	南方电网科学研究院有限责任公司	2000
	3	浮式海上风电平台全耦合动态分析及其装置研发	三峡珠江发电有限公司	2000
	4	基于大数据的海上风电场支撑结构强度与疲劳实时评估研究	中国能源建设集团广东省电力设计研究院有限公司	500
2019	5	8~10 兆瓦海上风电机组的关键技术研发与应用	明阳智能股份有限公司	2000
	6	南海大容量风电用高性能厚板开发及用户解决方案研究	宝钢湛江钢铁有限公司	2000
	7	海上风电项目建设期和运营期环境影响研究——以广东粤电湛江外罗海上风电项目为例	暨南大学	500
	8	海上风电智能运维策略研究	中国能源建设集团广东省电力设计研究院有限公司	512.5
	9	广东沿海海域风机抗台工程参数设计研究	广东省气候中心	500
	10	粤西海上风电产业园区信息化平台建设	阳江市高新投资开发有限公司	500

续表

年份	序号	项目	承担单位	经费（万元）
2020	11	高效智能海上风电施工安装船机关键设备研制及产业化	广东精铟海洋工程股份有限公司	1000
	12	漂浮式海上风电与海洋牧场融合关键技术研究	中广核研究院有限公司	1000
	13	面向下一代深水海上超大型风机安装平台关键技术研究	广东工业大学	1000
	14	基于智能终端的海上风电场运维系统研制与应用示范	广东省风力发电有限公司	500
	15	海上风电生态与桩基冲淤环境综合监测体系研发与应用	中国能源建设集团广东省电力设计研究有限公司	500
	16	海上风电宽功率波动环境下的高适应性电解制氢及储能关键技术及装备的研究	深圳中广核工程设计有限公司	500
	17	海上风电大直径单桩沉桩施工工艺研究	保利长大工程有限公司	500
2021	18	海上风电场海洋环境立体监测网关键技术及装备产业化	中国能源建设集团广东省电力设计研究院有限公司	2000
	19	漂浮式海上风电成套装备研制及应用示范	广东海装海上风电研究中心有限公司	2000
	20	天然气水合物拖曳式广域电磁深远海高性能海上风电运维船与核心装备研发与应用示范	中集海洋工程有限公司	2000
	21	适用于海上风电直流送出的高压大容量级联不控整流阀组件的研制	广东明阳龙源电力电子有限公司	500
	22	海上风电桩基础及海缆稳定性动态监测一体化设备研发	珠江水利委员会珠江水利科学研究院	500

续表

年份	序号	项目	承担单位	经费（万元）
2022	23	海上风电综合利用平台研制及示范应用	中广核阳江海上风力发电有限公司	1800
	24	海上风电安全保障标准、体系及装备	阳江海上风电实验室	1800
	25	16兆瓦级超大型海上风电机组及关键部件的研发	明阳智慧能源集团股份公司	1800
	26	深远海风电场无人机智能自主巡检关键装置与系统研制	南方电网电力科技股份有限公司	500
	27	基于工业互联网的海上风电工程CAE模拟仿真平台	中国能源建设集团广东省电力设计研究院有限公司	500
	28	“双碳”背景下海上风电机组高效服役大数据保障装备系统研制	广东华电福新阳江海上风电有限公司	500
2023	29	海上风电有功无功多时间尺度一体化主动支撑控制装置研制	广东电网有限责任公司	1300
	30	海上风电场全要素信息感知与协同管控关键技术研究及平台建设	广东省风力发电有限公司	1300
	31	低应力长寿命现场激光锻造增材修复技术与智能装备研发	广东工业大学	400
	32	漂浮式风机系泊系统安全监测装置研制与示范应用	哈尔滨工业大学（深圳）	400
	33	海上风电场自然灾害综合防治关键技术研发及示范	中山大学	400

续表

年份	序号	项目	承担单位	经费（万元）
2024	34	深远海风电场大容量集中送出用超高压柔性交直流海缆系统研制及应用	南海海澜有限公司	1100
	35	深远海大容量机组施工及智能运维安全保障技术应用与装备开发	广东海装海上风电研究中心有限公司	1100
	36	基于20MW级超大功率海上风机深远海海况高效高精度装配的海洋工程装备自主研制关键技术研究	广船国际有限公司	1100
	37	潮差及浸没区海上风电钢构件表面免维护仿生体系研究	广州航海学院	300
	38	纤维复材增强超高性能混凝土漂浮风电基础关键技术研发	华南理工大学	300
	39	高可靠大功率风电主轴制造关键技术研究	广东省科学院新材料研究所	300

三、广东省海上风电产业发展存在的问题

广东省面临着热带气旋、风暴潮、赤潮和干旱等海洋灾害。其中，热带气旋对广东省影响最大，登陆广东省的热带气旋超过全国总数的40%。热带气旋造成风电机组损坏的主要原因是风速高、影响范围广，持续时间长，湍流强度大，风向突变等。广东省海上风电的发展仍需克服自然灾害的影响。

1. 产业布局存在局部不协调风险

目前，省内各沿海地市开发海上风电项目、拓展海上风电产业的积极性较高，风电整机和塔筒及单桩制造产能相对饱和，广东省内阳江、汕尾、揭阳、汕头争相布局，存在无序投资和重复建设风险。

2. 产业链存在短板弱项和“卡脖子”环节

部分环节和零部件如齿轮箱、偏航及变桨轴承，叶片的玻纤和碳纤维，海上升压站（含主变设备、交流配电装置 GIS 和上部组块及导管架）等省内尚属空白，需依赖外省供应；主轴承、叶片材料的轻木等核心零部件、基础材料，主要依赖国外进口（德国、瑞典、美国等），存在“卡脖子”问题。

3. 产业链完备程度不具领先优势

装备制造产业链不完备，部分核心设备、零部件及原材料依赖进口，高端装备制造水平落后于长三角地区。在海上风电机组装备制造环节，广东省除整机和塔筒制造企业外，叶片、发电机、变流器、主控系统等核心设备制造企业数量有限，缺少齿轮箱、主轴承制造企业和玻璃纤维、碳纤维等叶片原材料制造企业，风机主轴承、变流器 IGBT 器件、叶片芯材等仍依赖进口。由于产业链发展未能完全跟上海上风电资源开发步伐，已投产项目虽然风机整体均由省内企业制造，但风机的零部件大多来自省外，存在未充分采购省内制造产品等情况，对拉动广东省经济增长的贡献不足。

在海上变电站装备制造环节，广东省海工制造企业尚无海上变电站建造业绩，已投产和在建的海上升压站均由省外企业建造。海上升压站主变压器、配电装置等电气一次主设备主要由省外合资企业供货，控制保护等二次设备也主要由长三角地区企业供货。柔性直流换流阀等柔直装备制造也大幅落后于长三角地区。

在海底电缆装备制造环节，广东省已引进多家省外海缆制造企业，但尚未形成实际产能，广东省已建海上风电项目海底电缆全部由省外生产供货。

4. 单机大型化、深远海柔性直流送出等趋势适应性不足

未来，海上风电机组呈现出单机大型化发展趋势明显，机舱、轮毂的重量及叶片的长度急剧增加，可用的施工安装船资源紧张；同时，对深远海可能采用的浮式基础，其设计、制造、拖运、安装等产业链新分支的研

发、储备及示范，尚未进行统筹规划；另外，随着海上风电场逐渐向深远海发展，柔性直流送出方式显示出经济性优势，目前海上换流站的核心设备为柔性直流换流阀，但省内基本处于空白。

5. 施工能力不能满足井喷式规模化开发

海上船机施工资源不足，难以支撑海上风电规模化开发。广东省海上风电项目所在海域较深、海况恶劣，并且将多采用10兆瓦及以上大容量海上风电机组，对风机安装船的要求较高。目前，广东省企业适应海上风电风机安装船数量有限，不能适应第一批竞配项目的全面铺开。因此，又不得不寻求外省施工资源的支持。

6. 运维能力亟待提升

运维经验缺乏，运维能力亟待提升。广东省海上风电投产项目较少，最早投产的珠海桂山海上风电场示范项目一期工程投产时间也不满3年，海上风电运维经验较为缺乏，海上风电运维配套码头等基础设施、运维船舶设备研发制造和专业队伍建设等运维能力亟待提升。

7. 产业落地投产进度缓慢

虽然各产业基地签约落户企业数量较多，但形成实际产能的企业数量有限，签约项目需要尽快落地、建设投产。据不完全统计，截至2023年9月，阳江产业基地签约企业30家，形成实际产能的企业18家；汕头产业基地签约企业30家，形成实际产能的企业4家；汕尾产业基地签约企业10家，形成实际产能的企业4家；揭阳产业基地签约企业7家，形成实际产能的企业4家。

第三节　广东省海上风电产业发展规划与前景预测

一、市场前景

“十四五”和“十五五”是广东省海上风电发展的关键时期。2021年

4月，广东省人民政府印发《广东省国民经济和社会发展第十四个五年规划和2035年远景目标纲要》。纲要提出以下两点。

①大力发展海上风电。推动省管海域风电项目建成投产装机容量超800万千瓦，打造粤东千万千瓦级基地，加快8兆瓦及以上大容量机组规模化应用，促进海上风电实现平价上网。

②完善海上风电产业链。着力推进近海深水区风电项目规模化开发，积极推进深远海浮式海上风电场建设，加快建设粤西海上风电高端装备制造基地、粤东海上风电运维和整机组装基地，加快形成产值超千亿元海上风电产业集群。

根据《广东省能源发展“十四五”规划》中间成果，“十四五”期间广东省计划新增海上风电装机容量约1700万千瓦，到2025年，海上风电装机规模达到1800万千瓦。

根据《关于广东省海上风电规划调整报告的复函》（国能综函新能〔2022〕103号），新增省管海域（领海线以内）海上风电场址装机容量1830万千瓦，规划国管海域（领海线以外专属经济区）粤东海上风电装机容量3570万千瓦。

为推动海上风电项目有序规范开发，促进海上风电技术进步和产业发展，根据国家相关政策和工作要求及广东省印发的《促进海上风电有序开发和相关产业可持续发展实施方案》（粤府办〔2021〕18号），省管海域共700万千瓦，国管海域预选1600万千瓦基础上遴选800万千瓦，在省印发开发建设方案后5年内完成全容量建设。

二、发展特点

广东省海上风电发展趋势与国内外海上风电总体趋势基本一致，但也存在自身一定的特殊性。

1. 由近海浅水区逐渐走向近海深水区

“十三五”期间，广东省开工建设的海上风电项目全部为近海浅水区项目（水深小于35米），近海深水区海上风电规划容量在当前规划总容量的占比超过85%。随着海上风电技术的发展成熟，“十四五”时期近海深水区将有序开展试点示范建设工作，并将在“十五五”时期进入规模化建设阶段。

2. 开发建设将更加合理有序

2019年5月，国家发展改革委印发《国家发展改革委关于完善风电上网电价政策的通知》（发改价格〔2019〕882号），海上风电电价政策发生重大变化，包括广东省在内的国内海上风电建设大大提速，迎来了一波抢装潮，风机设备、施工资源市场均呈现出供不应求的局面。

3. 自主创新能力将不断提升

“十三五”期间，广东省统筹开发海上风电资源，坚持技术引领、项目带动，推动海上风电开发与产业发展相互促进，海上风电产业技术水平和自主创新能力加快提升，但部分关键核心技术、设备和材料仍然依赖进口，自主创新能力与欧洲发达国家存在较大的差距。

“十四五”期间，广东省将加快推进国家级和省级海上风电联合创新平台建设，鼓励和引导企业加大研发投入，培养和引进高级创新人才，培育一批具有国际先进水平的创新型龙头企业，海上风电自主创新能力将持续提升。

4. 产业集群效应将更加显著

近年来，广东省海上风电产业快速发展，产业聚集效应逐步显现，培育了明阳智慧能源集团股份公司、中国能源建设集团广东省电力设计研究院有限公司等一批骨干企业，初步形成了骨干企业带动、重大项目支撑、上下游企业聚集发展的态势。

2020年9月，广东省发展改革委等六部门联合发布《广东省培育新能源战略性新兴产业集群行动计划（2021—2025年）》（粤发改能源〔2020〕340号），进一步明确了海上风电产业的发展目标和重点任务。随着阳江海上风电全产业链基地、中山海上风电机组研发中心和粤东海上风电海工、运维、科研整机组装基地的加快建设，海上风电产业集群效应将更加显著。

5. 度电成本将持续下降

广东省海上风电项目离岸距离相对较远，水深较深，地质条件复杂，受台风影响极端风速高、风电机组和基础安全等级高，因此，广东省当前海上风电投资造价水平相对较高，未来具有较大的降本空间。

“十四五”和“十五五”期间，根据海上风电的发展趋势，广东省海上风电的建设成本和度电成本将持续下降，主要原因包括：

①主要开发区域向风能资源更好的粤东及近海深水区推进，大容量风电机组的应用将有效降低海上风电的综合成本；

②随着本轮海上风电的“抢装潮”，国内海上风机产能和海上风电施工能力得到了快速提升，随着海上风电开发投资趋于理性，风机价格、风机基础造价以及海上施工价格都将持续下降；

③海上风电补贴退坡和竞争配置的全面推行将倒逼海上风电全产业链通过技术创业进一步降本增效；

④广东省集海上风电机组研发、装备制造、工程设计、施工安装、运营维护于一体的风电全产业链的不断完善为全面降低海上风电成本奠定了良好基础。

三、发展布局

依托广东省海上风电规划场址，合理布局海上风电制造业和服务业发展。在阳江建设海上风电产业基地，在粤东建设海上风电运维、科研及整机组装基地，在中山市建设海上风电机组研发中心，在珠三角建设海上风电科技创新研发基地，形成集海上风电机组研发设计、装备制造、工程设计、施工安装、运营维护、专业服务于一体的海上风电全产业链，尽快将广东省海上风电产业打造成具有国际竞争力的优势产业。

①海上风电整机、关键零部件、施工装备等制造业可布局在海上风电场附近且交通较为方便的区域，如阳江、湛江、汕头、汕尾等地的沿海地区。

海上风电装备对技术要求较高，一旦投产形成的经济规模巨大，根据俄林的一般区位理论，应布局在交通方便的区域，便于形成市场规模。另外，由于海上风电装备多为精密仪器，且体积庞大、重量较重，不适宜长距离运输，根据胡佛的成本学派理论，应布局在离海上风电场距离最近的区域。因此，从技术和成本的要求上来讲，广东省海上风电整机制造、关键零部件制造和施工装备制造等处于价值链顶端且对技术要求较高的产业，应布局在海上风电场附近，且交通相对便利的区域。

②海上风电普通零部件制造业可布局在内陆欠发达地区。

由于海上风电普通零部件的制造技术不需要经常升级换代，对技术型人才的需求不高，属于劳动密集型产业；同时，普通零部件体积较小、易于运输。根据弗农的产品生命周期理论，普通零部件制造业可布局在内陆欠发达地区，保证生产成本相对较低，这也基本符合广东省海上风电机组零配件采购格局。

③海上风电施工和运维产业可布局在紧邻港口的区域，如粤东、粤西的大型综合性港口。

海上风电施工离不开海上风电装备的运输，其目的地是海上风电场，而海上风电的运维对象也是海上风电场。根据胡佛的运输区位论，结合海上风电场在海上操作的特殊性，海上风电施工和运维产业可布局在海上风电场和海上风电装备制造业之间，尤其以邻近港口的产业园区为佳，利用港口形态特点，降低海上风电物流成本，提高海上风电安装效率和维护水平。

④海上风电专业服务业可布局在创新要素集聚、产业基础扎实的区域，如广州、深圳、中山等珠三角城市。

海上风电专业服务涉及科技研发、勘察设计和咨询、检测认证、融资租赁和保险等一系列处于价值链高端的技术密集型产业。根据弗农的产品生命周期理论，处于创新期的技术密集型产业，一般应布局在科研信息与市场信息集中、高端人才密集、配套设施齐全、销售渠道畅通的发达城市。广州、深圳两地是全国创新高地，集聚了大量的创新要素，而中山是海上风电龙头企业明阳智能总部的所在地，也具备较强的海上风电研发实力。因此，广东省的海上风电专业服务业可布局在广州、深圳和中山，并适当向其他珠三角发达地区延伸。

四、发展方向

海上风电作为一种新兴产业，其发展主要依靠政府的规划与引导来促进。优先发展什么环节，重点培育什么行业，政府都应该谨慎选择，以助力海上风电产业集聚发展、形成规模，打造广东省新的经济增长点，推动广东省海洋经济高质量发展。

根据罗斯托主导产业理论，选择海上风电装备制造业作为广东省海上风电产业中的主导产业（环节）。在广东省海上风电产业链（海上风电装备制造、海上风电施工、海上风电运维和海上风电专业服务业）中，得益于广东省高端装备制造业的长期积累，海上风电装备制造业基础最为扎实，且由于广东省是能源消费大省，在资源和环境的压力下海上风电市场潜力巨大。另外，海上风电装备制造业不同于一般的制造业，其技术门槛较高，属于技术密集型的制造业，因此在科技手段的推动下，容易获得新的生产函数和较高的增长率，逐步形成规模经济，对上下游产业形成拉动效应，促进相关产业的发展。因此，现阶段应大力发展海上风电装备制造业，并将其打造成海上风电产业链中的主导产业。

根据微笑曲线理论，选择研发设计、检测认证、融资租赁等专业服务业作为广东省海上风电重点培育的产业。在未来广东省海上风电装备制造业发展到一定规模时，制造业带来的边际效应逐步降低。此时，应重点关注价值链高端的产业环节，以此类产业环节的发展再次促进整个产业链的提升与繁荣。技术创新占据价值链的高端，握有关键核心技术等于握有市场主动权。广东省海上风电产业相关科学技术与世界一流相比仍有很大的差距，关键核心技术大多依赖进口。因此，广东省要注重补齐短板，大力培育海上风电研发设计，重点攻克装备制造、风电场开发、输电、海洋勘察等核心技术，重点突破海上风电机组、海底电缆、大型钢构、施工船舶等高端产品。另外，应大力培养海上风电勘察咨询、检测认证、融资租赁、保险等专业服务业，扎牢基础，为海上风电装备制造业打造专业、高效的服务团队，完善产业链条，加快促进广东省海上风电产业规模化发展。

1. 做大做强海上风电装备制造业

以广东省骨干风机设备制造企业为基础和引领，加快形成以海上风电整机制造、电力设备制造和大型钢结构加工为中心的高端装备制造产业集群；以整机制造带动零部件制造业发展，提高风电机组发电机、叶片、齿轮箱、轴承、变流器、大型铸锻件和焊接件等关键零部件的制造能力，促进海上风电机组朝大容量、智能化、抗台风方向发展。

2. 大力提升海上风电施工能力

（1）推动发展海上风电海工装备

以海上风电机组安装和运行，带动控制系统、逆变系统、输电系统设备研发制造，提升广东省海上风电机组塔筒、基础钢结构、附属海工钢构、海上升压站系统集成、海缆、专用施工船机和运维船舶等的制造水平，促进相关制造业的转型和升级。

（2）扶持本土海上风电施工安装企业

广东本省企业广州打捞局和中交四航局在海洋工程施工中均有丰富的经验，但缺乏海上风电施工经验。随着广东省乃至全国海上风电安装市场需求的增大，一方面要引进国内外知名安装施工企业，支持广东省海上风电发展；另一方面，支持本土有海洋施工业绩的企业积极与国内外知风电安装施工企业开展合作，切实提升广东省海上风电安装施工企业能级。

3. 率先布局海上风电运维产业

海上风电场经常受到恶劣的自然环境、复杂的地理位置和困难的交通运输等方面的影响，运行和维护成本过高。随着不断向远海海域开发大型风电场，海上风电场的运行和维护成本不断加大。鉴于国内尚未形成专业的海上风电运维产业，考虑到未来海上风电运维巨大的市场需求和利润空间。广东省应充分借鉴国外海上风电运维产业发展经验，提前做好港口建设、人才培养等方面的布局，做好海上风电运维产业配套，为做大做强海上风电运维产业提供支撑。

4. 提升发展海上风电高端服务

（1）发展全生命周期海上风电整体解决方案

以勘察设计咨询为龙头，整合施工、运维和设备等服务资源，打造全生命周期海上风电整体解决方案，涵盖贯穿海上风电场的勘察、设计、建设、施工、设备、运营和维护等多个环节，是实现海上风电降本增效的关键环节。

（2）发展海上风机检测认证产业

完善的检测认证体系对提高风机质量、推动风电技术进步、促进风电行业产业化具有重要的意义。我国海上风电发展总体处于起步阶段，检测认证体系标准尚在进一步完善中，广东省应抓紧抓早，鼓励有能力的检测认证机构在广东省设立分中心，根据广东省实际情况不断完善海上风机检测认证体系，制定检测认证标准，为促进海上风电行业健康发展和技术持续创新奠定基础。

（3）培育海上风电融资租赁和保险行业

由于海上风电项目投资大、风险高，对资金和保险需求大。目前，我国海上风电融资租赁和保险行业均处于起步阶段，尚没有成熟的融资租赁模式和保险模式。依托未来巨大的装机需求和市场空间，广东省应率先谋划布局、积极培育海上风电融资、保险行业，打造海上风电融资租赁和保险总部，形成依托广东、辐射全国的海上风电金融产业集群。

五、发展目标

1. 发展目标

按照《广东省海上风电发展规划（2017—2030 年）（修编）》的目标要求，将任务目标分解到各年度。具体年度发展目标如下：

到 2025 年，广东省海上风电累计建成投产装机容量力争达到 1800 万千瓦，在全国率先实现平价上网；广东省海上风电整机制造产能达到 900 台（套），基本建成集装备研发制造、工程设计、施工安装、运营维护于一体的具有国际竞争力的风电全产业链体系。海上风电产业链各个环节较为齐全，阳江海上风电高端装备制造示范区、珠三角海上风电科创服务基地、粤东风电运维和整机组装基地建设有序推进，形成风电机组整机、叶片、塔筒、海缆规模产能，装备研发、工程设计、施工安装、运营维护等产业链建设取得明显成效，广东省海上风电产业达到国内领先水平。

远期展望至2030年，建成投产海上风电装机容量约3000万千瓦，海上风电总产值超过4000亿元，形成整机制造、关键零部件生产、海工施工及相关服务业协调发展的海上风电产业体系，海上风电设备研发、制造和服务水平达到国际领先水平，广东省海上风电产业成为国际竞争力强的优势产业之一。

2. 发展前景

根据广东省海上风电发展规划布局，围绕产业规模化、集聚化开发建设的总体要求，结合区域自然属性、现有产业基础、未来发展重点进行统筹，按照“中心辐射、两翼呼应”的基本原则，打造粤东、粤西世界级国际海上风电产业集群。

（1）打造粤西（阳江）世界级国际海上风电产业基地

在阳江打造海上风电全产业链基地，引导海上风电产业项目向阳江基地集聚发展，打造具备大容量、高参数风机整机及配套设备制造、先进风电机组组装、检测认证等功能的粤西海上风电高端装备制造基地。建设专业化、规模化海上风电总装与出运码头，打造南海海上风电装备出运母港。建设世界级国际海上风电产业基地。

（2）谋划打造粤东世界级国际海上风电产业基地

在粤东选址建设海上风电运维、科研及整机组装基地，以及依托阳江海上风电产业园配套建设运维基地，为东南沿海省份海上风电工程建设、运营维护提供全生命周期服务，支撑广东省海上风电规模化持续开发。以广东省海上风电开发设计单位牵头，联合海上风电装备制造企业、项目开发单位、造船企业、施工企业、电网公司等组建运维实体企业，为海上风电运维提供专业化服务，加快提升广东省海上风电运维服务水平。

（3）打造珠三角海上风电科创服务基地

大力推进海上风电产业研发制造基地建设，以省内龙头企业明阳集团为主整合国内外研发资源组建风机装备工程实验室，鼓励支持整机和关键零部件企业在广州、深圳设立研发中心。以广东省电力设计研究机构为依托，整合珠三角及国内外的高新技术企业、高等院校、科研机构组建广东海上风电创新联盟，以国家海上风电产业政策为导向，以市场为驱动，放眼全球，立足优势，牢牢把握新时代海上风电发展机遇，找准创新研发和市场需求精准发力，着力搭建海上风电产学研用合作创新平台。加快培育和发展海上风电融资、保险和再保险业务，形成辐射全国的海上风电金融产业集群。

（4）加快建设海上风电大数据中心

依托中能建广东省电力设计研究院等专业机构，联合腾讯、阿里巴巴等国内知名企业成立广东省海上风电大数据中心，搭建海上风电大数据应用平台，借助物联网、大数据、云计算等新兴信息技术和手段，加强广东省海上风电大数据采集、挖掘和研究分析工作，并在此基础上，通过建设珠三角海上风电创新平台，建立海上风电全生命周期研发公共平台，为海上风电开发建设和运营维护提供强有力的后台技术支撑，有效提升广东省海上风电产业链的智能化水平。加快推动广东省海上风电大数据中心与相关政府部门信息共享机制建设，实现海上风电大数据与经济社会全方位发展的有效融合。加快大数据平台服务型应用建设，建立海上风电开发建设的长期海洋生态影响跟踪监测工作机制。

第四节　广东省海上风电产业发展建议

根据广东省海上风电产业发展形势和产业对标分析情况，从科技研发和咨询服务、产业链补链强链、配套政策 3 个方面提出产业发展建议。

一、配套政策

建议加强对投产海上风电工程以及海上风电产业发展的回顾总结，加强项目开发与产业发展之间的协调发展。海上风电发展经历了 2021 年抢装潮，由于广东省产业链发展未能完全跟上海上风电资源开发步伐，已投产项目虽然风机整体大部分均由广东省制造，但风机的零部件大多来自省外，存在未充分采购本省制造产品等情况；海上升压站的钢结构加工制作、海缆和变压器等电气设备、消防设备、风机基础和塔筒钢结构、打桩吊装船等均存在类似情况。因此，对拉动广东省海洋产业和海洋经济增长的贡献不足。建议竞配项目适当根据广东省海上风电所规划发展的主要产业链产能情况，避免出现上次抢装潮期间主要依托省外产业的现象。

建议强化统筹协调，做好跟踪评估。《广东省培育新能源战略性新兴产业集群行动计划（2021—2025年）》《关于促进海上风电有序开发和相关产业可持续发展实施方案》已对当前广东省海上风电产业发展做了明确部署。建议强化统筹组织，落实各方责任，加强监督检查和评估，督促各方工作任务落到实处，推动行动计划和实施方案顺利实施。

建议相关地市结合自身实际出台海上风电产业扶持政策，加大产业支持力度。配套财政资金支持项目建设和产业发展，对重点工程和产业项目予以一定的财政补贴和税收优惠。培育海上风电科技公共服务平台，对企业科技研发给予专项经费资助和科技奖励，支持企业科技创新。发挥产业投资基金的引导作用，为海上风电产业集聚发展提供了资金保障。完善人才引进培养政策，集聚海上风电产业高层次创业创新人才、紧缺人才、高技能人才就业落户。

二、产业链补链强链

建议加快推进产业基地建设，促进产业集群发展。加快建设阳江海上风电全产业链基地和粤东海上风电海工、运维、科研整机组装基地，发挥龙头骨干企业的带动作用，引进上下游供应链企业，促进形成以龙头企业为核心、相关配套企业聚集发展的新能源产业集群。

建议加快推动产业基地签约项目落地达产。加强已签约项目的跟踪服务，强化项目的土地、资金、人才和企业生产的各类要素保障，推动产业基地签约项目落地，尤其是促进已签约的海底电缆装备制造、海上升压站建造等重点产业项目尽快建成投产。

建议加大企业扶持和引进力度，尽快补强产业链薄弱环节。扶持根植于广东省具有优势和潜力的产业链重点企业，引导本土海工装备优势企业进入海上变电站建造、施工船机装备制造等产业链关键领域。加大招商力度，重点引进新型材料、主轴承、齿轮箱、柔性直流换流阀等产业薄弱环节企业，补齐产业链短板。

建议加快培育海上风电运维、退役和拆除回收产业。统筹布局海上风电运维基地，配套相关基础设施，组织开展运维技术设备研发制造和专业队伍建设。推进运维服务专业化，支持由开发企业、风机制造企业各自或组合各类相关企业等方式组建专业运维机构，同时鼓励成立第三方运维机构开展运维服务。

建议提前布局海上风电新兴产业和延伸产业。建议加快漂浮式测风、漂浮式海上风电基础、柔性直流输电等深远海风电核心产业布局。加快培育海上风电融资租赁业务和保险，发展服务海上风电产业信托投资、股权投资、风险投资等投融资模式。提前布局氢能、储能、海洋牧场、海洋能、能源工业互联网、综合能源岛、海洋旅游等海上风电延伸产业。

加快推进广东省海上风电大数据中心建设。借助大数据、云计算、物联网等新兴信息技术和手段，建立海上风电全生命周期公共信息平台，加强广东省海上风电大数据采集、挖掘和研究分析工作，为海上风电开发建设、运营维护和产业发展提供强有力的后台技术支撑，提升广东省海上风电产业链的智能化水平。

加强省外企业产业引进监督检查，使相关产能真正实质性落地广东省。目前，所引进的海上风电产业链部分存在轻资产产业落地模式，在各市名义上落地产业，实质上仅仅注册公司、配置少量商务和管理人员，而真正带来产能的需要投入大量资金、周期较长的部分仍然放在原始产地，对广东省海上风电产业起不到拉动作用。如风机仅建设一个总装厂，海缆不建设立塔，勘察设计和咨询等服务行业更是仅有少数几个商务人员，形式上立足广东省但仍回流至原始产地。

三、科技研发和咨询服务

建议加强创新基础能力建设，加快建设产业创新平台。推动产、学、研相结合，充分整合国内外科研院所、高校、企业等创新资源，建设国家级和省级创新平台，鼓励地方科创研发平台申报创建省级新型研发机构。推动建设一批重大科学装置，重点支持先进能源科学与技术广东省实验室阳江和汕尾分中心建设。

建议全力组织实施关键核心技术攻关，加快提升自主创新能力。积聚力量突破近海风电场基础科学、工程建设及装备关键技术，形成国内领先、具有国际竞争力的核心技术，促进海上风电平价上网。开展低风速、大容量、抗台风风电机组技术攻关，加强主轴承、齿轮箱、IGBT 等核心设备研发，提升叶片设计及新材料研发应用，加快推进适应于深远海风电场开发的系统集成设计、远距离输电、新型风机基础、智能运维等技术研发。

建议探索研究海上风电与其他产业的融合创新发展。大力发展多能互补、“互联网+”智慧能源技术，推动海上风电与氢能、储能、互联网技术深度融合，研究推动海上风电项目开发与海洋牧场、海洋能、海水制氢、能源岛建设、海洋旅游等相结合，实现海洋立体空间综合利用。

建议积极推进新技术应用示范。支持近海深水区 10 兆瓦及以上风电机组、海上风电柔性直流集中送出、漂浮式海上风机基础平台、漂浮式海上风电与海洋牧场及海上制氢综合开发、海上风电能源岛等应用示范。

第三章　广东省海洋生物产业发展蓝皮书

第一节　海洋生物产业概况

一、海洋生物产业范畴和全球发展概况

海洋生物产业是指以海洋生物资源为开发对象，运用现代生物技术手段将海洋生物资源开发为海洋生物制品、海洋食品和保健品、海洋药物等商品的产业。根据海洋经济活动的同质性和行业划分，海洋生物产业主要可分为海洋生物医药产业、海洋生物制品产业和海洋渔业及其加工产业三大核心产业。

海洋生物医药产业是指以海洋生物为原料或提取有效成分，进行海洋药物和医药产品的生产加工及制造活动的产业。海洋生物医药包括基因、细胞、酶、发酵工程药物、基因工程疫苗、新疫苗、菌苗；药用氨基酸、抗生素、维生素、微生态制剂药物；血液制品及代用品；血型试剂、用于病人的诊断试剂；用动物肝脏制成的生化药品等。

海洋生物制品产业主要是指以海洋生物来源的核酸、蛋白质、多糖和油脂等为原料，利用基因工程、酶工程、生物化工及发酵工程等现代生物工程技术，研发制备成包括酶制剂、海洋生物功能材料、保健和特医食品、功能化妆品、海洋农用生物制剂和饲料、海洋动物疫苗等新型生物制品的产业。其中，海洋生物功能材料主要用于制造创伤止血材料、组织损伤修复材料、组织工程材料、运载缓释材料。海洋生物制品有别于海洋生物产品，海洋生物产品主要是利用海洋生物资源（如鱼类、藻类等重要海洋生物）及其简单加工的食用产品。

海洋渔业及其加工产业是指在海洋捕捞、海水养殖等海洋渔业传统产业的基础上，对海洋渔业资源和海产品进行精深加工，提高海洋生物产品

的附加值，包括完善海产品冷链物流体系，提升专业产品检验检疫水平。

在全球范围内，美国、英国、加拿大、日本、韩国等世界海洋强国都极为重视海洋生物资源的开发利用，都将海洋生物产业作为新兴海洋科技产业。下面将从海洋生物医药、海洋生物制品和海洋渔业及其加工3个核心产业分别介绍国际上的海洋生物产业相关发展概况。

1. 海洋生物医药产业

从20世纪40年代开始，西方国家对海洋生物医药的研发投入力度日渐增大，并建立海洋生物医药研究机构，如西班牙Zeltia生物制药集团，美国的NRC（National Research Council）、NCI（National Cancer Institute）和日本的JAMSTEC（Japan Marine Science and Technology Center）等机构，从而推进海洋生物医药的研发及成果转化。此外，国际组织和主要海洋国家也推出“海洋生物技术计划”“海洋蓝宝石计划”“东北海洋计划”“极端环境生命计划”“国际海洋微生物普查计划”等一系列研究计划，大力发展海洋药物及海洋生物技术、海洋微生物的活性物质和功能基因开发等方面的研究。研究人员致力于从海洋生物的巨大资源宝库中寻找结构新颖、活性显著的天然化合物，用于新型药物的研发。据统计，截至2020年，研究人员从海洋来源的生物中共分离鉴定超过3万个新结构化合物，并于20世纪60年代开发出了最早应用于临床的海洋药物，来自海洋真菌的抗菌药物头孢菌素C和来自海洋放线菌的抗结核药物利福霉素，进而吹响“向海洋要药”的号角。

1969—2018年，美国FDA新分子实体新药批准率虽有波动，但在FDA批准新药量最少的年度，新药批准数量也高于15个，FDA最多每年批准约53个新分子实体药物；但就海洋药物而言，截至2019年初，欧洲、美国、日本等发达国家和地区的药品监管机构相继批准了13个来源于海洋生物的药物上市，含10种小分子、1种多糖及2种蛋白类海洋药物。目前，国内外共有20种海洋来源药物及中药复方制剂应用于临床，60余种候选海洋药物进入临床各期研究。根据国外文献统计，与传统的常规药物研发比较，海洋药物的研发成功率高，非海洋来源的药物研发的成功率仅为（1/5000）～（1/10 000），海洋来源药物的成功率约为1/3500，约为非海洋来源药物的 2~3 倍。海洋药物研究学科交叉性强、投入大、周期长、风险高。例如，用于治疗软组织肉瘤的药物“ET-743”，是从加勒比海鞘中分离出的。从初始研发到获得来自 FDA 和 EMEA 的上市批准，用了 38 年，花费近 20 亿美元，终于获得成功。海洋药用生物资源分散且大量采集难度大，一些海洋生物活性成分化学结构奇特且提取工艺复杂，难以规模化生产。

2023 年，世界范围内海洋生物医药产业规模已达到数百亿美元，预计 2024—2030 年的年增长率将高达 15%~20%。然而，相对于全球海洋经济的规模，海洋生物医药产业不管是数量还是产值都相对较少。海洋生物医药产业在国际上都处于起步阶段，发展潜力巨大。

2. 海洋生物制品产业

海洋生物制品包括保健食品、特殊膳食、特医食品、功能化妆品和营养食品等，它们在大健康产业中占有重要位置。

根据市场统计，2023 年全球保健食品市场规模达到 4200 亿美元，同比增长 1. 8%，行业规模呈现出缓慢增长趋势，中国市场规模位列第二位，占比 21. 8%，仅次于美国市场的 29. 1%。据统计，全球特医食品市场规模达 814. 8 亿元，并将持续保持增长，中国的市场规模为 77. 2 亿元，占全球总额的 9. 5%，且远未满足实际需求。

海洋为人类的蓝色粮仓，为人类提供了优质的海洋生物蛋白资源，其中蕴含的活性肽，是新型海洋生物制品研发的重要核心原料。海洋食源性生物功能肽的研究自 1992 年有 SCI 研究记录以来，研究热度逐年提升。根据 GrandView Research 发布的统计数据，海洋水解胶原蛋白及其低聚肽的产业市场规模稳步提升，2020 年全球市场规模估算为 9. 072 亿美元，预计 2024—2030 年将以 8. 7%的复合年增长率增长，预计至 2028 年，全球市场规模将达到 17. 038 亿美元，究其原因，主要归功于膳食补充剂越来越多地采用来自海洋生物的胶原蛋白肽原料。化妆品和个人护理类产品在2023 年占据了该市场的 40%的份额，其次是食品和饮料，仅次于化妆品和个人护理的产品。其中，北美市场占据 34%的份额，但预计 2024—2030 年亚太地区将成为最大和增长最快的市场区域。在全球占有重要份额的海洋胶原蛋白肽生产和应用企业包括 Gelita AG、Croda International Plc.、Collagen Solutions Plc.、Beyond Biopharma Co. Ltd、Weishardt Holding SA、Titan Biotech、Ashland 和 Rousselot 等。目前，在美国、日本、韩国和欧洲等发达国家以海洋生物蛋白肽为原料的营养食品和功能（保健）食品、特膳和特医食品的研发应用领域，处于领先地位。日本、美国和欧洲首先将多肽应用于食品和功能食品中，产品形式包括粉剂、片剂、口服液和软胶囊等。海洋蛋白水解物及其肽在日本作为功能基料应用于特殊保健食品，欧洲和北美主要作为膳食补充剂的主要原料，被广泛应用于运动营养食品、普通食品、老年人食品和医用食品领域。当前，国外保健食品已发展至功能明确且有效成分明确的第三代保健食品水平，产品针对不同人群需求细分较为完善。海洋生物活性肽和多糖等活性物质集抗氧化、修复皮肤损伤、成膜锁水功能于一身，受到了雅诗兰黛、欧莱雅、高丝、水芝澳等国际知名化妆品牌的追捧，并且几乎垄断整个高端海洋生物化妆品市场。其所添加的海洋生物活性物主要有海藻提取物、胶原蛋白肽、珍珠提取物、鱼子提取物等。其中，海洋胶原肽分子量小、抗原性低、生物降解性高，且具有保湿、促进细胞生长、抑制酪氨酸酶等功效，在医学护肤品中应用较为广泛。此外，海洋蛋白肽类化妆品功效多集中在保湿、祛皱、抗衰老等方面，其蛋白肽主要来源于鱼肉、鱼皮、鱼骨、海参、棘皮类、头足类等动物蛋白的水解产物，除胶原三肽外，大部分为混合物且功效活性成分组成及结构信息也不明确。在新型海洋生物活性肽的发现与制备技术研究领域，与生物信息学相结合的新活性肽发掘与设计研究，以异源表达和酶工程为依托的目标活性肽定向高效制备技术，是目前国际研究的前沿。

3. 海洋渔业及其加工产业

在全球范围内，海水养殖产量持续增加，但受到技术限制影响，各地区呈现出较大的差异，如挪威、智利、日本和韩国严重依赖海水养殖，而印度、越南、缅甸几乎尚未开发海水养殖生产潜力。

海洋水产加工产业可大致分为食品加工业和非食品加工业，食品加工业就是用水产品中可食用部分制成冷冻、腌制品、罐头等熟食产品。非食品加工业则指用水产品中不能直接食用的水产动植物以及食品加工的废弃物等为原料，加工成鱼粉、鱼胶、甲壳质、海藻胶类食品添加剂及工业原料、油脂等产品。精深加工是海洋水产加工产业的重要组成部分，其通过两次或多次加工工序或添加其他辅料的手段，将水产品原料的附加值明显提高。主要包括以下4类：①各类熟制水产品、即食水产品、休闲水产品；②利用高新技术处理的水产品，如脱脂、超低温技术等；③用水产品加工或提取的各类调味用品；④利用低值水产品、边角、头足原料以及水产原料废弃物加工的水产品。

国外海洋水产加工产业的发展起步较早，加工技术水平和理念都较先进。早在20世纪70年代，科学家就在水产品加工技术研究方面取得了重要成果，极大地推动了鱼糜制品的生产技术、鱼类质量评价和鱼类保鲜技术的发展。20世纪90年代，水产加工科技研究进一步突破，栅栏理论的提出能更精确地预报食品中的微生物状态，极大地促进了高水分水产调味干制品的研发。多年来，全球海洋水产加工产业蓬勃发展。以挪威为例，其海洋水产加工技术在全球占据重要地位，这都归功于政府对产业的高度重视。挪威是世界上第一个成立专门渔业部的国家，早已把深加工作为水产品研发的重点。据相关资料表明，挪威以整条鲜活产品销售的鱼类仅占总量的4.1%，其余95.9%的鱼类均进入各种加工厂进行再生产，加工成鱼食、鱼油等商品及原料，提高其附加值。

二、我国海洋生物产业发展概况

我国是海洋大国，海域辽阔，东临太平洋，拥有绵长的海岸线和丰富的海洋生物资源，具有明显的地缘优势和资源优势。自1996年海洋技术被列入国家863计划以来，我国海洋生物资源开发利用的关键技术日臻成熟，部分领域已处于世界领先地位。

我国在《生物产业发展“十二五”规划》（简称《规划》）中将海洋生物产业列为重点发展领域之一。《规划》提出，中国要积极推进海洋生物资源的产业化开发和综合利用，加快开发海洋特有的生物资源，建设资源综合利用的产业聚集区，推动海水养殖、综合加工产业和远洋渔业快速发展。积极应用细胞工程和分子育种等现代生物技术开展种苗繁育和种质创新，大幅度提升海水养殖新品种开发能力，加大力度推广应用新产品。《规划》还强调，要加快海洋生物活性物质的开发应用，发展工业用酶、医用功能材料、生物分离材料、绿色农用生物制剂、创新药物等海洋新产品。

我国作为海洋大国，“十三五”期间全面启动海洋国土的战略开发，培育壮大海洋生物医药、海水综合利用、海洋工程装备制造等战略性海洋新兴产业。截至 2023 年，我国海洋生物产业发展正处于由起步向全面迈入产业化崛起的关键时期，应在资金和技术两方面加大投入，保障其持续发展。在增加政府公共投入的基础上，可吸引社会风险投资，支持企业产品研发，同时提升企业自主研发能力，逐步形成以市场为导向、企业为主体、高校和科研院所为支撑、其他社会资源为补充的技术创新体系。我国未来还将形成海洋生物医药、海洋高端生物制品、深海养殖产业、生物资源评价和保护产业、海洋鱼类疫苗产业等新型的海洋生物产业。海洋生物产业将成为未来 50 年中国生物产业发展的重点领域之一。

1. 我国海洋生物医药产业发展概况

借助国家“蓝色经济”战略，中国海洋生物医药产业呈现出快速发展态势，是近年来海洋产业中增长较快的领域。据自然资源部数据，2016 年中国海洋生物医药增加值仅 336 亿元，2023 年中国海洋生物医药研发力度不断加大，产业增势稳健，原料药延续较快发展态势，全年实现增加值 739 亿元，比上年增长 8.0%。

自 21 世纪以来，我国海洋生物资源利用特别是海洋天然产物研究发展迅速。2001—2022 年，在中国海域发现的海洋来源化合物的数量超过其他任何海域。据统计，2013—2023 年，我国学者报道的海洋新结构天然产物占全球的 56%，其中海洋微生物来源的新结构天然产物占全球的 56%，已处于世界第一梯队。然而，在海洋药物的研发领域中，我国与国际水平相比仍存在一定差距。

中国科学家致力于海洋药物的研发，截至 2023 年，我国自主研发获批国内上市的海洋药物有 10 种（表 3-1）。其中，九期一®（甘露寡糖二酸）的获批上市更是我国乃至全球海洋药物研发的重要突破。该药物由中国海洋大学、中国科学院上海药物研究所、上海绿谷制药有限公司合作研制，是我国一类原创新药，已于 2021 年 12 月进入国家医保目录，获得全球

15 个国家和地区的专利授权，用于轻度至中度阿尔茨海默病的治疗，改善患者的认知功能。

表 3-1　我国自主研发获批国内上市的海洋药物

化合物名称	商品名（获批年份）	来源	化合物种类	适应症
藻酸双酯钠	藻酸双酯钠片®（1985）	褐藻	类肝素（低分子多糖）	治疗缺血性脑血管病及心血管疾病
壳聚糖	甲壳胺®（2002）	虾、蟹甲壳	聚糖	促进创伤愈合
角鲨烯	角鲨烯®（2010）	鲨鱼	鱼肝油萜	增强机体免疫能力、改善性功能、抗衰老、抗疲劳等
褐藻硫酸多糖	海麟舒肝®（2012）	褐藻	硫酸化多糖	肝病、抗 HPV
复方多糖	降糖宁片®（2014）	褐藻	复方多糖	降血糖
岩藻聚糖硫酸酯	海昆肾喜®（2015）	海带	聚糖硫酸酯	肾病：慢性肾衰竭
甘露醇烟酸酯	甘露醇烟酸酯片®（2015）	海带	甘露醇烟酸酯	舒张血管、降血脂
甘糖酯	甘糖酯®（2015）	褐藻	类肝素（低分子多糖）	治疗高脂血症、脑血栓、脑动脉硬化
复方制剂	螺旋藻片®（2015）	螺旋藻	脂肪酸、多糖、β-胡萝卜素等	治疗高脂血症、延缓动脉粥样硬化，增强免疫力
甘露寡糖二酸	九期一®（2019）	褐藻	寡糖	治疗轻度至中度阿尔茨海默病，改善患者认知功能

近年来，随着我国海洋生物医药发展进程的加快，以及国内产业需求的扩大，国内海洋生物医药市场规模正在不断扩大。据《2023 年中国海洋经济统计公报》显示，我国海洋生物医药产业增加值从 2007 年的 40 亿元增加到了 2023 年的 739 亿元，比上年增长 7.1%，海洋生物医药俨然已成为海洋经济中最瞩目的发展领域。与此同时，我国在多项规划中对其发展提出了目标，同时进行政策上的鼓励与支持，有效地促进了海洋生物医药产业的发展。然而，虽然我国生物医药行业年增加值不断扩大，市场规模

越来越庞大，但我国海洋生物医药行业技术水平整体较低，与美国、瑞士、法国等国家相比差距明显。

2. 我国海洋生物制品产业发展概况

海洋生物制品已在工业、农业、人口健康、资源环境等领域显示出越来越重要的应用价值。自党的十八届五中全会提出《“健康中国 2030”规划纲要》后，党的十九大把“实施健康中国战略”提升到国家战略地位，为大健康产业带来巨大的发展需求，并将成为国民经济的支柱产业之一。

活性肽是主要海洋生物活性物质之一，是海洋生物制品研发的重要材料。生物活性肽对慢性疾病具有辅助治疗作用，在美容和身体机能调节方面也表现出多种功效，为此被广泛应用于营养、保健、特医、特膳食品和化妆品等大健康相关产品。我国 2006 年首次将功能性多肽研发纳入“十五计划”和 863 计划等研究计划中。我国丰富且优质的海洋渔业资源，为海洋生物活性肽的开发利用奠定了坚实的物质基础。因此，海洋生物活性肽，在海洋保健食品、海洋特医食品和化妆品等海洋大健康产业的应用，拥有广阔的发展前景。

据统计，2019 年中国海藻干重产量 236.22 万吨，占世界总产量的 50%。从大型海藻中提取的藻胶多糖，主要包括琼胶、卡拉胶和褐藻胶等，具有凝胶、增稠、乳化等特性，可以用作胶凝剂、增稠剂或保鲜剂等，将其应用于食品工业可以加工成果冻粉、软糖粉、布丁粉等。海藻多糖还具有抗肿瘤、抗氧化、免疫以及美容等功效，在医学科研和化学工业等方面应用广泛，现已应用于医用材料和护肤化妆品等领域。海藻酸盐医用敷料被称为医疗界的“劳斯莱斯”，海藻酸钠达到了“组织工程级”纯度成为人体植介入材料，青岛明月海藻集团有限公司为我国提供了 70%以上的海藻酸盐医用辅料的原材料，该公司的海藻酸盐系列产品在世界同行业排名第一位，并为全球第二家实现海藻酸钠产业化的企业。

海洋生物油脂富含多不饱和脂肪酸，具有多种功效：包括保持细胞膜的流动性；降低血液中胆固醇和甘油三酯水平；降低血液黏稠度，改善血液微循环；提高脑细胞的活性，增强记忆力和思维能力；作为人体激素和功能因子合成前体等。据统计数据，2023 年全球鱼油总产量约 130 万吨，其中，74%来自整鱼，26%来自加工副产物；25%用于保健食品和其他食品供人食用，75%用于水产养殖业等领域。国内鱼油保健品市场规模近30亿元，药用级鱼油数量稀缺。国内规模较大的保健品用途鱼油原料生产企业主要分布于山东省和江浙区域。广东省海洋鱼油企业虽然规模不大，但精深加工技术优势较为明显。

3. 我国海洋渔业及其加工产业发展概况

据《2023年中国海洋经济统计公报》显示，我国2022年海洋渔业产业全年实现增加值4618亿元，比上年增长6.3%。海洋渔业转型升级深入推进，智能、绿色和深远海养殖稳步发展，海洋水产品稳产保供水平进一步提升。2023年，海洋水产品加工业全年实现增加值982亿元，比上年增长3.0%。海洋水产品加工业总体保持平稳发展。

我国是渔业经济大国，渔业资源发达，据2023年全国渔业经济统计公报数据显示，我国2023年海洋捕捞产值为2618.31亿元，海水养殖产值为4885.48亿元。同时，我国也是水产品加工大国，据2023年全国渔业经济统计公报数据显示，截至2023年底，全国水产加工企业有9433个，水产冷库有9143座。水产加工品总量为2199.46万吨，同比增长2.41%。其中，海水加工产品为1713.12万吨，同比增长0.23%；淡水加工产品为486.35万吨，同比增长10.87%。用于加工的水产品总量为2623.71万吨，同比增长2.64%。其中，用于加工的海水产品为1982.69万吨，同比增长0.32%；用于加工的淡水产品为641.02万吨，同比增长10.56%。据海关总署统计，2023年我国水产品进出口总量为1056.05万吨，同比增长3.20%；进出口总额为442.37亿美元，同比下降5.35%。其中，出口量为379.82万吨，同比增长0.94%；出口额为204.63亿美元，同比下降11.15%；进口量为676.23万吨，同比增长4.52%；进口额为237.74亿美元，同比增长0.28%。贸易逆差为33.11亿美元，比上年同期扩大26.36亿美元。

2013—2023年，我国水产品加工业以海水加工品为主，水产品加工总产值逐年提高。总体而言，我国海洋水产加工产业的整体水平较低，水产品加工比例远低于世界平均水平，仅占我国水产品总产值的30%左右，精深加工的比重较低，对水产品加工下脚料的综合利用程度不高。

第二节　广东省海洋生物产业发展现状

一、广东省海洋生物产业概况

广东省拥有全国最长的海岸线，有着丰富的海洋生物资源。在我国实现蓝色经济的带动下，广东省逐渐从海洋大省迈向海洋强省。根据《海洋生产总值核算制度》，经由自然资源部核算，2023 年，广东省海洋生产总值 1.88 万亿元，已连续 29 年居全国第一位，占全国海洋生产总值的 18.9%。广东省海洋生产总值占地区生产总值的 11%，海洋经济已成为广东省经济发展的“蓝色引擎”，广东省也成为我国海洋经济发展的核心区之一。据初步核算，2023 年广东省海洋三次产业结构比为 3.3 : 31.4 : 65.3，2019—2023 年，广东省海洋三次产业增加值占海洋生产总值的比重如图 3-1 所示。

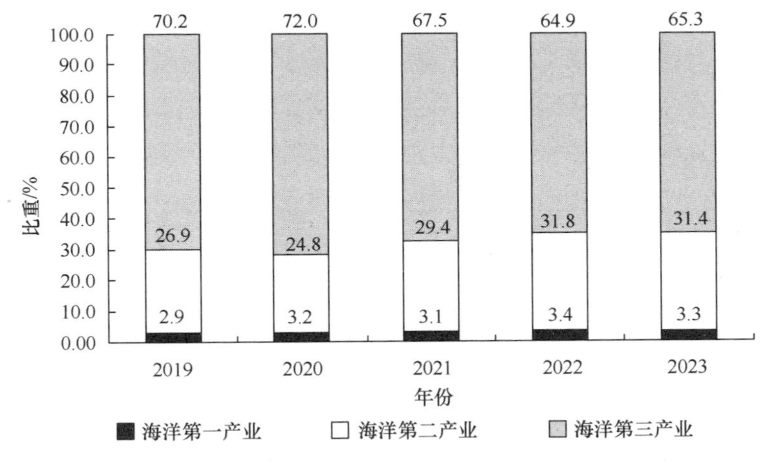

图 3-1　2019—2023 年广东省海洋三次产业增加值占海洋生产总值的比重

注：数据来源于《广东海洋经济发展报告 2024》

自 2020 年以来，海洋实体经济发展取得新成效，包括海洋水产品加工业、海洋药物和生物制品业在内的海洋制造业（另外包括海洋船舶工业、海洋工程装备制造业、海洋化工业、涉海设备制造、涉海材料制造、涉海产品再加工等）增加值为 4419.6 亿元，同比增长 6.3%，在海洋经济发展中的贡献作用持续增强。同时，包括海洋药物和生物制品业在内的海洋新兴产业（另外包括海洋工程装备制造业、海洋电力业、海水淡化等）发展迅猛，产业增加值为 210.8 亿元，同比增长 18.5%，占海洋产业增加值比重提高到 3.3%。

海洋生物产业作为广东省重点支持的海洋产业之一，将重点发展海洋创新药物研发、海洋高端生物制品和海洋大健康产业、现代海洋渔业及其加工产业，形成具有竞争力的海洋生物产业集群，以此培育壮大海洋生物产业，驱动广东省海洋经济高质量发展。广东省大力落实科技兴海战略，建设科技兴海产业基地，重点发展以广州、深圳为中心的珠三角地区海洋生物产业集群，以湛江为主的粤西海洋生物产业集群。近年来，广东省积极打造“粤海粮仓”，建设智能渔场、海洋牧场、深水网箱养殖基地，新建一批国际水产品交易中心和渔港经济区。预计至 2025 年，将形成产值超 1200 亿元的海洋生物产业集群。然而，广东省虽然经过多年的发展，但产业内发展仍以海洋渔业及其加工产业为主。2022 年，海洋渔业相关产业在广东省主要海洋产业增加值构成中的比重占 8.3%（图 3-2）。近年来，海洋生物医药、海洋水产品加工业等海洋生物相关产业在各地区发展势头迅猛，呈良好发展态势。

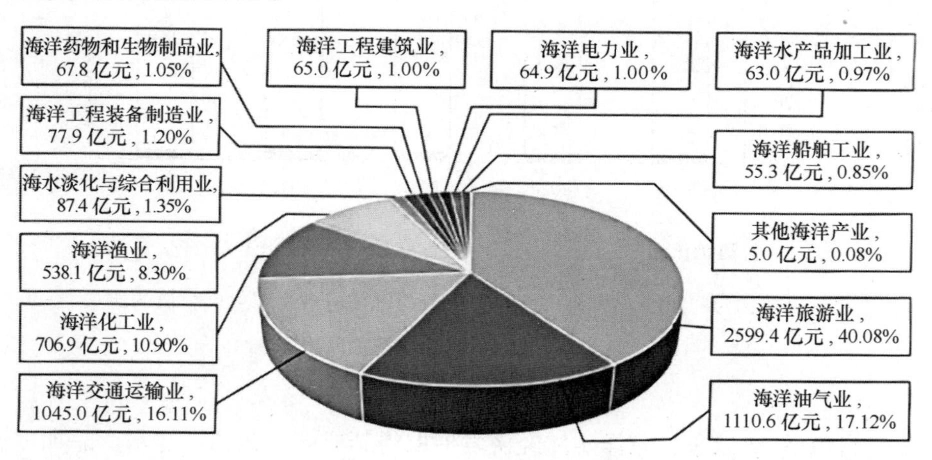

图 3-2　2022 年海洋生物（海洋渔业、海洋生物医药）相关产业在广东省主要海洋产业增加值构成中的比重

注：数据来源于《广东海洋经济发展报告 2023》

二、广东省海洋生物产业集群现状

产业集群的模式有多种，其中最常见的集群模式是以龙头企业为核心的集群网络模式。以龙头企业为核心能产生主导作用，通过形成集群网络促进内部互相联系与互相合作，从而促进企业技术能力，降低研发成本，增强经济效益。因此，海洋生物产业集群，即是在海洋生物领域中具有相关经济技术关联的企业和机构，这些企业和机构在特定的空间区域内进行相互联系与合作，是促进产业经济效益协同发展的一种组织形式。目前，广东省海洋生物产业形成了以海洋药物与生物制品（新兴产业）和现代海洋渔业（传统优势海洋产业转型升级）两大产业集群。

1. 海洋药物与生物制品产业集群

海洋药物与生物制品产业集群主要由海洋生物医药、海洋生物制品和海洋大健康产业组成，主要以广州为中心，深圳、珠海等地为辅，围绕在珠三角地区。产业集群发展结构良好，分工明细，有上、中、下游系统完整的产业链，分布在海洋生物资源获取、技术加工和产品开发三大环节。产业集群发展集聚了包括中国科学院南海海洋研究所、中山大学在内的16所科研院所和高等院校，拥有国家级、省部级等各级科技平台，为海洋药物与生物制品产业提供技术和科技人才的支撑。目前，海洋药物与生物制品产业虽然拥有一批核心技术，产业产值逐年稳步提升，但产业集群发展程度不高，总体仍呈现出发展相对分散的特点。相关企业和机构虽然主要集中在珠三角地区，但彼此间沟通合作较少，尤其是企业间存在技术壁垒，未能产生良好的集群效应。目前，在有关部门的政策引导下，推动了一批产业集聚区的建设，如深圳市坪山区、大鹏新区等。大鹏海洋生物产业园、国际生物谷坝光核心启动区、坪山深圳国家生物产业基地、高新区生物医药研发总部基地等产业园区集聚了一大批海洋生物医药创新型企业，已初步形成产业集聚效应，逐步形成了一条集研发、中试、产业化的创新发展链条。同时，珠海生物医药产业集群入选国家战略性新兴产业集群发展工程，中国（珠海）海洋功能性食品创新研发中心等平台建设取得重大进展。2023年，广东省海洋药物和生物制品业增加值为68.2亿元。

2. 现代海洋渔业产业集群

现代海洋渔业产业集群主要由海洋生物育种、养殖和精深加工三大环节组成，产业发展主要聚集于粤西湛江市。目前，产业集群发展势头良好，显示较好的协作配套效应，能带动相关企业快速发展，提升产业的规模效益和竞争力。产业集群的发展聚集了广东海洋大学、中国热带农业科学院南亚热带作物研究所等高等院校和科研院所，吸纳了专业技术相关人才，实现了技术与生产有效结合。在海洋生物育种方面，产业形成了以虾苗繁殖为主导产品的育种行业，如恒兴、国联、粤海和东方等水产种苗繁育企业。特别是海洋水产精深加工产业发展较好，行业积极开发新产品，推广应用新技术，通过组织来料加工，引进技术和设备，进行技术改造，提高了整个行业的技术水平，促进了加工技术的进步。在海产品精深加工方面拥有特色海产品加工产业集聚区域，如湛江开发区、霞山区、麻章区和霞山区的对虾、罗非鱼加工业，雷州和遂溪的扇贝加工业，徐闻和雷州的珍珠养殖加工业，吴川的海蜇加工业等，产业发展在行业内具有较好的影响力。粤西的产业集群工业园区主要聚集于湛江，分别有湛江特色水海产业国家农业科技园、湛江海洋科技产业创新中心海洋产业孵化中心、奋勇高新区和湛江（吴川）海洋产业示范园。

2023 年，广东省海洋渔业增加值为 615. 8 亿元，同比增长 14%。广东省海洋水产品加工业增加值为 63. 2 亿元，同比增长 0. 3%。广东省海水产品产量为 470. 9 万吨，同比增长 0. 3%，其中，海水养殖产量为 357. 28 万吨，同比增长 1. 0%；海洋捕捞产量为 113. 69 万吨，远洋捕捞产量为6. 3 万吨。

2023 年，养护型国家级海洋牧场数量居全国首位，国内首个珊瑚主题国家级海洋牧场开建。国内最大、种类最齐全的珊瑚种质资源库开建。粤港澳大湾区首个国家级渔港经济区试点——广州市番禺区渔港经济区揭牌。2022 年，成功举办首届中国年鱼博览会和第二十届南海（阳江）开渔节。湛江成立全国首个预制食品研究院，获评“中国水产预制菜之都”。粤港澳大湾区智慧海洋牧场综合产业项目开工，全国首台半潜式波浪能养殖网箱投产，惠州市小星山海域国家级海洋牧场示范区启动建设。珠海洪湾中心渔港成为国家级海洋捕捞渔获物定点上岸渔港。珠海市斗门区白蕉海鲈、阳江市阳东县寿长蚝、湛江市廉江南美白对虾入选2020年第一批全国名特优新农产品名录。

2000—2023年，经过20余年的发展，湛江拥有了一批以国联、恒兴、汇富、富洋等为代表的深海网箱养殖企业，建成特呈—南三、流沙、东海岛、东里、草潭5个深水网箱养殖园区，用海面积4万亩（约27平方千米），总投资超10亿元，深海网箱数量达3300多个，占全省深海网箱数量的2/3。随着从网箱制造、网具生产、鱼类饲料生产与经销，到鱼类养殖、收购、加工、销售等环节的产业链条日趋完善，湛江深海养殖产业年产值达到100亿元，带动约10万人就业。

3. 广东省海洋生物产业链全景图

据《广东省海洋经济发展报告2023》，当前广东省海洋生物产业发展快速，产业集聚度不断提升，如海洋生物技术研发、海洋生物医药制备等高结构层次、高附加值的产业主要集中于广州、深圳等珠三角地区，而海洋渔业、海洋水产品加工等传统产业则聚集于粤东和粤西地区，初步形成了以广州、深圳、湛江、珠海等地为重点产业集群、沿海城市全覆盖的发展格局。海洋药物与生物制品（新兴产业）和现代海洋渔业（传统优势海洋产业转型升级）两大产业集群发展已形成一定规模产业链，潜力巨大。海洋生物产业链条齐全，具有完善的渔业捕捞、种苗繁育、健康养殖、海洋生物新种质资源挖掘等产业的上游产业链，有成熟的海产品精深加工和海洋生物活性物提取技术的中游产业链，以及拥有海洋医用食品、海洋功能性食品、化妆品与精细化工产品、生物材料等的下游产业链（图3-3）。

海洋生物产业在一定的集群发展下，获得了较好的增长和产品创新。但总体而言，技术创新的水平仍偏低，尤其海洋水产品加工、海洋功能食品、海洋药物、海洋生物酶制剂、海洋生物源化妆品等方面的高值化产品较少，急需从加工数量向质量转型。未来，在相关产业集聚区的建设下，政府部门可对产业发展加强统一布局规划，促进产业集群质量水平提升，并通过“粤港澳大湾区”政策的持续推进，使广东省海洋生物产业获得跨越式发展。

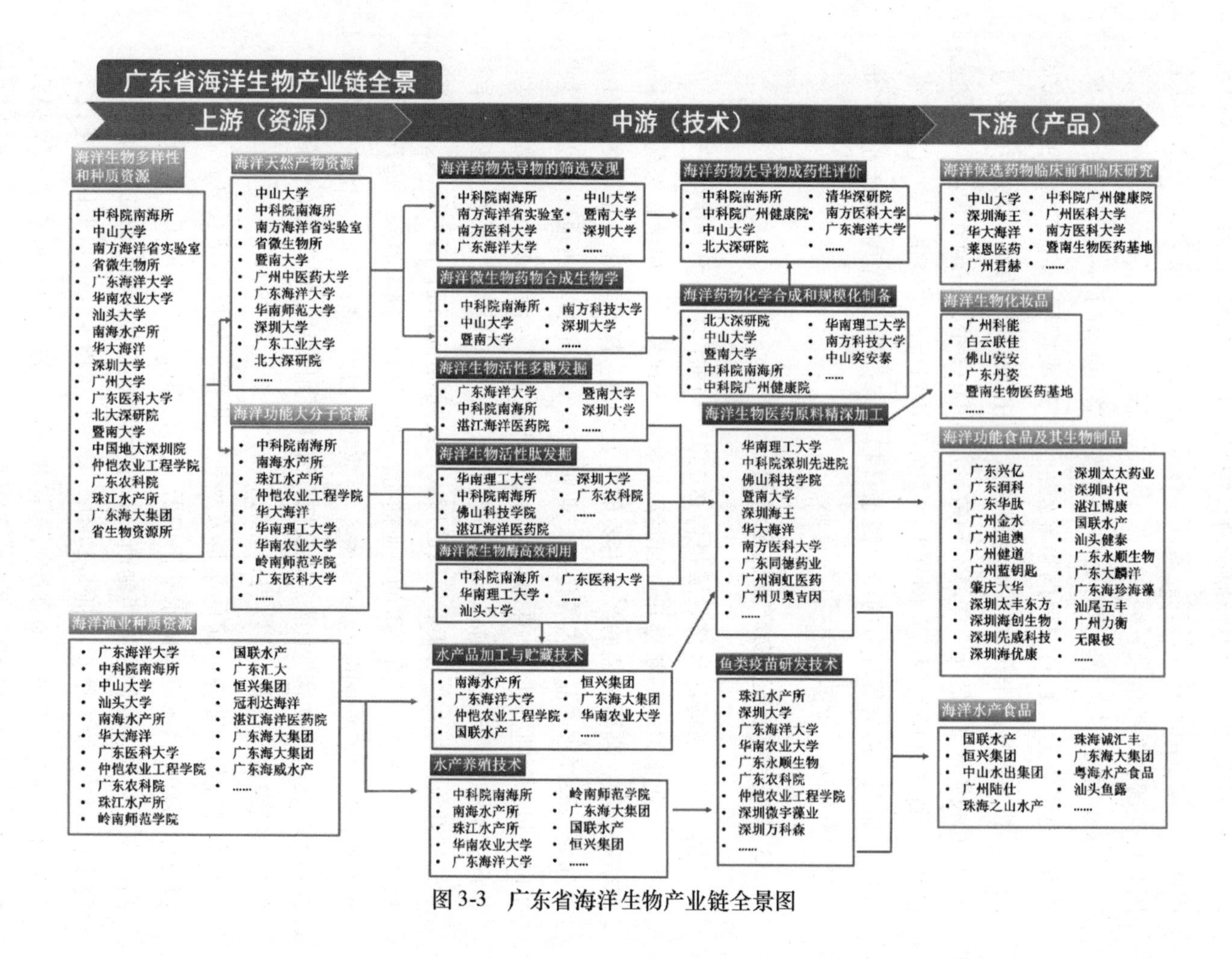

图 3-3　广东省海洋生物产业链全景图

三、广东省海洋生物研发平台现状

广东省海洋生物产业发展较早，走在全国前列，拥有较多海洋生物产业相关的研究机构、高校、高新企业和重点实验室等研究平台，对相关人才的培育具有一套较为完整的体系。目前，据不完全统计，广东省内主要海洋生物相关企业和机构有40余家（表3-2），其中大部分单位集中在广州，围绕着海洋生物相关产业进行生产与科研活动。这些研究机构在国家科技部、教育部、中科院等部委和广东省的支持下，建立了多个国家工程研究中心和省部级重点实验室等海洋生物相关的研究平台（表3-3），并在广东省海洋生物研发中起到举足轻重的作用。

表3-2　广东省主要海洋生物相关单位的名录和业务方向

科研院所和高校	业务方向（海洋生物相关方向）	所在地
南方海洋科学与工程广东省实验室（广州）	海洋生物技术、海洋生物医药	广州
南方海洋科学与工程广东省实验室（珠海）	海洋渔业、海洋生物制品	珠海
南方海洋科学与工程广东省实验室（湛江）	海洋生物大健康产业、海洋渔业	湛江
深圳湾实验室（生命信息与生物医药广东省实验室）	海洋药物	深圳
中山大学（海洋学院/药学院/化学学院/生命科学学院）	海洋天然产物、海洋药物、海洋中药、生物制品	广州、珠海
中山大学（深圳）	海洋天然产物	深圳
中国科学院南海海洋研究所	海洋药物、海洋生物技术、海洋生物制品和功能食品	广州
中国科学院华南植物园	海洋天然产物	广州
中科院深圳先进技术研究院生物医药与技术研究所	海洋生物材料、海洋生物制品	深圳
华南理工大学（食品科学与工程学院）	海洋生物制品	广州

续表

科研院所和高校	业务方向（海洋生物相关方向）	所在地
暨南大学 （药学院/化学与材料学院/生命科学院）	海洋天然产物、海洋生物制品、生物材料	广州
南方医科大学（药学院、中药学院）	海洋天然产物、海洋中药	广州
华南师范大学（化学与环境学院）	海洋天然产物	广州
华南农业大学（海洋学院、食品学院）	海洋生物技术和海洋渔业研究、生物制品	广州
广东工业大学（轻工化工学院）	海洋天然产物	广州
广州医科大学（药学院）	海洋天然产物、海洋生物制品	广州
广东药科大学 （生命科学与生物制药学院）	海洋生物制品	广州
深圳国家基因库	海洋生物基因	深圳
北京大学深圳研究生院	海洋药物、海洋生物材料	深圳
清华大学深圳国际研究生院	海洋生物医药	深圳
南方科技大学（海洋与工程系、化学系）	海洋微生物学、海洋生物医药	深圳
深圳大学（生命与海洋科学学院）	海洋天然产物、海洋生物技术	深圳
哈尔滨工业大学（深圳）	海洋微藻、海洋生物技术	深圳
深圳职业技术学院	海洋生物医药	深圳
中国水产科学研究院南海水产研究所	海洋生物制品、功能食品、海洋水产品加工	广州
中国水产科学研究院珠江水产研究所	鱼类疫苗开发	广州
广东省微生物研究所	海洋微生物	广州
广东海洋大学	海洋功能食品研发、海洋水产品加工、海洋药物	湛江
广东海洋大学深圳研究院	海洋食品、海洋生物制品	深圳
广东医科大学	海洋生物技术、海洋生物制品、海洋药物等	湛江
岭南师范学院	海洋渔业、海洋生物制品	湛江

续表

科研院所和高校	业务方向（海洋生物相关方向）	所在地
北京师范大学-香港浸会大学联合国际学院	海洋食品	珠海
五邑大学（生物科技与大健康学院）	海洋生物医药	江门
汕头大学	海洋生物制品和功能食品研发	汕头
佛山科学技术学院	海洋生物制品和功能食品研发	佛山
仲恺农业工程学院	海洋生物技术和水产研究	广州
主要代表性企业	业务方向（海洋生物相关方向）	所在地
深圳华大海洋科技有限公司	海洋生物技术、水产技术研发	深圳
广州现代产业技术研究院	海洋生物制品、海洋水产品加工	广州
广东永顺生物制药股份有限公司	生物制药研发	广州
广州迪澳生物科技有限公司	海洋鱼类生物医药研制开发等	广州
广东兴亿海洋生物工程股份有限公司	海洋生物蛋白肽食品研发	广州
广州金水动物保健品有限公司	水产药品、微生物制剂	广州
广州市科能化妆品科研有限公司	海洋功能化妆品等	广州
广州健道海洋生物科技有限公司	海洋生物制品	广州
广州市蓝钥匙海洋生物工程有限公司	海洋药物、海洋功能（保健）食品	广州
广州市科能化妆品科研有限公司	海洋生物化妆品研发	广州
广州市白云联佳精细化工厂	海洋生物化妆品生产	广州
广东丹姿集团有限公司	海洋生物化妆品销售	广州
广东暨大基因药物工程研究中心有限公司	海洋药物、海洋生物基因	广州
广州市欢乐海洋生物技术创新发展有限公司	海洋生物食品	广州
广州暨南生物医药研究开发基地有限公司	海洋生物制品	广州
广州贝奥吉因生物科技有限公司	海洋生物材料、海洋生物制品	广州
无限极（中国）有限公司	海洋功能（保健）食品	广州
深圳海王药业有限公司	药类研究及生产	深圳

续表

主要代表性企业	业务方向（海洋生物相关方向）	所在地
深圳乾延药物研发科技有限公司	海洋药物	深圳
时代生物科技（深圳）有限公司	海洋生物制品、海洋食品	深圳
深圳市太丰东方海洋生物科技有限公司	海洋生物药物	深圳
广东昂泰连锁企业集团有限公司	海洋药物、功能及生物制品	汕头
广东润科生物工程股份有限公司	海洋生物油脂原料	汕头
汕头市健泰海洋生物科技有限公司	海洋生物制品	汕头
中山奕安泰医药科技有限公司	海洋药物	中山
肇庆大华农生物药品有限公司	兽用生物制品	肇庆
肇庆兴亿海洋生物工程有限公司	海洋生物蛋白肽原料及食品	肇庆
深圳市中科海世御生物科技有限公司	海洋生物医用材料、医疗器械	深圳
深圳市海优康生物科技有限公司为有限责任公司	海洋保健品、海洋生物材料	深圳
广东华肽生物科技有限公司	海洋生物肽原料及食品	肇庆
广东中食营科生物科技有限公司	海洋鱼皮胶原肽	东莞
湛江市博康海洋生物有限公司	海洋生物制品	湛江
湛江国联水产开发股份有限公司	海洋水产品加工	湛江
广东恒兴集团	海洋水产品加工	湛江
丽珠集团新北江制药股份有限公司	海洋药物	珠海
汤臣倍健	海洋保健品、海洋生物制品	珠海
珠海长隆投资发展有限公司	海洋生物种质资源	珠海
广东中大五同堂生物工程有限公司	海洋保健品	陆丰
佛山市安安美容保健品有限公司	海洋生物化妆品	佛山
广东粤海水产食品加工有限公司	海洋水产品加工	吴川

表 3-3　广东省主要海洋生物相关研究平台

平台名称	类别	依托单位/所在地
南方海洋科学与工程广东省实验室（广州）	广东省实验室	广州
南方海洋科学与工程广东省实验室（珠海）	广东省实验室	珠海
南方海洋科学与工程广东省实验室（湛江）	广东省实验室	湛江
南海海洋生物技术国家工程研究中心	国家工程研究中心	中山大学/广州
中科院热带海洋生物资源与生态重点实验室	省部级重点实验室	中国科学院南海海洋研究所/广州
广东省海洋药物重点实验室	省部级重点实验室	中国科学院南海海洋研究所/广州
广东省应用海洋生物学重点实验室	省部级重点实验室	中国科学院南海海洋研究所/广州
水产品安全教育部重点实验室	省部级重点实验室	中山大学/广州
海洋微生物功能分子广东高校重点实验室	省部级重点实验室	中山大学/广州
农业部南海渔业资源开发利用重点实验室	省部级重点实验室	中国水产科学研究院南海水产所/广州
农业部水产品加工重点实验室	省部级重点实验室	中国水产科学研究院南海水产所/广州
广东省渔业生态环境重点开放实验室	省部级重点实验室	中国水产科学研究院南海水产所/广州
中国水产科学研究院南海水产种质资源与健康养殖重点实验室	省部级重点实验室	中国水产科学研究院南海水产所/广州
中国水产科学研究院海洋牧场技术重点实验室	省部级重点实验室	中国水产科学研究院南海水产所/广州
热带亚热带水产资源利用与养殖重点实验室	省部级重点实验室	中国水产科学研究院珠江水产所/广州
广东省水产经济动物病原生物学及流行病学重点实验室	省部级重点实验室	广东海洋大学/湛江
广东省水产品加工与安全重点实验室	省部级重点实验室	广东海洋大学/湛江

续表

平台名称	类别	依托单位/所在地
广东省海洋生物技术重点实验室	省部级重点实验室	汕头大学/汕头
海洋生物资源保护与利用粤港联合实验室	省部级重点实验室	华南农业大学/广州
南海海洋生物技术教育部工程研究中心	省部级工程研究中心	中山大学/广州
广东省海洋生物质化工原料及其功能化转化工程技术研究中心	省部级工程研究中心	中山大学/广州
广东省海洋藻类生物工程技术研究中心	省部级工程研究中心	深圳大学/深圳
广东省海洋食品工程技术研究中心	省部级工程研究中心	广东海洋大学/湛江
广东省海洋生物制品工程实验室	省部级工程实验室	广东海洋大学/湛江
广东省南海经济无脊椎动物健康养殖工程技术研究中心	省部级工程研究中心	广东海洋大学/湛江
广东省海洋生物材料工程技术研究中心	省部级工程研究中心	中国科学院深圳先进技术研究院
广东省水产免疫与健康养殖工程技术研究中心	省部级工程研究中心	华南农业大学/广州
中国科学院海洋微生物研究中心	省部级研究中心	中国科学院南海海洋研究所/广州
广东湛江海洋医药研究院	广东省新型研发机构	广东医科大学/湛江
深圳职业技术学院海洋生物医药研究院	广东省新型研发机构	深圳职业技术学院/深圳
深圳市海洋生物资源与生态环境重点实验室	市级重点实验室	深圳大学/深圳
海洋生物资源与环境珠海市重点实验室	市级重点实验室	中山大学/珠海
深圳市海洋生物基因组学重点实验室	市级重点实验室	深圳市华大海洋研究院/深圳
深圳市海洋生物医用材料重点实验室	市级重点实验室	中国科学院深圳先进技术研究院
海洋地球古菌组学深圳市重点实验室	市级重点实验室	南方科技大学

续表

平台名称	类别	依托单位/所在地
湛江市环北部湾海岸特色微藻生物资源产品研发重点实验室	市级重点实验室	广东医科大学/湛江
湛江市脑健康相关海洋药物与营养品重点实验室	市级重点实验室	广东海洋大学/湛江

在高校方面，作为全国知名的综合性重点大学的中山大学，在海洋生物医药研究领域有着悠久的历史。现在中山大学在相关领域建有南海海洋生物技术国家工程研究中心、海洋微生物功能分子广东高校重点实验室等，大力发展海洋生物制品、海洋药物等海洋生物产业。广东海洋大学是广东省和国家海洋局共建的省属重点建设大学，是一所以海洋和水产为特色、多学科协调发展的综合性大学，在海洋生物技术、水产和食品领域具有技术和人才优势，是广东省海洋生物医药研究的主力军。2015 年，华南农业大学为了更好地满足国家和广东省海洋发展战略对人才与科技的需求，在动物科学学院的水产养殖系的基础上成立海洋学院，主要研究海洋生物技术和海洋渔业研究。

在国家级科研院所方面，中国科学院南海海洋研究所是国立综合性海洋研究机构，在海洋生物医药研究领域建有中科院热带海洋生物资源与生态重点实验室、省海洋药物重点实验室和省应用海洋生物学重点实验室等，是广东省海洋生物医药研究的优势单位。中国水产科学研究院南海水产研究所是我国南海区域从事热带亚热带水产基础与应用基础研究、海洋生物和水产重大应用技术研究的公益性国家级科研创新机构，建有农业农村部水产品加工重点实验室，在海洋生物技术和渔业资源研究领域具有较好技术优势。

南方海洋科学与工程广东省实验室是广东省第二批启动建设的省实验室，是广东省全面建设海洋强省，优化区域海洋产业结构，拓展海洋经济发展新空间的重要举措。实验室采用广州、珠海、湛江三市同步建设推进，旨在整合广东省及港澳相关的研究队伍，提升广东省海洋科技创新能力，优拓产业，协同合作，发挥集团军优势，带动区域海洋科技与海洋经济发展，建成国际一流的海洋科学与工程研究基地。其中，海洋生物研究方向是省实验室的主要研究方向之一。

南方海洋科学与工程广东省实验室（广州）（简称“广州海洋实验室”）坐落于广州市南沙区，于2018年11月成立，是广东省人民政府重点建设的省级事业单位，已进入海洋领域国家实验室体系，将成为其主要组成部分。实验室聚焦“海洋安全与资源开发”（能源资源和生物资源）核心科学问题，围绕“海洋能源与资源、海洋地质演变与地质灾害防治、海洋环境与全球变化、海洋生物与生态、海洋技术与海工装备、智慧海洋与综合利用”等研究方向，开展理论创新与关键技术攻关，着力解决海洋安全、海洋空间与资源可持续利用、生态发展等关键科技难题，打造国际一流的海洋科学与工程研发基地。

南方海洋科学与工程广东省实验室（珠海）（简称“南方海洋实验室”）是2018年11月由广东省人民政府授牌成立运行，由珠海市人民政府举办，依托中山大学建设和管理的科研事业单位。该实验室目标是建设面向科技前沿、具有国际领先水平的海洋创新基础平台，构筑世界一流的海洋人才高地，打造创新型、引领型、突破型的大型综合性海洋研究和应用基地。南方海洋实验室面向国际科技前沿和国家重大战略需求，结合自身基础研究优势，设立四大重点科研任务：海洋预警与防灾减灾、海洋牧场与健康养殖、海洋工程与智能装备、海洋碳汇与持续发展。超过16万平方米建筑面积的实验室主楼坐落在中山大学珠海校区，建有海洋科考平台、海洋遥感信息中心、海洋数据中心、海洋生物资源库、海洋元素与同位素平台、万山海上测试场、南海四基观测系统、海洋工程技术试验平台八大公共平台。

南方海洋科学与工程广东省实验室（湛江）（简称“湛江湾实验室”）是广东省委省政府第二批启动建设的广东省实验室之一，于2018年11月14日获批建设，是粤西地区首个获批设立的省实验室。湛江湾实验室构建了智能海洋装备、海洋绿色能源开发、海洋生物资源开发、智慧渔业、融合发展5个研究中心，建立了林君院士、刘少军院士、粤西绿色能源（谢玉洪）院士3个院士工作站（室）。自实验室成立以来，取得了全球首例深远海智能渔业养殖平台（“湛江湾1号”）、全潜悬浮定深柱稳式综合试验养殖平台（“海塔1号”）、12万方水体游弋式养殖工船、深远海适养新品种人工繁育与良种选育、海洋生物资源高价值化利用、国内首台“扶摇号”深远海浮式风电装备、国内首台海洋电磁式可控震源试验样机研制、国内首套50千瓦级海洋温差能发电系统实验测试平台等代表性科研成果。

在高新企业方面，如深圳华大海洋科技有限公司依托深圳市海洋生物基因组学重点实验室和深圳华大海洋科技有限公司院士（专家）工作站，已深入开展多种海洋生物功能性多肽基因资源的筛选挖掘、功能预测和活性研究。深圳海王药业有限公司，拥有国内领先的医药健康产业支柱创新能力和完备的研发体系，企业的创新能力突出。2015年，海王集团成功收购三亚海王海洋生物，逐步加大对海洋生物制品研发和生产的投入。我国知名民族品牌佛山市安安美容保健品有限公司依托海洋生物化妆品院士工作站和广东省海洋生物化妆品与新材料工程技术研究中心，突破海洋生物资源高值绿色利用技术，重点开展海洋生物活性肽及其高端化妆品的研发。丹姿集团旗下广州市科能化妆品科研有限公司与中国科学院南海海洋研究所联合成立“中国科学院南海海洋研究所——水密码联合研发中心”开展海洋藻类活性多糖的化妆品应用。中山中研化妆品有限公司与中山大学海洋科学学院南海海洋生物技术国家工程研究中心开展海洋活性物质在化妆品行业中应用研究。湛江国联水产开发股份有限公司专注于海洋水产加工产业，是以国内国际贸易、水产科研为一体的全产业链跨国集团企业，出口产品远销海内外，遍及全球40多个国家和地区。

随着广东省加快推进海洋经济强省建设，近年来在省和地方的支持下，成立了不少创新型海洋生物研发机构，为广东省海洋生物产业注入新的活力。如2019年成立的广东湛江海洋医药研究院是广东医科大学主动适应国家海洋战略、海洋药物学科发展规律和产业发展势头应运而生的创新型研发机构，也是湛江湾实验室的主要建设单位，积极打造极具创新实力的国际海洋药物研发中心，进而推动粤西海洋生物医药产业跨越式发展。深圳职业技术学院于2019年组建成立海洋生物医药研究院。研究院以国家和深圳市科技创新与产业发展为立足点，顺应国家海洋战略、海洋药物学科发展规律，开展面向重大疾病的海洋天然产物全合成、化学生物学等方面的研究，加速海洋生物医药成果孵化开发和技术转移转化，搭建海洋生物医药产学研合作平台、应用技术研发高地、孵化推广基地，构建产学研用一体化运行机制，为深圳推动海洋生物产业快速发展、加快建设全球海洋中心城市提供人才与技术支持。

近年来，广东省海洋生物领域积极与国内优势单位进行技术联合，利用优势单位的科研技术实力，协调创新，合作攻克海洋生物技术领域的“卡脖子”技术难题，合作投资科技成果转化率高的项目，形成快速产生效益的海洋生物医药产业经济增长点，弥补广东科研力量不足的缺陷。例如，2020年4月，国家重点研发计划“深海关键技术与装备”重点专项“重要深海药源天然产物合成生物学产生体系构建”项目启动会召开，该项目由广东省中国科学院南海海洋研究所牵头，联合中国海洋大学、北京大学、海军军医大学、上海交通大学、南京大学、中山大学、华东理工大学、同济大学和深圳大学9家单位共同承担。项目将聚焦对重大疾病有治疗潜力的深海天然产物的生物合成途径、转录调控规律、关键合成步骤调节策略开展研究；构建异源高效表达体系、优化目标产物产率、鉴定功能更佳新变体分子；建立高产发酵制备平台，评估目标产物的成药性前景，为开发具有我国自主知识产权的创新性海洋药物奠定基础。

四、广东省海洋生物产业关键技术和竞争力分析

海洋生物产业关键技术是产业发展的核心动力，关键核心技术受制于人已成为制约经济高质量发展的瓶颈。广东省主要依托中山大学、中国科学院南海海洋研究所、广东海洋大学等科研单位和重要研究平台，在海洋生物领域取得了卓有成效的进展，特别是在海洋功能生物资源挖掘、海洋天然产物和海洋药物研发、海洋微生物新型生物酶和海洋蛋白肽的生物制品研发，以及海藻和鱼油等海洋水产品精深加工技术中处于国内领先地位，部分技术接近或达到国际先进水平。这些关键技术是广东省海洋生物产业发展的根基和优势所在，是建设海洋生物产业强省的必备条件。

这些关键技术的核心内容和竞争力如表3-4所示。

表 3-4　“海洋微生物资源挖掘”关键技术

关键技术	国内竞争力	国际竞争力
海洋生物新物种的发现鉴定	国内领先	国际领先水平
海洋稀有和未培养微生物选择性分离	国内领先	接近国际水平
微生物新种属的多相分类鉴定技术	国内领先	接近国际水平
海洋功能微生物的筛选和保藏	基本一致	5 年左右差距
深海和特境药用微生物资源挖掘	基本一致	接近国际水平
海洋微型藻类新资源的挖掘	国内领先	接近国际水平

广东省“海洋生物资源挖掘”关键技术的主要优势单位有中国科学院南海海洋研究所、中山大学，省外优势单位有自然资源部第三海洋研究所。

中国科学院南海海洋研究所近年发现了热带海洋微生物 3 个新科、10 个新属和 22 个新物种，其中发现和积累的 81 个海洋放线菌属级类群中 48 个属级类群为南海海洋所第一次发现；构建了亚洲最大的海洋放线菌资源库，丰富了我国海洋微生物稀有资源保藏。中山大学于 2019 年 10 月和 2020 年 6 月，在西沙群岛发现两种海生昆虫新物种，分别命名为羚羊礁海蜻和石屿海泽甲，刷新了对中国昆虫区系和海洋动物区系的认识，具有国际领先水平；构建了含有 1 万多株真菌的海洋真菌资源库，增加了我国海洋微生物资源战略储备。

广东省“海洋药用生物资源高效保存”关键技术（表 3-5）的主要优势单位有中山大学、中国科学院南海海洋研究所、深圳华大海洋科技有限公司、暨南大学。省外优势单位有中国海洋大学、解放军第二军医大学、中国科学院上海药物研究所。

表 3-5　“海洋药用生物资源高效保存”关键技术

关键技术	国内竞争力	国际竞争力
海洋药用生物资源的收集与保存	基本一致	10 年左右差距
海洋药用动物功能基因发现和挖掘	国内领先	接近国际水平

续表

关键技术	国内竞争力	国际竞争力
海洋药用动物活性肽的发现和挖掘	国内领先	接近国际水平
海洋药源生物功能基因库的建立保存	国内领先	接近国际水平
海洋天然产物样品库的建立保存	基本一致	接近国际水平

2017年，由中山大学牵头，广东省中国科学院南海海洋研究所、暨南大学，省外的中国海洋大学、中国人民解放军第二军医大学等单位，共同建成了国内第一个“海洋生物天然产物化合物库”。深圳华大海洋科技有限公司构建了“鱼类抗菌肽数据库”，为深入研发新型饲料添加剂、保健食品或药品等提供重要的科技支撑。

广东省“海洋活性天然产物和先导物的发现”关键技术（表3-6）的主要优势单位有中山大学、中国科学院南海海洋研究所。省外优势单位有南京大学、中国海洋大学、中国科学院海洋研究所等。

表3-6 “海洋活性天然产物和先导物的发现”关键技术

关键技术	国内竞争力	国际竞争力
海洋新颖活性化合物的分离和鉴定	国内领先	基本一致
海洋活性大分子的提取分离	国内领先	接近国际水平
海洋天然产物的活性筛选和机制研究	基本一致	10年左右差距
珊瑚来源药物先导化合物的发现	国内领先	基本一致
海绵来源药物先导化合物的发现	基本一致	接近国际水平
其他海洋动植物来源药物先导化合物的发现	基本一致	接近国际水平
海洋微生物来源药物先导化合物的发现	国内领先	接近国际水平

1987年，国家教委对中山大学“南海海洋生物中次级代谢产物及其生理活性物质的研究”授予科技进步奖一等奖；1989年，国家科委对“南海珊瑚化学成分及其生理活性的研究”授予国家自然科学奖三等奖。中科院南海海洋研究所的成果“海洋生物活性物质及其高值化利用”获得2007年度国家

科技进步奖二等奖。自21世纪以来，我国已成为发现和报道海洋新颖天然产物最多的国家，而广东省海洋天然产物研究同时处于国内领先水平，特别是海洋微生物来源天然产物中，广东省地区发表的新颖化合物占全国首位。

广东省“海洋微生物药物先导化合物合成生物学”关键技术（表3-7）的主要优势单位有中国科学院南海海洋研究所。省外优势单位有南京大学、中国海洋大学等。

表3-7 “海洋微生物药物先导化合物合成生物学”关键技术

关键技术	国内竞争力	国际竞争力
海洋微生物药物先导物的生物合成	国内领先	基本一致
海洋微生物药物先导物的异源表达	国内领先	接近国际水平
海洋微生物药物先导物合成生物学体系构建	国内领先	5年左右差距
海洋微生物药物先导物的规模化制备	3年左右差距	5年左右差距

2014年，自然指数（Nature Index）中国专刊中描述了广州地区的科研贡献，其中重点描述以中国科学院南海海洋研究所为主的海洋微生物药用活性成分及生物合成工作，贡献了广州地区地球环境领域43%的指数。中国科学院南海海洋研究所阐明了深海放线菌来源抗感染药物先导化合物A201A和怡莱霉素的生物合成过程，首次发现并阐明了一个负责吡喃半乳糖和呋喃半乳糖互变的变位酶MtdL，分别得到了一个对甲氧西林耐药金黄色葡萄球菌和对结核分枝杆菌有强抑制活性的新结构衍生物A201A和怡莱霉素E，并实现了新结构衍生物在基因工程菌株中的高效生产，为我国新型海洋药物的进一步开发提供了自主知识产权的化学实体。上述成果被评为“2017年度中国海洋与湖沼十大科技进展”。

广东省“海洋药物研发体系”关键技术（表3-8）的主要优势单位有南方海洋科学与工程广东省实验室、中国科学院南海海洋研究所、中山大学。省外优势单位有青岛海洋科学与技术试点国家实验室、中科院上海药物研究所、武汉大学等。

表 3-8 “海洋药物研发体系”关键技术

关键技术	国内竞争力	国际竞争力
海洋药物研发产学研体系	3 年左右差距	10 年左右差距
海洋动植物来源药物先导化合物成药性评价	3 年左右差距	10 年左右差距
海洋微生物来源药物先导化合物成药性评价	国内领先	10 年左右差距
海洋动植物来源候选药物临床前研究	3 年左右差距	10 年左右差距
海洋微生物来源候选药物临床前研究	国内领先	10 年左右差距
海洋动植物来源药物临床试验	5 年左右差距	10 年左右差距
海洋微生物来源药物临床试验	国内空白	10 年左右差距

在科技部国家重点研发计划、广东省级促进海洋经济高质量发展专项和广东省重点研发计划等项目支持下，南方海洋科学与工程广东省实验室、中国科学院南海海洋研究所、中山大学等单位逐渐构建起海洋药物研发体系，特别是海洋微生物来源药物先导化合物成药性评价具有国内领先地位，如中国科学院南海海洋研究所在工程改造后的深海放线菌来源抗结核活性的怡莱霉素 E、抗肾癌粉蝶霉素 GPA，中山大学发现的海洋微生物来源靶向抗肿瘤的蒽环类化合物 SZ-685C、放线菌素类化合物 LV-1、抗血栓环酯肽类化合物 ISE 候选药物正在进行临床前研究，具有较好的药物开发前景。

广东省“海洋微生物新型生物酶高效利用”关键技术（表 3-9）的主要优势单位有中国科学院南海海洋研究所、华南理工大学、广东海大集团股份有限公司。省外优势单位有青岛海洋科学与技术试点国家实验室、中国海洋大学等。

表 3-9 “海洋微生物新型生物酶高效利用”关键技术

关键技术	国内竞争力	国际竞争力
海洋微生物功能菌株选育技术	基本一致	接近国际水平
海洋微生物生物酶筛选分离技术	基本一致	接近国际水平
海洋微生物酶促水解技术	基本一致	接近国际水平
功能肽定向制备技术	基本一致	1~2 年差距
海洋生物酶制剂工程化应用及产业化	基本一致	接近国际水平

中国科学院南海海洋研究所“热带海洋微生物新型生物酶高效转化软体动物功能肽的关键技术”成果获得2014年国家技术发明奖二等奖。针对海洋软体动物的高效利用，从海洋发掘产酶微生物新属种；创制新型生物酶；发明功能肽的定向酶解新技术；发明营养免疫新型功能肽和珍珠角蛋白的定向制备及改造技术；创建功能肽评价模型，发掘肽的新功能，实现了海洋功能肽定向制备技术的工程化应用。新技术解决了相关领域的世界级难题，获国内外同行高度评价，达到了国际领先水平，推进了行业技术进步；新技术海洋精细加工珍珠产品市场份额国内领先，推动企业的渔用饲料年销售量达世界第一位。

广东省“海洋蛋白肽发掘与生物制品研发”关键技术（表3-10）的主要优势单位有中国科学院南海海洋研究所、广东海洋大学、佛山科学技术学院。省外优势单位有大连工业大学、上海海洋大学、中国海洋大学等。

表3-10　“海洋蛋白肽发掘与生物制品研发”关键技术

关键技术	国内竞争力	国际竞争力
海洋生物活性蛋白肽发现和功效评价	国内领先	基本一致或接近
海洋生物活性肽构效关系和药动学	3年左右差距	5年左右差距
海洋生物活性肽结构-活性数据库	国内空白	3年左右差距
海洋生物蛋白肽活性原料酶解制备、感官指标优化和稳态化技术	基本一致	接近国际水平
海洋生物活性肽检测分析和规模化制备	3年左右差距	5年左右差距
海洋生物活性肽化学合成和异源表达	3年左右差距	5年左右差距
蛋白肽原料安全性控制技术	基本一致	3年左右差距
活性肽与生物制品协同增效复配技术	基本一致	3年左右差距
活性肽制品的快速研发技术	国内领先	3年左右差距

中国科学院南海海洋研究所依托海洋生物化妆品院士工作站和广东省海洋生物化妆品与新材料工程技术研究中心，率先将海洋贝类活性肽应用于“源海”和“安安金纯”两个系列化妆品。该技术的应用使产品抢占市

场先机，销往国内外，并获得了良好的经济效益，促进企业成长为高新技术企业。以促进泌乳章鱼蛋白肽为核心功能成分，多元营养科学复配，与深圳太太药业和喜悦实业有限公司共同开发孕期营养补充食品一款和产后促进泌乳营养食品一款，均已上市销售，并取得较好的经济效益。相关专利“一种含有海洋贝类活性肽的化妆品及其制备方法和应用”先后获得2016年广东省专利奖金奖，2017年中国专利优秀奖和2018年国际发明展览会金奖。广东海洋大学“大宗低值蛋白资源生产富含呈味肽的呈味基料及调味品共性关键技术”成果获2009年国家科学技术进步奖二等奖。

广东省“海洋生物功能材料研发”关键技术（表3-11）的主要优势单位有中国科学院深圳先进技术研究院、暨南大学、南方医科大学、华南理工大学等。省外优势单位有中国海洋大学、青岛明月海藻集团有限公司、青岛聚大洋藻业集团有限公司等。

表3-11　“海洋生物功能材料研发”关键技术

关键技术	国内竞争力	国际竞争力
海洋多糖创面修复材料研发	国内领先	3年左右差距
海洋骨修复材料研发	国内领先	国际领先
海洋源3D打印组织结构精准构建	国内领先	国际领先
海洋仿生生物材料	国内领先	基本一致或接近
耐海洋腐蚀和污损的新型合金和防护涂层	3年左右差距	5年左右差距

中国科学院深圳先进技术研究院在海洋生物和功能材料方向，主要针对海洋多糖创伤修复材料，海洋无机骨修复材料和海洋仿生材料等方面具有雄厚的研究积累，申请相关专利50多项，形成了高纯EPA心血管药物，可注射骨水泥，止血抗菌创面敷料，3D打印组织支架等新材料，在深圳市高交会上进行了展示，其中利用海藻酸钠进行3D打印的具有功能的卵巢入选“高交会十大人气产品”。研究团队将研究成果进行产业转化，稳健医疗建立了针对创面修复敷料转化的企业联合实验室，建立了华南生物医用材料与植入器械创新示范基地项目，孵化了深圳市中科海世御生物科技有限公司、深圳市海优康生物科技有限公司、深圳市中科摩方科技有限公

司和华南生物医用材料有限公司。

广东省“海洋水产精深加工”关键技术（表3-12）的主要优势单位有广东海洋大学、暨南大学、中国科学院南海海洋研究所。省外优势单位有大连工业大学、上海海洋大学、中国海洋大学等。

表3-12　“海洋水产精深加工”关键技术

关键技术	国内竞争力	国际竞争力
海藻精深加工关键技术的研究与应用	国内领先	国际领先
海洋鱼油深加工技术	国内领先	3年左右差距
海洋水产品保活运输系统	国内领先	3年左右差距
贝类加工技术及新产品开发	国内领先	3年左右差距
海洋鱼胶原低聚肽为原料的精制加工技术	3年左右差距	5年左右差距
海洋食品精深加工关键技术	国内领先	3年左右差距

广东海洋大学突破的鱼、虾、贝保活技术与冷冻调理食品加工技术在全国20余家企业进行了应用，产生经济效益30亿元以上；研发的“水产蛋白高值化利用技术”引领了行业发展，培育了3家广东省高新技术企业。暨南大学主持开发的“大型海藻综合开发及应用”项目首次系统全面地建立了海藻多糖活性评价体系，通过科技成果评价，技术总体达到了海藻行业中的国际先进水平，为南海大型海藻的现代化综合产业化利用提供了科学依据和技术支持。中国科学院南海海洋研究所与丹姿集团共同成立联合研发中心，联合申报的项目“海藻功能性化妆品（药妆）的应用研究与开发”顺利通过验收。研发技术应用于海洋源萃系列新产品12个，研发新资源海藻的化妆品基质原料工艺5项，建立相关产品企业标准5项等，科研成果斐然，真正实现了智慧、科技与产业的有效对接。

五、广东省海洋生物产业相关成果储备

立足于以上关键核心技术，广东省海洋生物领域在海洋功能生物资源挖掘、海洋药物研究和开发、海洋健康产业和生物制品研发、海洋水产品

加工等方面取得了显著的代表性成果，是海洋生物产业发展的引擎和动力。

1. 海洋生物资源调查研究和挖掘利用

广东省对我国南海海洋生物资源的调查和利用研究具有历史优势。早在20世纪20年代，中山大学开展了南海近岸渔业资源调查研究和西沙地质和生物资源调查。自20世纪50年代末以来，中国科学院南海海洋研究所在南海及其附属岛礁开展了大型海洋科学考察。现在中国科学院南海海洋研究所和中山大学等单位拥有一系列大型海洋科学考察船和成熟的海洋生物资源调查平台，在海洋（特别是南海）生物资源调查和挖掘等方向取得了国内领先的基础研究成果，掌握了我国（特别是南海）丰富的海洋生物资源，为海洋生物医药产业的发展提供了资源和技术保障。目前，中山大学已经建成国内样品储量最大的海洋生物天然产物化合物库和海洋真菌菌种资源库。中山大学将投资4.1亿元建设海洋生物资源库，包括海洋生物基因资源库、海洋种质资源（活体）库、海洋生物化合物库及信息中心，建设周期为5年。中国科学院南海海洋研究所累积保藏了海洋微生物样本两万余株，已经构建了亚洲最大的海洋放线菌菌种资源库，构建了特殊的产生物酶活性菌种资源和抗菌抗肿瘤等活性的药用微生物资源库等，为海洋微生物活性与功能物质的可持续利用奠定了坚实的基础。中国科学院南海海洋研究所针对具有重要经济价值的海洋微藻，建立了最大保藏容量可达2000株、现存量1100余株、设施功能齐全的广东省经济微藻种质资源库，聚焦于藻种资源经济价值的挖掘，已经建成了华南地区规模最大的海水藻种库。

2. 海洋生物活性物质和海洋药物研发

20世纪70年代，中山大学化学学院龙康侯教授开始研究南海珊瑚等海洋生物的药用活性成分，是中国海洋天然产物化学的开拓者之一。1987年，国家教委对中山大学“南海海洋生物中次级代谢产物及其生理活性物质的研究”授予科技进步奖一等奖；1989年，国家科委对“南海珊瑚化学成分及其生理活性的研究”授予国家自然科学奖三等奖。中国科学院南海海洋研究所的成果“海洋生物活性物质及其高值化利用”获得2007 年度国家科技进步奖二等奖。中山大学“南海海洋微生物及其活性代谢产物研究”获得 2008 年广东省科学技术奖一等奖。自 21 世纪以来，我国已成为发现和报道海洋新颖天然产物最多的国家，而广东省海洋天然产物研究同时处于国内领先水平，特别是海洋微生物来源于天然产物中，广东省地区发表的新颖化合物占全国首位。在多年海洋天然产物研究积累下，中山大学发现的海洋微生物来源蒽环类化合物 SZ-685C、放线菌素类化合物 LV-1等靶向抗肿瘤候选药物、中国科学院南海海洋研究所在工程改造后的深海放线菌来源抗结核活性的怡莱霉素 E、抗肾癌活性的粉蝶霉素 GPA 等候选药物正在进行临床前研究，具有较好的药物开发前景。此外，暨南大学防治帕金森症的海洋真菌来源 Xyloketals、海藻来源抗肿瘤环肽 GLD 等均具有较好的成药性。海洋微生物药物研究已处于全国领先地位。

中国科学院南海海洋研究所鞠建华团队的成果“热带海洋微生物药源分子勘探及其形成机制”获得了 2021 年度广东省自然资源科学技术奖一等奖。该研究聚焦我国热带南海、印度洋独特、丰富的微生物新资源，突破了海洋难培养微生物的纯培养方法，从海洋沉积物等样品中分离、鉴定了海洋微生物 10 463 株，构建了热带海洋微生物菌种资源库，储备了一批战略生物资源。建立了基于活性—化学—基因信息的药物先导化合物的发现平台，突破了结构新颖活性先导化合物高效发现的瓶颈，发现了具有抗感染、抗肿瘤等活性天然产物 1200 余个，优选出抗疟、抗病原菌/耐药菌感染和抗肿瘤药物开发的先导化合物 27 个。开发了热带海洋微生物组合生物合成技术，阐明了格瑞克霉素、替达霉素等 20 余种活性代谢产物的生物合成机制，揭示了咔啉碱合成酶、l-半乳糖变位酶等 26 种新颖生物合成酶的功能，构建了新结构衍生物 53 个（17 个活性显著提高)，为创新药物的研发提供了活性更佳、毒性更低的先导化合物。

广东海洋大学食品科技学院海洋药物研究所主要从事精神疾病与神经退行性疾病的机制以及海洋天然产物改善大脑健康的研究，在大脑疾病的神经炎症机制探索方面具有较大的国际影响力，宋采教授领衔的团队成果“海洋 ω-3 不饱和脂肪酸预防和改善抑郁和痴呆症的作用机制及产品研发”获 2022 年度海洋科学技术奖二等奖，与广东同德药业股份有限公司合作研发了“海之忆”DHA 藻油软胶囊。另外，团队在羊栖菜、海马、海参以及海洋真菌等来源抗神经退行活性成分的发现方面也取得了丰富的成果。

3. 海洋健康产业和生物制品研发

在海洋健康产业和生物制品研发等方面，广东省在海洋生物蛋白肽、糖类、油脂等功能大分子的发掘、作用机制及功能性原料的精准制备等关键技术方面具有国内领先的优势，科研单位和企业产学研合作，在技术转化和成果开发方面成果突出。

中国科学院南海海洋研究所“热带海洋微生物新型生物酶高效转化软体动物功能蛋白肽的关键技术”获得 2014 年国家技术发明奖二等奖；“一种含有海洋贝类活性肽的化妆品及其制备方法和应用”获广东省专利奖（金奖，2016 年）、第十九届中国专利奖（优秀奖，2017 年）及国际发明展览会金奖等。成果技术的应用和推广，使广州市祺福珍珠加工有限公司的海洋精细加工珍珠产品迅速占领国内市场份额的 40%，广东海大集团股份有限公司的海水渔用饲料产品年销售量牢牢占据世界第一的位置。与企业合作研发一系列海洋生物制品，包括国家药准号新药“海珠口服液”、辅助调节血脂保健食品“舒通诺”“海怡康”海水螺旋藻片剂产品等。

中国科学院南海海洋研究所“南海特色海洋生物活性肽关键技术开发与产业化应用”研究成果荣获 2020 年广东省科技进步奖二等奖。该研究在海洋生物活性肽发掘与高值化利用关键技术上取得了多项创新突破，原创性地提出新型肽和糖功能原料的快速筛选技术，研究明确新营养健康效应及机制，系统集成多用途高品质功能肽原料规模化定向制备成套技术，并应用创制系列新型海洋生物制品，实现了“海产功能肽发掘应用基础研究、高品质功能肽原料制备、终端产品创新研制和市场销售”完整自主产业链搭建和良性运转，取得显著的经济效益和社会效益，对提升我国海洋生物健康产业的竞争力，加快建设海洋强国和保障国民健康做出了新的贡献。

中国科学院深圳先进技术研究院在海洋多糖创伤修复材料，海洋无机骨修复材料和海洋仿生材料等方面具有雄厚的研究积累，形成了可注射骨水泥、止血抗菌创面敷料、3D 打印组织支架等新材料。研究团队将研究成果进行产业转化，稳健医疗建立了针对创面修复敷料转化的企业联合实验室，建立了华南生物医用材料与植入器械创新示范基地项目，孵化了深圳市中科海世御生物科技有限公司、深圳市海优康生物科技有限公司、深圳市中科摩方科技有限公司和华南生物医用材料有限公司。

广东海洋大学食品科学与工程学科团队，充分利用所依托的国家贝类加工技术研发分中心（湛江）、广东省水产品加工与安全重点实验室、广东省海洋食品工程技术研究中心、广东省海洋生物制品工程实验室以及广东省海洋生物活性物质国际暨港澳台合作创新平台等 7 个省部级科研平台以及正在培育建设的海洋生物制品国家地方联合工程研究中心。以研发海洋药物、海洋功能食品、海洋生物制品关键技术及创制新产品为核心，在海洋生物活性肽、功能脂质和功能多糖等海洋生物与医药关键领域开展了系列研究，突破了活性小肽、海洋肝素类粘多糖、岩藻聚糖等绿色制备技术，系统评价了抗肿瘤、抗血栓以及抗衰老等功能活性，形成了一批原创性科技成果，获得海洋科学技术奖一等奖 1 项、二等奖两项，以及中国商业联合会科技进步奖一等奖两项，关键技术在同德药业、汉马（江苏）生物科技等多家企业进行了推广应用，取得了显著的社会效益和经济效益。

新进的首个广东省新型研发机构——广东湛江海洋医药研究院，研制出了治疗器官纤维化的麒麟菜多肽 EZY-1 成药单体、防治肺纤维化的麒麟菜多肽口服液、海藻系列日化用品、海水稻系列功能食品、用于骨损伤修复的海洋多孔骨组织修复材料等产品，产业化前景广阔。湛江市鲎试剂生产企业在全国市场中占据 80%以上的份额。

广州立白企业集团有限公司开发了立白御品海洋系列的洗涤剂，包括立白御品海洋洗衣液、洗衣凝珠、洗衣粉等产品，在市场上获得了良好的反馈。以上产品 2022 年一年的销售额就超过 2 亿元。其中，研究成果“海洋低温新型酶制剂在洗涤剂中的研究与应用”获得了 2021 年广东省科学技术奖二等奖荣誉。

深圳华大海洋科技有限公司联合研发出“清风健胶囊”、海马酒等小试产品。广州蓝钥匙海洋生物工程有限公司，围绕海洋功能（保健）食品以及海洋机能食品、海洋药物，开发了 3 个系列共 9 种海洋保健品。深圳海王药业有限公司，从牡蛎精粉提取物中研制、开发海王金樽片和海王金樽牡蛎大豆肽肉碱口服液，用于解酒与护肝。广东昂泰连锁企业集团有限公司，率先以鳗鱼为突破口，后又将研究领域扩展到甲鱼、鳄鱼和珍珠，从“三鱼一珠”体内提取出具有双向调节身体机能和均衡营养作用的有效活性物质，制成的昂泰系列产品具有调节血脂、改善记忆、防止痴呆、免疫调节、抗疲劳、预防肿瘤、调节内分泌、护肤美容等保健作用。广东兴亿海洋生物工程股份有限公司与中国科学院南海海洋研究所、水产科学院南海水产研究所等科研院所合作，在海洋动物蛋白肽利用方面逐年加大研发投入，研究成果“热带海洋软体动物功能蛋白肽的关键利用技术极其产业化”获得2012年省科学技术奖一等奖荣誉，开发了金枪鱼肽等为原料的“兴亿海洋”“兴亿高”“别通风”“立解通”“聚馥食材”等10多个品牌系列产品。佛山市安安美容保健品有限公司，率先制备并应用海洋贝类活性肽开发自主知识产权化妆品，开发“源海”“安安金纯”系列海洋生物化妆品。

据《广东省海洋经济发展报告2023》，自2010年以来，广东省海洋生物产业发展快速，产业集聚度不断提升，如海洋生物技术研发、海洋生物医药制备等高结构层次、高附加值的产业主要集中于广州、深圳等珠三角地区，而海洋渔业、海洋水产品加工等传统产业则聚集于粤东和粤西地区。初步形成了以广州、深圳、湛江、珠海等地为重点产业集群、沿海城市全覆盖的发展格局。海洋生物产业链条齐全，具有完善的渔业捕捞、种苗繁育、健康养殖、海洋生物新种质资源挖掘等产业的上游产业链，有成熟的海产品精深加工和海洋生物活性物提取技术的中游产业链，以及拥有海洋医用食品、海洋功能性食品、化妆品与精细化工产品、生物材料等的下游产业链。市场活力持续增强，全省新注册从事海洋生物技术研发、生产或服务的企业有356家。技术研发水平进一步提升，全省累计有290家海洋生物医药企业申请了专利，中国（珠海）海洋功能性食品创新研发中心等平台建设取得重大进展。

4. 海洋水产加工及副产物高值化利用水平不断提高

海洋水产加工产业发展较好，行业积极开发新产品，推广应用新技术，通过组织来料加工，引进技术和设备，进行技术改造，提高了整个行业的技术水平，带动了加工技术的进步。据《2023中国渔业统计年鉴》显示，2023年广东省海水加工品总量位列全国第五位，表明全省企业在管理、技术装备和产品开发的水平不断提高，进一步改善了生产条件，提高水产品加工水平和效率。在产业发展过程中，培育出了国联水产、恒兴水产等大批具有行业影响力的知名企业，其中广东恒兴集团更被评为2018年世界百强水产企业。在海洋水产品精深加工中，广东润科生物工程股份有限公司开发了系列海洋微藻不饱和脂肪酸营养强化剂产品，2022年的产值超过2亿元，产品应用于国内多家食品企业，并出口欧美等国际市场。在副产物高值化利用方面，广东海洋大学钟赛意教授团队针对水产加工副产物资源利用率低，缺乏多层次综合开发以及产品附加值低等瓶颈问题，构建了水产加工副产物营养功能化高质食品开发、活性功能因子绿色制备以及残余物生物发酵制备营养功能性饲料添加剂等多层次、多途径高效全利用模式。研发了鱼皮、鱼骨、鱼鳞等系列高质食品，制备获得了高品质胶原蛋白、硫酸皮肤素、硫酸软骨素、肝素类粘多糖和壳寡糖等营养功能因子，以及具有抗菌及免疫增强的多糖、多肽功能饲料添加剂。成果在广东省湛江、茂名、肇庆等多家企业进行了推广应用，产生了显著的社会经济效益，成果获得2022年度全国商业科技进步奖一等奖。

六、广东省海洋生物科技创新和产业发展新突破

近年来，广东省在海洋生物领域的科技创新取得了丰硕的成果。“南海近岸鱼类的进化基因组学及其环境适应机制研究”荣获2023年度广东省自然科学技术奖一等奖。2022年，广东省在海洋渔业、海洋生物及微生物产业、海洋药物和水产品加工等海洋生物领域的专利公开数超过2200项，在整个海洋领域占有非常重要的地位（图3-4）。“海洋经济贝类保活流通与高值化加工关键技术及应用”获得2022年度海洋科学技术奖一等奖；“海洋ω-3不饱和脂肪酸预防和改善抑郁和痴呆症的作用机制及产品研发”“斑节对虾‘南海2号’新品种培育及推广应用”“金钱鱼繁殖生物学及高效养殖技术研究与应用”获得2022年度海洋科学技术奖二等奖；“海洋低温新型酶制剂在洗涤剂中的研究与应用”“南海大型海藻多糖规模化提取和自组装关键技术及产业化应用”获得2021年度广东省科学技

术奖（科技进步奖）。

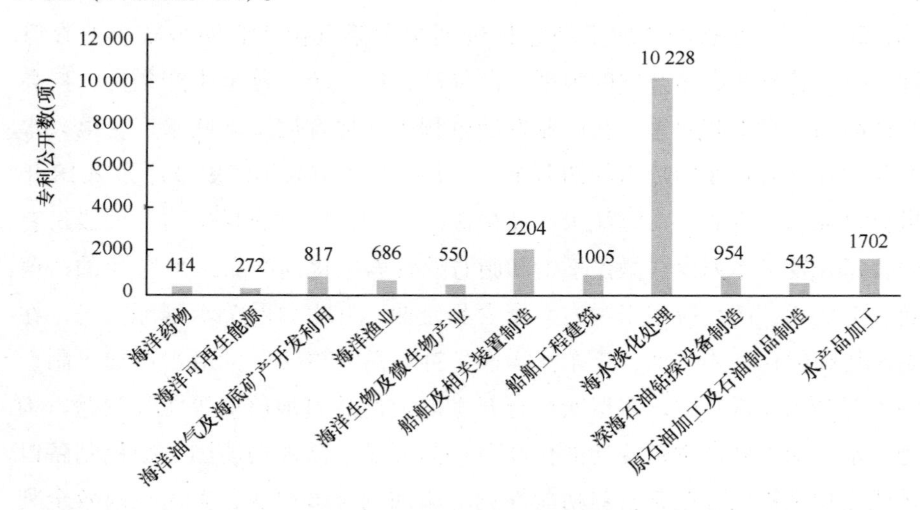

图 3-4　2022 年广东省主要海洋领域专利公开数

在海洋生物重点领域科研成果显著，自主培育的凡纳滨对虾“海茂1号”“海兴农3号”水产新品种打破国外种源垄断，达国际先进水平。高体鰤人工育苗技术取得重大突破，解决了长期以来高体鰤养殖依赖野生苗的问题。发表全球首个南方蓝鳍金枪鱼基因组图谱，为金枪鱼的遗传研究、种质资源保护等奠定了坚实的大数据基础；在海马降血压肽多组学研究、深海链霉菌来源的高效底盘细胞构建等方面取得新进展。

在广东省海洋经济发展专项资金中海洋生物专题的资助下，中国科学院南海海洋研究所广东省海洋药物重点实验室在海洋微生物创新药物的基础研究领域取得了重要突破。2011 年，广东省海洋药物重点实验室从3500 多米的深海底泥中发现了一株放线菌的发酵提取物对抗耻垢分枝杆菌具有较强的选择性抑制活性。在此后 6 年的时间里，团队利用基因技术构建生物工程菌株，优化发酵，制备活性次级代谢产物，获得了强效抗结核的怡莱霉素 E。目前，研究团队正在进行怡莱霉素 E 的临床前研究，通过基因工程改造、发酵工艺优化等综合策略，将活性分子产量由 139 mg/L 增加到 900 mg/L，解决化合物可持续供应的问题，同时进行进一步的机制探讨、药物制剂研发、安全性评测，推动了抗结核海洋药物怡莱霉素 E 进入临床试验阶段，为我国结核病的防控提供新机制海洋药物。广东省海洋药物重点实验室完成6个海洋微生物来源抗肿瘤海洋候选药物成药性评价，为开发具有我国独立自主知识产权的医药产品及其生产方法奠定基础。其中，阐明了海洋微生物来源粉蝶霉素类先导化合物的抗肾癌新机制，在化学基因学模式下同时发现活性天然产物和确认分子靶标，是海洋天然产物化学基因学研究的代表性工作。“海洋微生物抗肿瘤活性化合物 Fluostatin 的生物合成研究”入选“2022 年度中国海洋与湖沼十大科技进展”。

广东医科大学通过构建肺纤维化的动物模型，明确了多肽是麒麟菜抗肺纤维化作用的主要成分。而进一步通过体外细胞筛选及靶点垂钓技术，发现其中一个新的十六肽化合物具有干预博莱霉素诱导小鼠肺纤维化进程的功能，效价高于临床上使用的抑制肺纤维化进口药物吡非尼酮。为了推动该多肽从实验室向工业化、产业化的转变，项目组先后研发了多肽合成技术，基因重组技术，实现了 EZY-1 的克级以上中试化生产，解决了天然多肽获取难的关键共性技术问题，同时也获得了美国、日本及欧盟等 10 余个国家和地区的专利授权。现阶段，该项目以 500 万元的价格将专利转让给海南向未来食品有限公司。这也为深化校企合作，推动产学研融合，促进海洋健康产业和地方经济高质量发展贡献了关键的力量。广东医科大学利用红树林湿地的放线菌开发的微生物结香液制剂，能极大地提高白木香树的结香率。根据现行标准，白木香树所结香可归为沉香。沉香多年来在中医药中得到广泛运用，该团队的这一发现为沉香产业的发展增添了新思路。

南方海洋科学与工程广东省实验室（广州）的生物生态研究团队 2019—2023 年共牵头承担了 36 项国家级和省部级科技项目，获批经费约 1.5 亿元，包括 2 项国家重点研发计划项目（“南海珊瑚礁生态系统生物多样性保护原理研究”和“濒危旗舰水生动物适应机制及关键保护技术研究”）、16 项国家自然科学基金项目（1 项优青、4 项面上、11 项青年）。同时。实验室自主设立了人才团队引进“海洋生物与生态”重大专项（下设 9 个项目，共支持研究经费 1.9 亿元），有效地汇聚了中国科学院南海海洋研究所、中国科学院华南植物园、广东工业大学等 11 家海洋优势力量，联合开展了冷泉区生态环境和生物基因组学、粤港澳大湾区生态保护与修复关键技术、海岸带生态屏障建设的理论与技术体系等相关研究。实验室承担的广东省重点领域研发计划项目“南海微生物来源药物先导物的发现、优化和成药性评价”和“广东特色海洋生物制品共性关键技术研发及产业应用”分别于2024年4月和7月顺利完成验收。

为了有效支撑国家和地方战略任务的实施，南方海洋科学与工程广东省实验室（广州）申报并打造了一些高水平的平台条件，牵头启动了“冷泉生态系统研究装置”预研项目，成功推动该装置被列入国家“十四五”重大科技基础设施规划并获立项（29亿元），落户广州。申报并获批组建广东省发改委批复的“海洋生物资源高值化利用与装备开发广东省工程研究中心”，重点促进海洋生物资源在广东生态碳汇和食品医药领域的全产业链健康发展；与广东省生态环境厅共建了“广东省海洋生态环境遥感中心”，主要推动卫星遥感等新技术在广东海洋生态环境领域中的深度应用；与香港科技大学共建实验室香港分部，主要开展南海及大湾区生物资源挖掘与生态保护研究；建设海洋生物演化与保护生物学研究中心、滨海与深海生态环境研究中心等高质量海洋生物生态研究平台，重点探究海洋物种濒危过程及演化发育机制，开展全球变化下滨海与深海环境生态保护与修复研究。广州海洋实验室积极聚焦全球生物多样性保护和海洋命运共同体建设，产出了一批高质量研究成果，于多家国际期刊上发表SCI论文600余篇，申请中国发明专利90余项，其中“海洋生物资源发掘及其在传统发酵食品中的应用”获中国发明协会一等奖、“一株降解生物胺的明登乳杆菌及其应用”获第24届中国专利优秀奖。魏辅文院士等研究团队构建了生物多样性长期保护进展评估框架，首次定量评估了全球生物多样性保护的长期成效与空缺，率先提出建立22%海洋优先保护地可实现95%以上海洋生物多样性的有效保护策略，确定了海洋生物多样性优先保护地，相关研究成果可为全球生物多样性保护框架制定提供重要参考。

在产业链方面，湛江市海洋渔业近年来取得重大突破，优势彰显。全市共培育水产118个种类合计445个品种或品系，拥有水产种苗场480家，率先解决对虾种质资源长期依赖进口的“卡脖子”问题。2022年新增南美白对虾“海茂1号”“海兴农3号”两个新品种。深水网箱养殖产业领跑全省，从网箱制造、网具生产、饲料生产到网箱养殖、冷藏加工、出口流通等环节的深海养殖产业链条日趋完善，拥有深水网箱超3000个。大型海上“蓝色粮仓”初步形成。加快水产中央厨房产业高地建设，成立湛江市预制食品加工与品质控制工程技术研究中心、湛江市预制食品研究院、湛江市预制菜烹饪与营养工程技术研究中心等研发平台，荣获“中国水产预制菜之都”称号。新增“湛江蚝”“湛江沙虫”等地理标志品牌，举办2022中国（广东）国际水产博览会，进一步擦亮湛江海洋渔业品牌。首个机械化、智能化深远海养殖平台“海威1号”正式启用。

除了海洋渔业外，湛江在打造海洋生物医药产业高地具有得天独厚的优势。当下，湛江正充分发挥资源禀赋，积极向海问药，致力于研发具有自主知识产权和市场前景广阔的新药品种，在细分领域延伸产业链上下游布局，构建海洋生物营养功能因子信息库，打造突破型、引领型、平台型“三位一体”的生物医药与健康科技创新高地。

第三节　广东省海洋生物产业发展规划与前景

一、广东省海洋生物产业发展优势

1. 政策优势

海洋经济作为我国经济发展的重点之一，其持续不断的壮大能在一定程度上解决我国资源瓶颈问题、促进国内产业结构调整、推动技术创新，尤其是海洋生物产业对海洋经济的发展具有重要意义。国家发展和改革委员会与自然资源部联合出台的《全国海洋经济发展“十四五”规划》指出，海洋生物医药产业作为海洋新兴产业要极力培育壮大，重点支持具有自主知识产权、市场前景广阔的、健康安全的海洋创新药物，开发具有民族特色用法的现代海洋中药产品。广东省作为我国海洋经济重点发展省市，海洋经济总量名列前茅，为促进广东省海洋经济高质量发展，省政府在《广东省海洋经济发展“十四五”规划》中对加强海洋生物产业技术创新提出了相关的规划和布局，旨在以广州、深圳国家生物产业基地为核心，加快推进广州南沙国家科技兴海示范基地、深圳国际生物谷大鹏海洋生物园、坪山生物医药科技产业城建设。推动珠海国际健康港和粤澳合作中医药科技产业园、中山健康科技产业基地、佛山南海生物医药产业基地等建设。支持粤东、粤西地区海洋生物产业集聚发展。在系列政策的推动下，广东海洋生物产业将得到空前的发展，市场发展前景广阔。

广东省政府设立了“广东省级促进海洋经济高质量发展专项资金”，用于支持海洋生物产业在内的六大海洋新兴产业的发展。据相关数据显示，2018—2024 年专项资金对海洋生物产业共自治 73 个项目，资助经费达 2 亿元，对百余家海洋生物相关企业、高校及科研机构提供有力支持。从 18 个于 2018 年立项的海洋生物项目的结题验收情况来看，这些海洋生物项目取得了重要的成果，包括完成了两条灭活疫苗制品生产线的建设量，完成了 12 个重要海洋病原生物核酸的恒温荧光法检测试剂盒的标准备案，形成了海洋病原生物新型核酸检测技术、基于适配体的胶体金试纸条技术、12 种重要海洋病原生物新型核酸诊断产品、水生动物疫病恒温荧光检测仪等技术和产品，完成了新型海洋候选药物怡莱霉素 E 生产菌株的规模化发酵优化和质量控制及快速制备，初步建立了一套虾壳高值利用酶解加工工艺，完成发明专利 54 项，技术标准 14 套，新产品、新技术、新装备 42 项。显著提升了广东省海水鱼养殖的科学水平和水产品品质，提升了我国海洋微生物海洋药物研发水平，为我国海洋药物研发体系提供了技术支撑。

2. 科技优势

据《广东省海洋经济发展报告 2023》显示，广东省海洋生物产业技术研发成效显著。依托中国科学院南海海洋研究所、中山大学、广东海洋大学等科研机构与平台，在海洋生物领域取得长足的进展，尤其是海洋功能生物资源挖掘、海洋天然产物和海洋药物研发、海洋微生物新型酶和海洋蛋白肽的生物制品研发，以及海藻和鱼油等海洋水产品精深加工技术处于国内领先地位，部分技术接近或达到国际先进水平。启动南方海洋科学与工程广东省实验室建设，形成以企业为主体，产学研紧密结合的海洋科技创新体系，带动超过 40 亿元社会资本投入海洋科技创新领域，有52 项创新成果得到转化应用。在广东省人民政府的主导下，以广州为中心的珠三角产业区，具有众多高校和科研机构，如中山大学、中国科学院南海海洋研究所等知名机构，拥有较为扎实的科技基础和研究成果，并形成一套相对完整的相关科技人才培养体系。此外，以湛江为中心的粤西产业区，海洋生物产业的发展已经初具规模，如广东医科大学、广东海洋大学等机构为海洋生物产业提供技术支持。

3. 社会和产业优势

广东省整体资产规模、产业化和市场化等方面具有一定的优势，海洋生物产业正呈现出蓬勃的发展态势。与国内其他地区相比，广东省拥有相对健全的市场经济体制，经济发达，社会资本富裕。根据《中国区域创新能力评价报告 2023》显示，2023 年广东区域创新能力连续 7 年排名全国第一位。该成果与广东省积极推进海洋生物技术和产业化进程，聚集了一批优秀的海洋生物技术研究人才密不可分。随着广东省海洋产业化规模的壮大和创新能力的加强，海洋生物产业更是涌现出一批如华大海洋、深圳海王、广东恒兴等优秀企业，建设了一批集研发、中试、产业化为一体的海洋生物相关高新技术园区。此外，《广东省级促进海洋经济高质量发展专项资金（金融发展）管理办法》的实施，着实有效地提升了广东省海洋生物产业的自主创新能力和竞争力，并产生了良好的社会资本带动效应。譬如，海洋脂类与糖类转化酶的研制与产业化在项目实施期内预计累计销售额约 1000 万元，实现在 10 个企业示范推广；华南近海浮游动物智能鉴定识别系统的应用预期社会经济价值 4000 万元。

二、广东省海洋生物产业发展瓶颈分析

随着海洋生物产业规模的不断扩大，广东省从事海洋生物产业的队伍也在不断增加，但经过多年的发展，广东省海洋生物产业的发展仍以海洋渔业及其加工业为主，其余产业未展现出高附加值优势，虽然有一定规模，但产业发展仍处于孕育期，需要各级政府和企业加大引导性投入，加速跨越孕育期，实现高质量、高附加值快速发展。具体存在的问题如下。

1. 海洋生物产业结构和层次亟待提升

海洋生物产业总体上仍处于以渔业等传统产业为主的阶段，海洋生物医药等极具发展潜力的科技新兴产业虽然发展得很快，但总体规模较小、

发现的可供开发利用的生物品种较少，与庞大的海洋生物资源储量很不相称。此外，产业发展的集中度仍较低，虽然整体呈上升趋势，但是多以生产单一品种为主，企业规模小且产业结构雷同，产品研发能力薄弱，使广东省海洋生物产业产品出现差异化程度低、附加值低、技术含量低等问题。

2. 科技水平相对落后，自主创新能力不足，人才队伍结构有待继续加强

海洋科技力量主要集中在海洋水产和海洋环境方面，支撑海洋新兴产业发展的科研力量不足，尤其是海洋生物制品和海洋医药领域，从业人员数量较少。以海洋生物医药为例，目前我国海洋生物医药专业技术人员比例不足1%。海洋生物相关企业中高素质人才不足，阻碍各企业的技术研发与市场开拓，同时企业间的空间联系不足，限制技术上的合作与创新。此外，许多方面与国外相比还处于技术相对落后、附加值相对较低、开发利用程度低等阶段，企业作为技术创新的主体地位尚未形成，关键技术自给率低，目前技术投入的主体仍以政府为主。

3. 政府作用未充分发挥，专项政策不足

2023年，广东省海洋生产总值18 778. 1亿元，连续29年居全国首位，但海洋生物医药产业等高新技术产业产值却排名较后，可见广东省对该产业的发展支持力度有待提升。此外，广东省对海洋生物产业的政策重视程度亟待提高，针对海洋生物产业没有单独出台相应的战略性发展规划，促进产业发展的激励政策或措施只是隐含于海洋经济发展规划当中，这与海洋生物产业及创新主体对政策的诉求不相符合。另外，海洋生物产业属于知识密集型产业，产业所应遵循的相关规定、标准，大多都是二三十年前制定的，并且多数是基于陆源生物的，涉及海洋生物产业的专项政策甚少，在一定程度上制约了相关产业的发展。

4. 公共服务平台能力弱，产学研结合不完善，产业化遇到瓶颈

与产业化发展需求相比，现有的海洋生物科技研发平台功能仍然比较单一，缺乏海洋生物领域的国家实验室和国家重点实验室等重要平台。在海洋药物方向，虽然广东省已设立省海洋药物重点实验室，但其海洋药物研发偏重于基础研究和个别环节的研发，工程化、集成化程度低，公共服务能力薄弱。海洋生物医药行业的发展规模仍然很小，产学研结合不紧密，知识产权保护滞后。另外，中试环节投入不足，也严重制约了海洋高新技术成果的有效转化。由于海洋生物科技产业自身的属性及技术研发难，具有投入高、回报周期长的特点，大多数企业在海洋生物开发领域仍然持观望态度，在企业发展方面没有形成一定规模。同时，科研机构与企业间的联系不足，企业、行业间的最新动态和需求未能及时反映给相关科研机构，造成科研机构对市场需求掌握不足、研发针对性不强。完善有效的合作机制与平台的缺乏，导致行业间产学研结合不完善，降低了科技成果向生产力转化的效能。

5. 企业龙头效应弱，产业集群效应不显著

建立龙头企业发挥企业龙头效应，能加快形成产业集群，同时产业集群的发展也能促进企业龙头效应。广东省海洋生物产业体量较大，产值虽位于全国前列，但行业的龙头企业总体相对较少，未能与小型企业间产生有效互补，未能构筑完善的产业生态环境。此外，广东省内产业发展较为分散，导致在空间上难以形成企业的聚集效应，产业的空间联系少，更是阻碍了技术上的合作与创新，龙头企业难以发挥带头效应。

三、广东省海洋生物产业相关的“十四五”规划和布局

2021 年 9 月 30 日，广东省人民政府办公厅印发了《广东省海洋经济发展“十四五”规划》（粤府办〔2021〕33 号，简称《规划》）。《规划》提出，以打造海洋产业集群为抓手，构建具有国际竞争力的现代海洋产业体系，构筑广东产业体系新支柱。加速发展海上风电、海洋工程装备、海洋药物与生物制品、天然气水合物、海洋可再生能源、海洋新材料制造、海水综合利用七大海洋新兴产业，推动海洋油气化工、海洋船舶、海洋交通运输、现代海洋渔业四大传统优势海洋产业转型升级，优化拓展海洋旅游、蓝色金融、航运服务三大海洋服务业，激发海洋产业数字化新活力。

重点打造海上风电、海洋油气化工、海洋工程装备、海洋旅游以及现代海洋渔业5个千亿级以上海洋产业集群。

《规划》提出，要打造2~3个海洋生物医药等产业的海洋高端产业集聚示范区，重点示范海洋产业结构优化升级、产业链协同发展、涉海投融资体制机制创新等内容，形成一批世界一流的企业、国内领先的品牌和行业标准。

1. 加速发展海洋药物与生物制品业

发展具有自主知识产权的海洋生物技术，重点开展海洋生物基因、功能性食品、生物活性物质、疫苗和海洋创新药物技术攻关。鼓励开发海洋高端生物制品和海洋保健品、海洋食品，支持替代进口的海洋药物技术和产品。加快培育海洋生物医药龙头企业。完善生物医药产业研发、中试、检测检验、应用、生产及反馈链条，重点搭建海洋生物产业服务平台，推动海洋生物医药成果加快落地。鼓励开展海洋生物医药生产工艺技术研究，打造创业创新基地示范中心。具体规划如下。

①以广州、深圳国家生物产业基地为核心，加快广州南沙国家科技兴海示范基地、深圳国际生物谷大鹏海洋生物园、坪山生物医药科技产业城建设。推动珠海国际健康港和粤澳合作中医药科技产业园、中山健康科技产业基地、佛山南海生物医药产业基地等建设。支持粤东、粤西地区海洋生物产业集聚发展。

②建设海洋生物医药中试平台和海洋生物基因种质资源库，加快广州、深圳、湛江等地海洋生物医药研究技术管理平台和创新孵化器建设。

③重点开展基于生物技术和基因工程的抗肿瘤、抗新冠病毒、抗心血管疾病等海洋生物药物研发；海洋生物来源的多糖、肽类生物制品和功能性食品的深度开发和成果转化；海洋（微）生物来源创新药物研发关键技术突破和成药性评价；海洋生物来源油脂、生物毒素等功能分子的生物制品关键技术突破和产品研发；海洋生物高效疫苗研发及成果转化。

2. 打造现代海洋渔业产业集群

高质量建设“粤海粮仓”发展标准化养殖，建设智能渔场、海洋牧场，加快形成产值超千亿元海洋渔业产业集群。聚焦种业“卡脖子”关键问题，实施“粤种强芯”工程，实现建设水产种业强省目标。持续推进深水网箱养殖，以抗风浪网箱养殖为纽带形成深水网箱制造、安置、苗种繁育、大规格鱼种培育、成鱼养殖、饲料营养、设施配套等环节的产业链条，实现规模化、集约化、产业化经营。支持建设50个深水网箱养殖基地、20个海洋牧场和一批水产绿色健康养殖示范基地。重点建设饶平、徐闻等17个渔港经济区，完善渔港配套设施。规范有序地发展远洋渔业，统筹远洋捕捞作业区开发与海外综合性基地建设，加快深圳国家远洋渔业基地（国际金枪鱼交易中心）项目建设。培育若干渔业龙头企业和一批渔业产品知名品牌，大力发展海产品精深加工，延伸海洋渔业链条，提高海产品附加值。完善水产品冷链物流体系，提升专业水产品检验检疫水平。具体规划如下。

① 在粤西建设对虾、名优海水鱼类、珠母贝良种场及养殖基地；在粤东建设鲍鱼、石斑鱼类、鲷科类良种场及养殖基地。

② 建设一批深水网箱养殖示范基地，构建智能化渔业资源养护和新兴海基养殖平台。推广重力式深水网箱、桁架类大型网箱、船型类大型养殖装备三类深远海智能养殖模式，探索“深远海养殖+风电”“深远海养殖+休闲海钓”“深远海养殖+运输加工”三类产业融合发展新模式。引导建设湛江、阳江和江门等深海网箱产业集聚区。

③ 大力发展海产品精深加工，打造特色水产品精深加工集群。在湛江、茂名、阳江、江门、汕头、潮州等地建设一批高水平水产品精深加工园区。

④ 建设饶平、南澳岛、汕头海门、揭阳、汕尾（马宫）、珠江口、珠海、江门、阳东、海陵岛—阳西、茂名、湛江湾、遂溪—廉江、雷州和徐闻等17个渔港经济区。

⑤ 鼓励应用新型电商平台和销售模式，积极培育大型水产网络交易平台。建设一批设施先进、功能齐全、服务完善、管理规范、辐射力强的水产品批发市场。

⑥ 建设水产品质量检测中心，完善水产品溯源系统。

四、地方海洋生物产业最新规划和布局分析

随着《广东省海洋经济发展“十四五”规划》的发布，广州、深圳、珠海、湛江等地方和省内沿海城市也先后发布相关海洋生物产业的相关规划和布局。

1. 广州市海洋生物产业发展规划和分析

国务院印发《广州南沙深化面向世界的粤港澳全面合作总体方案》，赋予广州新的重大机遇、重大使命。2022 年 8 月，广州市人民政府办公厅印发了《广州市海洋经济发展“十四五”规划》，明确提出到 2025 年打造海洋创新发展之都、推动南沙建设南方海洋科技创新中心的发展目标，构建“一带双核多集群”的海洋经济发展空间布局。

在海洋生物产业领域，“十三五”期间，广州市拥有国家生物产业基地，产业发展基础好，增长潜力大。高标准举办了中国生物产业大会、官洲国际生物论坛，推动海洋生物领域的技术研发和产业化。分析广州市发展海洋经济面临的挑战，主要是广州海域面积狭小、岸线人工化程度高，可供开发利用岸线尤其是深水岸线资源短缺，亟待进一步向深远海拓展蓝色空间。另外，海洋产业链、供应链和创新链融合不够，科技创新成果转化不足，经略海洋的能力有待进一步提升。部分支柱产业缺乏龙头带动作用，新兴产业未形成规模优势，创新型海洋高新企业不多，转化效益不强。保障海洋经济高质量发展的体制机制也有待进一步完善。

“十四五”期间，广州市提出重点打造一批包括海洋生物在内的特色化海洋产业集群，支持中新广州知识城、广州科学城、南沙科学城、莲花湾片区积极培育发展海洋生物医药产业，引进一批海洋生物新型研发机构及企业，促进海洋生物产业集聚发展。重点提出创新发展海洋药物与生物制品业和促进现代海洋渔业集聚发展。

创新发展海洋药物与生物制品业。支持建设中山大学国际药谷、粤港澳大湾区精准医学产业基地等重大海洋生物产业平台，培育和引进一批海洋生物医药龙头企业。依托广州国家生物产业基地、珠海区海洋生物技术产业开发示范基地等载体，发挥海洋生物科研优势，加快海洋药物与生物

制品公共试验平台和产业孵化器建设，推动海洋药物和生物制品研发及产业化。重点发展海洋生物活性物质筛选、海洋生物基因工程等技术，支持海洋生物疫苗及源于海洋生物的抗菌、抗病毒、抗氧化等高效海洋生物创新药物研发，以及降血糖降血脂类、提高免疫力类、抗衰老类等高附加值海洋生物功能性食品研制、生产及产业化，形成一批具有自主知识产权的海洋药物及功能性生物制品“专精特新”企业。做优做强海洋药物与生物制品生产性服务业，搭建集研发、中试、检测验证、专利、标准和科技文献信息等功能于一体的公共技术服务平台，打造海洋生物医药产业创新基地。

促进现代海洋渔业集聚发展。建设南沙区渔业产业园、南沙渔业水产种业创新中心、南沙科技农业创新创业示范基地，推动渔业产业创新发展。推进番禺区名优现代渔业产业园建设，以莲花山中心渔港为基础打造渔港经济区。大力发展远洋渔业，推进远洋渔业海外基地和远洋渔港建设，完善远洋渔业生产、产品回运、远洋海产品储运加工销售配套服务和政策支持，吸引更多远洋渔业企业落户广州，完善远洋捕捞、水产品精深加工流通业务产业链。鼓励发展数字渔业，加强数字渔业装备研发，搭建数字渔业服务平台，促进海洋渔业转型升级。

2. 深圳市海洋生物产业发展规划和分析

2022 年 6 月，深圳市出台了《深圳市海洋经济发展“十四五”规划》，明确提出打造国内国际双循环战略支点，打造全国海洋经济高质量发展引领区、全球海洋科技创新高地，努力创建竞争力、创新力、影响力卓越的全球海洋中心城市和建设社会主义海洋强国的城市范例。

2023 年 5 月，深圳市规划和自然资源局发布《深圳市海洋发展规划（2023—2035 年）》提出了建设“全球海洋中心城市”深圳方案，到 2025 年，初步建成国际航运中心、海洋战略新兴产业高地；到2035 年，全面建成国际航运中心及高端服务中心、海洋战略新兴产业高地。推动陆域优势产业向海发展，全面提升海洋产业发展能级。加快发展海洋高端装备、海洋电子信息、海洋生物医药等战略新兴产业和未来产业。加快培育产业新技术、新模式和新业态，将深圳市建设成具有全球影响力的海洋新兴产业高地。

海洋生物医药产业是深圳三大海洋战略新兴产业之一，深圳市提出了2023—2035年海洋生物医药产业的发展策略。

2021年，深圳市海洋活性物质工程研究中心获批组建。构筑海洋生物医药资源获取—技术研发—制品产业化的全产业链条，聚焦海洋药物研发、海洋制品及保健食品开发，扶持培育具有国际竞争力的行业龙头企业。聚焦海洋生物资源的获取与海洋药物筛选环节，建立海洋生物基因种质、活性物质等国家级生物资源库，引进海洋天然产物、菌种库等外部数据库，搭建多类型、综合性蓝色生物基础资源数据平台。积极引进从事海洋药物发现、海洋化学药物和生物制品研发的国内外知名企业和人才团队，努力突破基因工程、生物酶、生物综合修复等海洋生物核心技术。强化疫苗及基于生物基因工程的创新药物技术攻关，着力开发海洋创新药物。鼓励海洋生物龙头企业和科研机构合作，共建海洋创新药物公共服务平台、技术管理平台、中试基地，发展智能超算、生物实测、药物靶点、动物疾病模型等交叉融合的药物筛选及评价技术，加快推动基础科研向科技成果转化和应用，缩短从海洋生物资源到海洋药物上市的研发周期。扩展海洋生物活性物质、精准营养补剂、海洋功能性食品等领域，带动海洋生物产业加速发展。

2023年5月，深圳市人民政府办公厅发布《关于推进现代渔业高质量发展的实施意见》，其中重点提出需要壮大远洋渔业，发展深远海养殖。实施意见提出鼓励利用基因组学、合成生物学等高新科技开展新品种（系）研发，高标准筹建深圳现代渔业（种业）创新园，支持建设中的印度尼西亚热带海洋生物资源开发与利用研究中心和全球热带海洋生物种质资源库。实施“耕海牧渔”工程，拓展外海养殖空间，发展深远海智能化养殖，开展海洋牧场、人工鱼礁和深水网箱养殖等渔业资源综合开发，高水平建设“深蓝粮仓”。充分利用东海、南海和公海适宜海域开展优势鱼种规模化养殖。支持深汕特别合作区深远海网箱基地建设，加快智能装备及养殖技术应用。引育（海洋）水产品精深加工龙头企业、“专精特新”“小巨人”企业，引导精深加工企业与高等院校、科研院所加强合作，开展以水产品为核心的（海洋）生物制药、生物化工、功能食品、休闲食品、预制菜等产品的技术攻关、产品研发与应用推广，提高水产品高值化利用及副产物综合利用水平。鼓励精深加工企业依托深圳国际生物谷大鹏新区海洋生物产业园、盐田生物与生命健康产业基地、坪山生命健康产业园、深汕科技生态园等产业园区集聚发展，培育壮大渔业大健康产业集群，增强渔业中高端产品供给能力。

3. 湛江市海洋生物产业发展规划和分析

2021 年，湛江市人民政府印发了《湛江市国民经济和社会发展第十四个五年规划和 2035 年远景目标纲要》（简称《纲要》），《纲要》提出，加快建设全国海洋经济强市、国家海洋经济发展示范区，加快海洋生物资源深加工及现代生物技术研究开发。

①培育发展海洋生物医药产业。重点开发抗肿瘤、抗病毒、防治心血管疾病等海洋创新药物和保健品，打造生物医药研发生产基地。加快建设湛江国家海洋高新技术产业基地，大力推动海洋生物品种的培育、扩繁与产业化。围绕海洋生物医药产业集群需求，建设一批新型基础设施和重大创新平台，提升产业技术创新能力。充分利用国内外高端海洋生物医药创新资源，推动海洋生物医药与健康领域科技项目、成果在湛江先行先试和落地转化。

②加快发展现代渔业。把海洋牧场作为现代渔业发展的核心，推动传统渔业向现代渔业转型、近海滩涂养殖向深海网箱养殖转变。加快建设国家级海洋牧场人工鱼礁示范区和湛江硇洲、遂溪江洪国家级海洋牧场示范区，推进建设遂溪盐灶、吴川博茂、徐闻外罗海洋牧场项目，规划建设通明湾等现代渔业产业园、深水网箱产业园，打造深海网箱养殖优势产业带。到 2025 年，海洋渔业总产值达到 300 亿元左右，水产品总产量达到 160 万吨左右。《湛江市制造业高质量发展“十四五”规划》提出，加快培育绿色能源、先进装备制造、海洋生物医药、新一代电子信息四大战略性新兴产业，加快推进农海产品加工等四大传统优势产业转型升级。形成农海产品加工五百亿级产业集群，建成海洋生物医药超百亿级产业。

2023 年 4 月 10 日，习近平总书记在广东省考察，首站来到位于湛江市东海岛的国家 863 计划项目海水养殖种子工程南方基地，听取了广东省海洋渔业发展情况介绍。习近平总书记指出，中国是一个有着14亿多人口的大国，解决好吃饭问题、保障粮食安全，要树立大食物观，既向陆地要食物，也向海洋要食物，耕海牧渔，建设海上牧场、“蓝色粮仓”。种业是现代农业、渔业发展的基础，要把这项工作做精做好。要大力发展深海养殖装备和智慧渔业，推动海洋渔业向信息化、智能化、现代化转型升级。

2023年，广东省政府工作报告明确提出，“做大做强海洋经济，加快建设海洋强省”“大力发展海洋牧场和深远海养殖”。近年来，湛江市在海洋牧场装备领域异军突起，吹响海洋经济高质量发展号角，大力推动智慧渔业发展，建设完善深远海养殖技术和装备产业全产业链，推动形成千亿级产业集群，奋力打造海洋牧场先行示范市。2023年8月，为深入贯彻习近平总书记视察广东重要讲话、重要指示精神，聚焦总书记提出的深耕海上牧场、建设“蓝色粮仓”的部署，湛江市从水产种业、海洋装备、智慧渔业、耕海牧渔、要素保障等多方面共提出15项具体支持措施，主要内容包括：支持水产种业提优做强、支持深远海装备提档升级、支持传统产业转型升级、支持精深加工、智慧渔业提质赋能、支持产业融合发展提速进位、支持市场主体提质增效（如打造一批如“湛江金鲳”“湛江对虾”等海产品知名区域公用品牌）、支持海洋牧场要素保障提标扩面等。

4. 其他地市海洋生物产业发展规划和分析

珠海市人民政府于2021年印发的《珠海市国民经济和社会发展第十四个五年规划和二〇三五年远景目标纲要》中提出，设立中国（珠海）功能性食品创新研发中心，加快建设海洋生物医药产业集聚示范区。《珠海市海洋经济发展“十四五”规划》提出，以高质量发展为导向，突破发展海洋生物等四大海洋新兴产业，打造具有国际影响力的现代海洋产业集群。

①培育壮大海洋生物医药。围绕海洋药物、海洋生物制品和海洋功能食品等领域，加大研发投入力度，加强海洋生物技术研究、技术储备和海洋药物的研发中心和药理检测平台建设，联合广东相关高校、科研院所以及生物医药龙头企业协同攻关，建设海洋生物和药物的研发中心以及产业化公共服务平台。进一步建设海洋生物资源库，包括海洋生物基因资源、海洋生物种质资源和海洋生物化合物，推动“一带一路”海洋生物资源合

作平台建设。

②大力发展生态高效现代渔业。大力发展深蓝渔业，支持深水抗风浪网箱养殖和工厂化循环水养殖，推进深水网箱产业化基地和园区建设，扶持发展远洋渔业，支持企业建设国内远洋渔业基地，回运远洋自捕海产品。大力发展水产品精深加工和综合利用，建立智能化水产品冷链物流体系，培育大型水产网络交易平台。依托洪湾中心渔港，逐步完善渔港产业布局，打造集现代渔业生产、海洋旅游和海洋生物科技等为特色的现代渔港经济区。

汕头市人民政府于2021年发布的《汕头市国民经济和社会发展第十四个五年规划和二〇三五年远景目标纲要》，也将包括海洋生物医药在内的生物医药产业作为汕头四大战略新兴产业之一。在“积极拓展蓝色发展空间，建设现代海洋强市”章节，重点提出构建现代海洋产业体系。依托汕头大学生物技术研究所等创新平台，吸引国家级海洋研究院所和科技机构集聚，重点发展海洋生物医药、海洋精细化工等产业。

江门市位于广东省海洋经济综合试验区的核心区域，海洋生物资源丰富。江门市人民政府于2022年印发的《江门市战略性新兴产业“十四五”规划（征求意见稿）》指出，发展海洋生物医药产业是该市未来战略性新兴产业的战略选择。预期至2035年，江门市海洋生物医药产业产值超过200亿元，成为大湾区海洋生物医药的重要核心区域之一。

东莞市海洋科技水平稳步提升。东莞市新一代人工智能产业技术研究院正式落户。松山湖生物医药产业基地已落地生物医药重大产业项目22个，组建松山湖现代生物医药产业技术研究院和松山湖生物医药产业技术联盟，挂牌成立林润智谷等5家基地产业园。“一种高功率密度海岛互动式UPS及其综合控制方法”专利荣获中国专利优秀奖。

第四节　广东省海洋生物产业发展建议

一、重大突发事件对海洋生物产业发展的影响和建议

2023年8月24日，日本强行启动了核污水排海计划，正式开始将福

岛第一核电站的核污水排放至太平洋，遭到国际社会和组织的质疑与一致反对。根据该计划，核污水排海时间将至少持续 30 年，2023 年度把约 3.12 万吨核污水分 4 次排放，每次约排放 7800 吨，完成首次排放需要 17 天左右的时间。核污水排海带来的危害将是不可逆的，将对海洋生物造成放射性污染，严重损害海洋生态系统及海洋生物多样性，对沿太平洋各国甚至全球的渔业和海洋生物产业的发展具有重要影响。核污水中含有放射性核素，通过食物链进入人体并富集，将造成人类后代畸形、细胞癌变等问题，对人类健康和可持续发展的威胁将持续几百年甚至上万年之久，对世界各国人民的健康福祉将会造成不可预测的破坏和危害。

优良的海洋生态环境是海产品贸易和渔业可持续的自然资源基础。太平洋海水遭受日本核污水污染，将对东盟及太平洋沿岸国家的水产养殖产业及贸易活动造成难以估量的损失。印度尼西亚、越南、菲律宾等国受到波及的概率较大。印度尼西亚是全球市场养殖对虾的最大供应国之一，在金枪鱼和罗非鱼出口方面也占据重要地位，东盟的主要水产品贸易对象都分布在亚洲，包括中国、日本、韩国等。为了防范日本核污水对食品安全造成的放射性污染风险，包括中国、韩国在内的多国已经采取措施，禁止进口原产地为日本的水产品。

我国是受日本核污水危害的首要国家之一，我国海洋渔业和海洋生物产业的发展受到重要影响和危害。中国海洋渔业分为近海渔业与远洋渔业，核污水的排放将对两者造成一定影响。中国近海捕捞水产品主要来自渤海、黄海、东海与南海四大海域，地理位置均处于日本核污水排放海域上游，短期内受影响程度较小。但部分近海捕捞水产品在短期内可能会受到影响，如大麻哈鱼每年 9 月将经日本海进入图们江产卵繁殖；远东拟沙丁鱼、鲐鱼、太平洋褶柔鱼及竹荚鱼系的洄游路线可能到达日本海。环太平洋是中国远洋渔船前往的主要渔场，中国远洋渔获总量的 2/3 来自环太平洋。其中，西北太平洋公海海域是中国远洋渔业的重要捕捞海域之一，而西北太平洋海域也是核污水排放后首先受到污染扩散的海域。中国巴特柔鱼与秋刀鱼的主要作业渔场均在此处，核污水排放后，将对这两类水产品产生冲击。

随着中国近海渔业的过度开发，近海渔业资源呈衰退趋势，中国渔业企业逐渐由近海捕捞转为远洋捕捞，远洋渔业的规模和产量持续扩张。2020—2023年，中国远洋渔业的捕捞总量每年维持在230万吨左右，远洋渔船数量持续增长，并且中国政府出台远洋渔业油价补贴政策鼓励远洋渔业的发展，远洋渔业在中国海洋渔业中的占比也持续上升。在此趋势下，核污水排放对公海的污染将严重威胁到中国海洋渔业的发展。

因此，基于日本核污水排海对我国及广东省等沿海省份的海洋渔业和海洋生物产业发展的重要影响，我国应及时采取一定的措施和政策，最大限度地防止日本核污水排海给我国造成的损害。应组建国家应对福岛核污水排海风险监测预警机构，持续开展相关海域的放射性监测和研究，建立核污水排海影响综合预测和评估模型，从而为及时有效地采取应对措施提供支撑。同时，还要加强与其他环太平洋国家合作，共同实施对日本核污水排海计划的水域监测工作，实现数据信息的共享，为更好地应对核污染风险创造条件。此外，国家海关和检验检疫等机构应加大监管力度，对进口的海产品、来自污染区的船舶和人员等进行放射性污染水平的监测和监管。对我国渔业企业，特别是远洋捕捞的企业给予技术和资金的支持，特别是在海域和海产品的放射性监测上。

二、促进广东省海洋生物产业集群发展措施建议

1. 制定专项政策，促进海洋生物产业集群建设

广东省内由于区域发展不平衡、海洋资源配置不合理，造成了海洋经济的地区差异较大。现今在珠三角地区，以广州、深圳等海洋经济较强的城市为建设重点，已逐渐形成了一批海洋生物的优势企业。政府应依托其区域优势，以市场需求驱动改革，加快以增加产品种类、提升产品质量的创新，提升海洋生物的产业结构。同时，促进珠三角地区产业园区的建设，鼓励技术创新，形成新的创新驱动力。此外，政府应制定帮扶政策，加大对海洋生物，特别是海洋生物医药产业的投入，同时加强针对海洋战略性新兴产业的先期预研投资、创业投资、担保基金、风险资本市场等资金扶持，大力扶持粤东、粤西两地海洋生物产业的发展，引导和支持当地产业集群建设。比如，可以借鉴学习福建省的一些举措。福建省工业和信

息化厅会同福建省海洋与渔业局出台了《福建省推进海洋药物与生物制品产业发展工作方案（2021—2023 年）》，以“推进海洋药物与生物制品产业发展”主题，从总体思路、重点任务、保障措施等方面就推进福建省海洋药物与生物制品产业发展提出工作思路和工作举措，旨在深入实施创新驱动发展战略，突破关键核心技术，培育引进龙头企业，壮大产业规模，培育形成富有竞争力的海洋药物与生物制品产业体系。

2. 重视科技人才培养与创新团队建设

人才是实现技术创新的基础，是提升技术水平的决定性力量。海洋生物产业属于高新技术产业，在产业集群建设中应重视人才的作用。政府应加强高校基础教育人才的培养，重点培育产业发展所需的科技人才。我国虽然已经有大量的院校设置海洋生物或海洋生物医药学科进行人才培养，但与发达国家相比，我国海洋教育方式较单一且教育理念相对落后，对海洋意识的培育较晚。同时，应建立和完善高等人才队伍的引进和本地培育政策，科学配置、合理使用人才，特别是在关键技术重大突破、重点项目的自主研发和高端成果的应用转化方面的高层次人才，造就一批有影响力、年龄和知识结构合理的海洋生物资源产业科技创新队伍，鼓励建立“大团队、大协作、大平台、大项目、大成果”的产业科技攻关高效运行模式。瞄准海洋创新药物及海洋生物新材料、海洋功能食品、海洋生物制品等重点方向和科学研究薄弱环节，积极对接机构和企业研发需求，用足“人才自由港”等移民便利政策，制定人才引进的规划，积极打造引进海洋生物产业发展急需的创新型人才、应用型人才及相关人才平台，补短板、强弱项。另外，构建留住人才机制，合理利用人才，通过薪资福利、社会保障和服务体系，创造更好的工作环境和生活环境，将更多的人才留在海洋生物医药产业，营造“引得进、留得住、用得活”的海洋生物产业发展人才环境。

创新海洋高端人才引进机制，打造全球海洋生物人才高地。比如，深圳正在摸索海洋领域薪酬市场化评价，落实境外高端人才和紧缺人才个人所得税优惠政策，建设海洋领域院士及高端人才工作站和“人才驿站”。2021 年 12 月，《广州南沙新区支持科技创新的十条措施》（简称《科创十条》），聚焦人才生态、原始创新、技术攻关等5个方面提出10条措施，对高端人才及团队在南沙创新创业给予更大力度的支持。随着粤港澳大湾区和南方海洋科学与工程广东省实验室（广州）的深入建设与运作，广东省海洋生物科技力量和人才会注入大量的新鲜活力，海洋生物产业创新队伍必将不断壮大。山东省青岛市和浙江省舟山市都出台了海洋相关的人才政策，但广东省却没有，建议广东省深圳市或广州市、南沙市可以从大湾区的角度率先建设一个海洋人才的特区，把包括海洋生物产业在内的海洋人才的政策和制度创新做集成创新，率先建立人才高地，有利于大湾区海洋人才的整体利用。

3. 打通“产学研用”全过程创新生态链

海洋生物产业园区的建设和高效运行为产业集群的发展提供了载体，能有效地促进海洋生物技术产业化与集聚式发展。政府应设立正式文件，大力推进海洋生物产业园区的建设，给予园区内企业及科研机构一定的税收优惠，鼓励海洋生物相关产业的企业以及科研单位向产业园区聚集，同时利于与高校交流联系，打造产学研合作平台，提升产学研结合能力，积极推进深圳市大鹏海洋生物产业园等一批海洋生物产业园区做大做强和高效运行。珠三角地区作为核心区域，是广东省经济最发达的地区，应抓住机遇大力发展海洋生物等相关高新技术产业，建设高新产业园聚集区。同时，粤东和粤西地区也应积极打造海洋高新技术产业集群，推进海洋经济建设，并加强与珠三角地区相关产业园区对接，促进广东省具有地域特色的蓝色生物产业的建设。

积极扶持和推动湛江形成加工、贸易、养殖一体化的海洋渔业示范区，形成了一批新生产线、新产品和新示范工程，积极发展现代海洋产业体系，以海洋生物育种、海水健康养殖、海产品精深加工为主导的海洋生物产业集群不断发展壮大。以三灶生物医药科技园、粤澳中医药产业园和现有生物医药产业为依托，重点鼓励珠海海洋生物制药和海洋生物食品产业发展，建设海洋药物的研发中心和药理检测平台，开发一批具有自主知识产权的海洋生物医药、化妆品、保健品和食品，培育一批具有竞争力的生物医药和生物食品企业，促进海洋生物制药产业的集聚。以市场为导向建立联合实验室，促进成果转化；整合建设面向全产业链的产业技术开发平台，促进创新链和产业链融合。

完善海洋生物科技成果转化与产业联动机制，进一步打造和完善“基础研究+技术攻关+成果转化+科技金融+人才支撑”的“产学研用”全过程海洋生物创新生态链。加强全球海洋生物创新信息资源供给，收集重点研发计划、重大项目的研究成果，组织开展成果转化评价与服务。加大涉海科研机构经费投入，鼓励全国高校、科研单位及企业研发部门参与产业化经营，为各个环节提供科技服务。探索“高校+科研机构+企业”多元主体协同创新机制。搭建对接高校的企业技术需求平台，推动高校、科研机构与企业多方对接。探索海洋生物科研成果开放共享机制，通过设立共享设备专用基金、建设联合实验室、增强实验室开放性等方式，促进科研资源流动、共享和广泛应用。鼓励高校、科研机构与涉海企业联合创建特色产业实验室、科技成果转化应用中心等机构。

4. 培育世界级海洋科技领军企业集群，推动海洋“专精特新”企业跃级倍增

领军企业竞争力强，拥有较大的市场份额，并且空间发展能力强，具备带动产业的集群发展能力。同时，领军企业拥有较好的科研基础，发展资金充足，其自身影响力的发挥能够带动区域内中小型企业的发展。因此，政府在海洋生物产业集群建设中，应重视领军企业的培养，加强财政支持政策，建立完备的人才引进机制和营造良好的投资环境，为龙头企业的发展提供载体。

培育世界级海洋科技领军企业集群。鼓励由海洋领域龙头企业牵头，构筑“科技型创业企业—高新技术企业—标志性领军企业”的金字塔型企业创新结构。提升企业自主创新能力，推动海洋科技设施向企业开放，支持企业加速技术迭代升级。鼓励企业自主建设各类海洋科创平台、涉海工程中心、海洋工程实验室、海洋产业园和公共服务平台等创新平台，促进产学研深度融合。

推动海洋“专精特新”企业跃级倍增，聚焦的是“海洋成长型企业”。海洋成长型企业常常面临创造新供给、提升投入产出比等问题，为此，针对发展壮大的海洋成长型企业，应从鼓励研发投入、支持数字赋能、指导融资上市等角度给予支持。2023 年 12 月，青岛市印发《关于实施“海洋之星”企业倍增计划的 18 条政策措施》，围绕青岛市支持发展的现代渔业、海洋装备业、海洋药物和生物制品业、海洋新能源产业、海洋旅游业、航运金融业六大重点产业展开，主要通过实施三大倍增计划，推动海洋新星企业规模倍增、“专精特新”企业跃级倍增、链主企业体量倍增。

5. 多项措施并举，提升金融服务海洋生物产业的能力

海洋生物产业的发展和壮大，离不开专业化的综合金融机构提供专业化的金融服务，广东省乃至全国还没有建立诸如海洋合作开发银行这样的综合性金融机构，只有个别银行在初步尝试，因此无法做到充分整合各种资源和渠道，以及建立投资、融资、保险等业务平台，很难有开展适应海洋生物产业发展的综合金融服务提供商的出现。要推动海洋金融服务机构出现并发挥重要作用，政府的政策和制度支持是前提。政府需要加强政策和制度建设，通过政策指引和多种货币政策工具，为金融机构提供资金保障，鼓励金融机构优化信贷结构，引导金融资源向海洋生物产业和海洋经济聚集。建议可以从财政上安排一定的专项资金，设立由政府主导、社会资本参与的混合所有制形式的海洋生物产业发展基金，对海洋生物产业给予支持。可以更进一步建立产权综合交易平台、海洋科技金融联盟等。

6. 加强粤港澳合作，推进海洋生物产业的高质量发展

作为“一国两制三个关税区”下的“大特区”“试验区”，粤港澳大湾区在加快建设海洋强国进程中开展海洋区域合作，肩负着我国打造“海洋命运共同体”、为世界贡献“湾区经验”的使命。要充分发挥港澳海洋科技优势，依托广州创新合作区、前海深港现代服务业合作区、深港科技创新合作区深圳园区、横琴粤澳深度合作区等，集聚高水平创新资源，深化粤港澳海洋领域科技创新合作。香港在海洋生物、生命科学等基础科学理论研究和高端人才方面有优势，澳门在生物医药和保健品的资质申报等方面有制度优势，要充分联合港澳高等院校、科研机构、工程中心等，共建海洋科技创新平台，推动港澳地区国家重点实验室在粤设立分支机构；

要与港澳合作开展海洋生物、生物医药、深海生物资源勘探开发等领域关键核心技术攻关，建设海洋生物产业科技成果中试熟化基地和粤港澳大湾区中试转化集聚区；要充分发挥港澳海洋科技和产业优势，建设一批粤港澳联合实验室，构建高水平多层次海洋实验室体系；要建设粤港澳青年创新创业示范基地，推动湾区内涉海人才流动资质互认。

7. 大力发展广东省南极磷虾产业

发展南极磷虾产业符合国家产业发展方向。一是南极磷虾作为重要的资源已被列入国家海洋强国建设政策；二是南极磷虾船舶装备被列入了“中国制造 2025”重点领域路线图计划，成为高新技术海洋工程装备领域 14 项重点产品之一，也是远洋渔业领域两种支持的船舶装备之一；三是南极磷虾产业是我国的“第二远洋渔业”，南极磷虾的开发与利用对提升远洋渔业竞争力、丰富远洋渔业内涵、保障食品安全具有重要意义。

挪威南极磷虾产业迅猛发展得益于其精湛的捕捞和加工技术、先进且环保的捕捞船只，以及全产业链的发展模式。截至 2024 年，我国的南极作业渔船多为国外进口的大龄渔船升级改造而成，我国首艘专业级南极磷虾捕捞船“深蓝号”的建造说明我国在智能化磷虾捕捞加工船的方向上经过不断探索，取得了一定的进步，但与国际先进水平仍存在明显差距。一方面应鼓励龙头企业牵头建设南极磷虾产业创新联盟等平台，集聚国内外船舶制造、捕捞装备、水产品精深加工、海洋制药等企业和高校、科研院所，加强国际合作，促进协同创新；另一方面应重点突破南极磷虾船舶装备技术、精深加工及高值化利用新工艺和新技术，协同高端海洋生物制品与生物医药研发攻关，推广“产—学—研—用”合作模式，在做好磷虾企业品牌建设的同时，提升科研成果转化能力，缩短我国与先进国家在捕、存、开发等方面的差距。

广东省在船舶等海洋装备领域具有产业和技术优势，远洋渔业、高端海洋生物制品等领域技术储备在国内处于领先水平，具有大力发展南极磷虾产业的优势。

8. 建设广东省海洋生物产业化中试技术研发公共服务平台

海洋生物产业作为广东省重点发展的朝阳产业之一，技术成果的高效转化有利于产业的持续发展。在政府政策指导和支持下，研究机构和企业应共建海洋生物产业化 GMP 中试技术研发公共服务平台，重点打造海洋生物资源利用关键共性技术研发、中试工程化技术研发与技术服务、海洋生物科技成果转化技术研发等核心基地，以避免企业在技术成果的中试阶段，需要临时性地联合各工序企业，耗费大量的人力、费用和时间。山东省拥有 110 个国家级海洋科技创新平台，但是相对于其他的影响要素而言，我国某些关键集成技术研发尚待突破，自然要素的开发利用效率还有待提升。平台的建立可便于组织有成果转化需求的科研单位，产业链上各阶段的代工企业，以及具有完善销售网络的生物制品公司，联合打造一个高效的技术研发—中试工程技术攻关—产品销售为一体的科技成果转化技术研发（孵化）核心基地，形成海洋生物产业链协同创新发展模式。如自然资源部第三海洋研究所与厦门海洋职业技术学院联合共建的新型第三方技术服务机构“海洋生物产业化中试技术研发公共服务平台”，针对在科技成果转化过程中最为薄弱的中试技术研发环节，开展中试装备整合和人才队伍建设，有能力针对分离纯化、化学修饰、规模发酵、藻类培养、标准研发等技术内容开展工程化技术对外服务。平台自 2017 年 7 月正式运行以来，已取得较为明显的社会效益和经济效益。

9. 整合优势资源，提升产业区域辐射效应

海洋生物产业是一个复杂且开放的系统，“企业—研究院校”优势资源的整合与共享是产业发展的重要基础。企业应与研究院校建立密切合作机制，以企业引导院校研究方向，以院校培养企业技术人才，加快高端创新人才的流动。同时，企业需要加强自身产业人才的培养，建设一套完备的产业人才培养体系，鼓励研究院校和企业共建人才培育基地，并搭建数字化合作平台，以提供全面的信息共享与技术合作。企业需要在宏观上充分了解经济新常态下海洋生物产业集群发展的特征，依托其区域内优势，加快产品的种类和质量的创新，促进海洋生物产业的稳步发展。同时，广东省海洋生物产业集群在区域内要积极提升产业的规模效应，加快产业的扩容提质，促进产业链的延伸和产业孵化的聚集，提升产业区域辐射效应，构筑新的创新驱动力。

第四章　广东省海洋工程装备产业发展蓝皮书

第一节　海洋工程装备产业概况

建设海洋强国是实现中华民族伟大复兴的重大战略任务。要推动海洋科技实现高水平自立自强，加强原创性、引领性科技攻关，把装备制造牢牢抓在自己的手里，努力用我们自己的装备开发油气资源，提高能源自给率，保障国家能源安全。近年来，国家部委、广东省政府颁布了一系列相关政策，明确提出要提升高端海工装备产业集群竞争力，大力发展绿色海洋、海洋装备制造等海洋制造业。

国家能源局于2023年2月印发的《加快油气勘探开发与新能源融合发展行动方案（2023—2025年）》提出，统筹推进海上油气勘探开发与海上风电建设，形成海上风电与油气田区域电力系统互补供电模式，逐步实现产业融合发展。农业农村部、工业和信息化部、国家发展改革委、科技部、自然资源部、生态环境部、交通运输部、中国海警局于2023年6月联合印发的《关于加快推进深远海养殖发展的意见》指出，拓展深远海养殖空间，推进深远海养殖渔场建设，推动跨学科联合攻关，加强深远海养殖技术和设施装备研发创新，不断提高信息化、智能化、现代化水平。工业和信息化部、国家发展改革委、财政部、生态环境部、交通运输部于2023年12月印发的《船舶制造业绿色发展行动纲要（2024—2030年）》提出，到2025年，船舶制造业绿色发展体系初步构建，绿色船舶产品供应能力进一步提升，骨干企业减污降碳工作取得明显成效，碳足迹管理体系和绿色供应链管理体系初步建立。到2030年，船舶制造业绿色发展体系基本建成。绿色船舶产品形成完整谱系供应能力，骨干企业能源利用效率达到国际先进水平，形成一批具有国际先进水平的绿色示范企业，全面建成绿色供应链管理体系。

广东省人民政府办公厅于2023年12月印发的《广东省大力发展融资租赁支持制造业高质量发展指导意见的通知》提出，突出发展重点，强化产融结合。鼓励租赁企业与制造业“链主”及重点企业建立战略合作关系，支持汽车、储能、集成电路、生物医药、仪器设备和建筑工程、“海洋牧场”建设相关高端装备等产成品销售。广东省委农办、省农业农村厅于2023年9月印发的《关于加快海洋渔业转型升级 促进现代化海洋牧场高质量发展的若干措施》提出，推动全省海洋渔业转型升级，促进现代化海洋牧场高质量发展，重点针对加快推进现代化海洋牧场建设，推动海洋渔业转型升级过程中遇到的一系列“堵点”“难点”问题，提出17条政策措施，为之后一段时间全产业链全方位推进现代化海洋牧场建设提供了有力支撑。

一、海洋工程装备的内涵

从广义上来讲，海洋工程装备是人类在开发、利用和保护海洋所进行的生产和服务活动中使用的各类装备的总称，是开发和利用海洋的前提与基础，处于海洋产业价值链的核心，也日益成为世界各国开展竞争的焦点领域。海洋资源种类丰富，主要包括海洋油气资源、海洋固体矿产资源、海洋生物资源、海水及化学资源、海洋可再生能源和海洋空间资源六大类（表4-1）。

目前，海洋油气资源的勘探开发技术最为成熟，装备种类多，数量规模大，是海洋工程装备制造业的主要产品。海上风能发电、潮汐能发电、海水淡化和综合利用、海洋观测/监测等方面的装备技术也已经基本成熟，具有较好的发展前景。而且，随着波浪能、海底金属矿产、可燃冰等海洋资源的开发技术不断成熟，相关装备的发展也将逐步提上日程（图4-1）。

表 4-1　海洋资源分类

总类	大类	类别	用途
海洋资源	海洋油气资源	海底石油资源	石油工业
		海底天然气资源	天然气工业
		海底天然气水合物	
	海洋固体矿产资源	滨海矿砂	工业
		海底热液矿床	
		海底结核	
		海底结壳	
		海底磷矿	
	海洋生物资源	渔业生物资源	渔业
		养殖业生物资源	养殖业
		药用生物资源	生物制药
	海水及化学资源	海水淡水资源	工业、农业、饮用
		海水各类化学元素	工业
	海洋可再生能源	风能	电力工业
		波浪能	
		潮汐能	
		潮流能	
		温差能	
		盐差能	
	海洋空间资源	沿海滩涂利用	
		海洋运输空间	海洋运输
		海上生活与生产空间	海上生活与生产
		储藏与倾废空间	储藏与倾废
		海底军事基地	军事

本章中海洋工程装备以海洋油气资源开发装备为主。根据装备在海洋油气开发中的用途划可以分成三类：油气勘探开发装备、油气生产储运装备、海洋工程支援船。具体如下：油气勘探开发装备，包括物探船、移动钻井装备（自升式钻井平台、半潜式钻井平台、钻井船等）、建造支持船舶/平台（起重船、铺管/铺缆船、风电安装支持船、辅助生活平台、多用

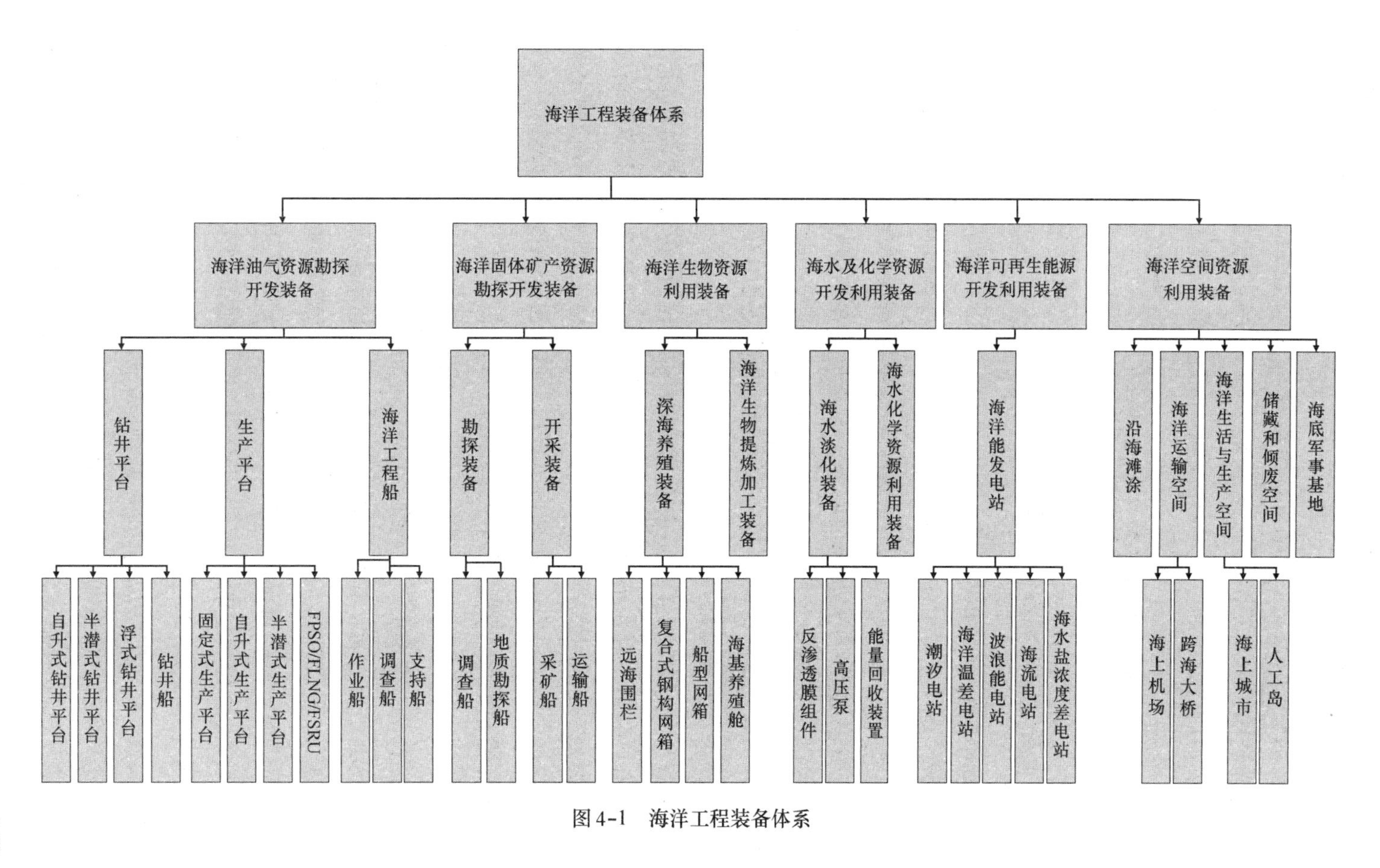

图4-1 海洋工程装备体系

途供应船、潜水支持船等)。油气生产储运装备，包括浮式生产装置（浮式生产储油卸油装置、半潜式生产平台等)、存储运输装备（浮式存储装置、穿梭油船、单点系泊装置)。海洋工程支援船，包括三用工作船、平台供应船、应急救援船、多用途支持船（维修船、船员艇等)。

二、世界海洋工程装备市场形势

1. 上游运营市场总体形势

根据中国船舶集团经济研究中心整理的克拉克森研究最新报告内容，上游运营市场已经走出 2014 年以来的低潮期。从 2021 年开始，国际油价回归上升通道，特别是 2022 年俄乌冲突爆发以来，国际油价一度接近 130 美元/桶，2023 年虽然有所回落，但是仍处在 80 美元/桶上下的水平，远高于 2016—2021 年平均价格 57 美元/桶。受益于当前国际油价走势，海上油气开发高度活跃，2023 年，得到最终投资决定的油气项目共有 79 个、1211 亿美元，同比增加 7.2%。

装备利用率继续回升。在作业需求增长的直接推动下，装备租赁市场继续回升。从装备利用水平来看，截至 2023 年底，自升式钻井平台市场利用率达到 88%，同比持平；浮式钻井平台市场利用率达到 89%，同比增长 7 个百分点，均接近 2014 年的历史高位。海工船方面同样保持增长态势，三用工作船和平台供应船利用率分别达到 71%和 76%，同比分别增加 2 个和 3 个百分点。

租金费率上涨至上一轮周期高位水平，供需关系进一步提升装备租金费率。钻井平台方面，截至 2023 年底，自升式和浮式钻井平台租金分别为 13.2 万美元/天和 31.6 万美元/天，同比分别上涨 17.9%和 15.8%。海工辅助船方面，120 吨和 240 吨系柱拉力三用工作船租金分别为 16 422 美元/天和 57 993 美元/天，同比分别上涨 38.8% 和 13.2%；3200 载重吨和 4000 载重吨平台供应船租金分别为 23 594 美元/天和 35 910 美元/天，同比分别上涨 8.8%和 25.4%。

钻井平台二手价格继续走高。由于供需紧张，钻井平台二手价格持续走高。截至 2023 年底，350 英尺（约 107 米）5～10 年钻井平台价格为

1.1亿美元，同比增加16.7%，达到2015年高位水平；400英尺（约122米）自升式钻井平台二手价格为1.3亿美元，同比增加8.3%；第六代浮式钻井平台价格达到1.6亿美元，同比增加44.4%；第七代浮式钻井平台价格达到3.3亿美元，同比增加44.4%。

钻井平台拆解量达到历史低点。由于市场需求旺盛，钻井平台退役拆解速度明显放缓，拆解量降至历史低点。2023年，自升式钻井平台拆解1艘，浮式钻井平台拆解3艘，明显低于2015—2022年年均拆解量（分别为14艘和20艘），回归至2014年以前的水平。

2. 装备建造市场总体形势

装备建造市场表现波动。2022年，油价高位波动，海工运营市场保持活跃，带动新造需求稳步回升，全球共成交各类海洋工程装备125艘/座、235.2亿美元，以金额计同比上涨135.1%。2023年，装备建造市场表现不佳，全球共成交各类海洋工程装备120艘/座、147.0亿美元，以金额计同比减少37.5%。海工装备建造市场受到多方面因素的制约。一方面，海工装备企业生产资源紧张，海工装备新建价格大幅度上涨，融资成本较高，推高了新装备订造成本；另一方面，海工装备企业承接订单相对谨慎，更倾向于承接民船订单，同时油价未来走势也存在一定的不确定性，船东投资也同样谨慎。

海工装备新建价格保持高位。由于成本增加以及供需改善，大多数海工装备新建估价上涨至2014年以前的历史高位水平。钻井平台方面，截至2023年底，350英尺自升式钻井平台、恶劣海况半潜式钻井平台、超深水钻井船新建估价分别为2.4亿美元、6.5亿美元、6.3亿美元，同比分别增长14.3%、13.0%和4.7%。海工辅助船方面，由于价格在2021—2022年明显上涨，2023年以来涨势放缓。4500DWT和3200DWT平台供应船新建价格分别为5266万美元和2860万美元；120吨和200吨系柱拉力三用工作船新建价格分别为2100万美元和6265万美元。

生产平台订单继续保持主力地位。2023年，全球累计成交生产平台订单17艘/座，包含4艘FPSO（浮式生产储油卸油装置）、2艘FSRU（浮式液化天然气储存及再气化装置）、1艘FLNG（浮式液化天然气生产储卸装置）和 10 艘其他生产平台装备，合计金额约 86.9 亿美元，占全球海工装备成交总金额的 59.1%。由于经济性和快捷性突出，船东更倾向于改装生产平台，改装订单 11 艘，占生产平台订单总量的 65%。此外，标准化设计 FPSO 具有节约时间和成本方面的优势，受油气公司青睐，如 SBM Offshore Fast4Ward 和 MODEC M350 的标准化设计，目前已经有多艘服务于南美油田。

海上风电运维船舶市场仍具规模，但有所回落。2023 年，海上风电相关船舶新订单为 27 艘，价值约 22.2 亿美元，以金额计同比减少 61.9%，约占海工船新船订单总量的一半。

中国接单占到全球订单的五成。基于在海工船和生产平台方面积累的优势，中国保持全球第一大海工装备制造国的地位。中国累计承接 54 艘海工装备订单，总合同金额 71.8 亿美元，占全球市场份额的 48.9%，位居全球第一；新加坡承接 4 艘海工装备订单，价值 17.5 亿美元，占全球市场份额的 11.9%；韩国承接 2 艘生产平台新建订单，价值 12.8 亿美元，占全球市场份额的 8.7%。

三、世界海洋工程装备制造业竞争态势

海洋工程装备属于高投入、高风险产品，从事海洋工程装备建造企业须具有完善的研发机构、完备的建造设施、丰富的建造经验以及雄厚的资金实力。全球主要海洋工程装备建造商集中在欧洲、美国、新加坡及韩国等地区和国家，其中美国、欧洲和新加坡以研发、建造深水、超深水高技术平台装备为核心；韩国海工装备建造则集中在三大船厂，以高价值量的浮式生产装备和钻井平台为主；新加坡海工企业主要有吉宝岸外与海事和胜科海事两大船厂，产品以自升式钻井平台和生产装备为主；中国在海工装备制造领域保持绝对领先，并且规模优势正在逐步显现，产品种类最为齐全，从几千万美元的小型海工船到数十亿美元的生产平台均具备建造能力（表 4-2）。全球海洋工程装备制造业最早集中在欧美地区，之后逐渐向亚洲转移。从总装建造的角度来看，目前已经形成了中国、韩国、新加坡“三足鼎立”的局面，2021—2023 年三者包揽了全球 70%以上的市场份额。

表 4-2　世界海洋工程装备制造业总体竞争格局

区域	主要业务领域	主要装备及配套设备	主要总装及关键配套企业
欧美	技术力量雄厚，以高尖端海工产品和项目总承包为主	立柱式平台、大型综合性一体化模块及海底管道、钻采设备、水下设备、动力、电气、控制系统集成、智能硬件的产业链及创新服务	McDermott、KBR、SBM Offshore、Aker Solution、TechnipFMC、BW Offshore、Heerema、NOV、ABB、Siemens、GE 等
韩国	技术实力仅次于欧美，基本退出了钻井平台、特种海工船等领域的建造，生产平台总包具备优势	钻井船、半潜式钻井平台、FPSO、FLNG、FSRU	三星重工集团、HD 现代集团、韩华海洋
新加坡	总包能力突出	自升式、半潜式钻井平台、FPSO 新建和改装、FLNG 改装、海洋工程船	海庭集团
中国	从小型海工船到生产平台均具备建造能力	自升式钻井平台、半潜式钻井平台、FPSO、FSRU、海洋工程船等	中国船舶集团有限公司、中国远洋海运集团、招商局工业集团有限公司、海洋石油工程股份有限公司、上海振华重工（集团）股份有限公司、中集来福士海洋工程有限公司等

欧美国家是世界海洋油气资源开发的先行者，是世界海洋工程装备的发源地，也是海洋工程装备技术发展的引领者。随着世界制造业向亚洲国家转移，欧美企业逐渐退出了中低端海洋工程装备制造领域，但仍保留部分高端海洋工程装备制造业务，特别是在海洋工程装备设计、总包、核心配套系统制造方面依然占据垄断地位，在美国、挪威、荷兰等国家聚集着数量庞大的工程总包企业、设计企业、配套企业以及相关的金融服务企业。此外，欧美企业也基本垄断着海洋工程装备的运输与安装、水下生产系统安装和深水铺管作业等，处于全球海洋工程装备产业链的顶端。目前，欧美企业仍是世界大多数海洋油气开发工程的总承包商，掌握着海洋

油气开发方案设计、装备设计和油气田工程建设的主导权，为降低开发风险，他们通常会选择具有技术优势的欧美企业负责装备设计工作，在客观上增强了其技术的领先地位。欧美将延续在核心配套设备上的垄断优势。欧美国家是海洋工程装备技术发展的引领者。在美国、荷兰、挪威等国家聚集着数量庞大的配套企业，如 NOV（美国）、ABB（瑞士）、Siemens（德国）、Huisman（荷兰）、Aker Solutions（挪威）等。长期以来，欧美设计、欧美总包、欧美配套的状态和格局已经形成。我国配套自主研发和推广应用之路较为坎坷。因此，在短中期内，我国海洋油气装备水面、水下关键系统和设备基本依赖欧美国家的局面不会出现根本性改变。

韩国进入海洋工程装备建造领域的模式与其进入造船领域的模式类似，以大规模、现代化的船坞与场地设施承担大型海洋工程装备的建造，具有起点高、发展速度快等优点。20 世纪 80 年代，韩国船厂进入海工领域，其设施比同期的欧美船厂设施先进。同时，韩国船厂迅速将设施方面的优势转变为建造效率方面的优势，逐渐成为大型海工项目总装建造的首选基地。与新加坡不同的是，20 世纪 90 年代，随着全球造船业向韩国转移，韩国船企在油船、LNG 运输船和集装箱船等大型船舶建造上积累了丰富的经验和足够的设施，为其 FPSO、钻井船的建造提供了基础。

新加坡船舶海工企业基本上是以修船业务起家，20 世纪 60 年代“亚洲四小龙”腾飞时期，新加坡利用其英语背景、法治环境、地区金融和航运中心等优势，承接了从欧美转移的海工装备制造产业，促进了其海工装备产业的发展壮大。从修理、改装到建造，储备了深厚的技术和人才力量，完成了以钻井平台建造为主要业务的渐进式发展过程。新加坡企业利用现有的遍布全球的修船设施、船厂和人员，强调在发展钻井平台建设的同时，将高附加值平台的修理、改装以及升级，作为重要业务补充。相较于韩国而言，新加坡企业多雇用东南亚工人，这使其劳动力成本方面较韩国船企有一定优势；通过自主研发和对外引进两种途径，不仅使新加坡企业浮式平台的设计能力得到快速提升，也有利于其在设计、施工建造环节进行成本和周期控制。此外，新加坡企业以修船起家，修船和浮式生产平台项目都具有定制化特点，且在浮式生产平台改装领域有着丰富的经验，有利于其控制成本和施工周期。市场地位方面，虽然近年来在自升式钻井平台领域受到来自中国企业的竞争压力，但是凭借其在自主设计、管理水平、建造效率等方面的长期积累，依旧保持着一定的竞争优势。

中国海洋工程装备产业已经基本形成了依托大型造修船基地和新建专业海洋工程装备产业基地共同发展的局面。主要海洋工程装备制造企业分布在辽宁、天津、山东、江苏、浙江、上海、广东等地区，形成了“环渤海”“长三角”和“珠三角”三大海工产业集聚区。传统油气装备研发取得新成果。惠生海洋工程有限公司推出的 3.5MTPA 额定产能的标准化浮式天然气液化装置（FLNG）深化设计（ExtendedEED），应用了 NGL 气体处理和进气压缩技术，采用了高效的 SMR 技术、航改型燃机及废热回收装置，获美国船级社（ABS）的原则性认可（AIP）。我国自主研发建造的全球首座 10 万吨级深水半潜式生产储油平台“深海一号”能源站正式投产，这一最新海洋工程重大装备实现了 3 项世界级创新，运用了 13 项国内首创技术攻克了 10 多项关键核心技术难关，是我国海洋工程领域的集大成之作。由我国自主设计建造的全球首艘智能深水钻井平台“深蓝探索”在南海珠江口盆地成功开钻。“深蓝探索”是为南海深水油气勘探开发“量身定制”的全球最新型的半潜式钻井平台。该平台最大作业水深 1000 米，最大钻井深度9144 米,是全球首艘获得挪威船级社（DNV）智能认证的钻井平台。海上风电装备加速向深远海迈进。我国自主研发的深远海漂浮式海上风电装备“扶摇号”运行发电。“扶摇号”的诞生填补了我国水深 65 米以上深远海域漂浮式风电装备研制及应用空白，主要部件 90%以上由国内自主配套，为目前国内最大浮式风电机组。深海渔业装备研制取得新成绩。重力式网箱已能到 20 米水深的海域养殖，广东“德海 1 号”桁架类网箱已经过17 级台风的检验，网箱结构安全性能不断提高，山东“国信 1 号”养殖工船可游弋养殖，首创“船载舱养”养殖技术。

海洋工程装备产业国际竞争或将进一步加剧。尽管我国海洋工程装备产业发展迅猛，与韩国、新加坡的差距逐步缩小，但是韩国在钻井船、FPSO、FLNG、FSRU 等高价值装备的总装建造及总承包建造等方面优势非常明显，而新加坡在自升式钻井平台、FPSO 改装、FLNG 改装等产品的建造效率、质量、成本控制等方面的能力也非常突出。此外，阿联酋、印度尼西亚、马来西亚、巴西等国家的海洋工程装备建造业在本国海洋油气勘探开发推动下自升式钻井平台、海洋工程船甚至生产平台的建造能力和技术水平持续提升，部分海上油气资源国也在加大海工装备自主能力建设。完备的产业链和价值链日益成为国际竞争的关键。特别是对于我国而言，在项目总承包经验欠缺，基本设计能力薄弱，关键核心设备受制于人，而劳动力成本比较优势逐渐消失的背景下，急需统筹整合国内相关力量和引进国际先进人才，组织开展核心关键系统和设备的技术攻关，提升自主配套能力和基本设计能力，加快补齐产业链和价值链短板弱项，促进采购成本的降低和项目管理能力的提高，整体提升我国海洋工程装备产业的国际竞争力。

全球高端船舶与海洋工程产业呈现出欧美国家主导基本设计、核心配套及海上作业服务，亚洲国家主要开展总装建造的总体格局。美国、法国、挪威、荷兰、韩国、日本、新加坡、中国等国家在世界高端船舶与海洋工程产业中占据重要地位，形成了美国休斯敦、挪威奥斯陆、日本长崎、韩国蔚山等世界著名的高端船舶与海洋工程产业集群。欧美国家发展海洋工程装备起步早。由于优越的地理环境以及投资条件，美国、挪威、瑞典、荷兰等国家一批设计公司和制造公司实现了快速崛起，从而形成了油气开发总承包、装备设计制造、配套设备系统集成和设备制造完整的海工装备产业链。在此基础上，一些地区的海工装备产业集群也渐渐形成并逐步发展壮大，这是欧美海洋工程装备和技术快速发展的主要原因。

第二节　广东省海洋工程装备产业发展概况

一、广东省海洋工程装备产业发展现状

1. 产业发展的意义

海洋工程装备是推进广东省供给侧结构性改革，带动粤港澳大湾区海洋经济发展的重要内容。2011 年，国务院在批复《广东海洋经济综合试验区发展规划》中明确做出将广东省建设成为我国提升海洋经济国际竞争力的核心区和促进海洋科技创新与成果高效转化的集聚区的重要部署。海洋

产业结构层次的高度及布局不仅决定着海洋经济整体质量和实力，也决定着海洋经济能否实现快速稳定发展。相比于其他省份，广东省海洋工程装备制造基础薄弱，高新技术发展起步较晚，与深海资源开发紧迫的形势不相适应。海洋工程装备具有整体技术含量高、发展潜力巨大、带动性和战略性强等优势特点，在海洋战略性新兴产业中占据着至关重要的地位，已是现代海洋产业体系建设补短板弱项亟须解决的重点问题。通过大力发展海洋工程装备，形成较完整的科研开发、装备制造、运营服务等产业链，深入参与全球深海资源开发利用以及国际海洋装备市场的竞争，提高海洋产业综合竞争力、带动海洋相关产业长足发展，成为海洋经济新的重要增长点和支柱产业。

打造海洋工程装备制造产业集群是广东省培育壮大海洋新兴产业，构建具有国际竞争力的现代海洋产业体系的重要举措。根据《广东省海洋经济“十四五”规划》，广东省将紧紧围绕海洋经济高质量发展，发挥区位与资源禀赋优势，以打造海洋产业集群为抓手，构建具有国际竞争力的现代海洋产业体系，构筑广东产业体系新支柱。打造海洋工程装备制造产业集群，增强高端海工装备研发、设计和建造能力，加快向中高端海工产品和项目总承包转型，加快形成产值超千亿元海洋工程装备制造产业集群。突破多功能潜水器、深海传感器、深海矿产资源探测、海上智能集群探测系统、海洋智能监测等关键技术，支持新技术、新材料在海洋装备领域的示范应用。促进产品结构优化调整，重点发展综合物探船、油气管道铺设船、海上油气储运设施、海洋钻采设备等深海油气资源勘探开发装备，加快发展应用于海上风电场建设与运维、深远海大型养殖、深远海采矿、海水淡化、海上旅游休闲等场景的新型海洋工程装备。培育具备国际竞争力的行业领军海工企业，推进海工自主品牌产品开发和产业化。推动高端海洋装备核心配套产业国产化，发展海洋装备安全保障和智能运维技术。支持海工专业软件、特殊材料、高可靠元器件、极端环境适用和智能控制等“卡脖子”技术与装备进行技术攻关与进口替代。

海洋工程装备制造产业集群是广东省培育发展的战略性新兴产业集群之一。根据《广东省人民政府关于培育发展战略性支柱产业集群和战略性新兴产业集群的意见》，广东省把高端装备制造产业列为十大战略性新兴产业集群之一，重点发展高端数控机床、航空装备、卫星及应用、轨道交通装备、海洋工程装备等产业，推动集群企业与科研单位、用户单位协同创新，着力突破机床整机及高速高精、多轴联动等产业发展瓶颈和短板。将广州、深圳、珠海、佛山、东莞、中山、江门、阳江等地打造成为主导产业突出的全国高端装备制造重要基地。

2. 产业发展基本情况

作为毗邻南海的主要省份，广东省在海洋资源开发方面具有一定的基础和历史渊源，同时在海洋工程装备上具有广阔的需求。1979 年，中国开始允许外国石油公司在南海进行勘探开发。1982 年 3 月，国务院批准在赤湾建设中国第一座海洋石油后勤基地，赤湾港区拥有 7 个石油工作泊位，27 万平方米堆场和各种专业仓库，并在 1988 年建成了我国第一个深水海上平台导管架制造场。2014 年 8 月，广东省与工业和信息化服务部共同启动了珠江西岸先进装备制造产业带建设，为广东省高起点发展海洋工程装备打下了良好的基础。

广东省珠三角是我国三大造船基地之一。2023 年，广东省拥有规模以上船舶工业企业 70 家，企业主要分布在广州、深圳、中山、江门、东莞、珠海 6 市，年产值占全省年产值的 95%左右。

在总装建造企业方面，广东省当前活跃的海工建造企业共有 11 家，其中，中船黄埔文冲船舶有限公司（简称“黄埔文冲”）、招商局重工（深圳）有限公司［简称“招商局重工（深圳）”］、广东中远海运重工有限公司（简称“广东中远海运重工”）、广船国际有限公司（简称“广船国际”）、广州航通船业有限公司（简称“广州航通船业”）、广州市顺海造船有限公司（简称“顺海造船”）等为主要的海工建造企业（表 4-3）。另外，广船国际、黄埔文冲、文冲船舶修造有限公司（简称“文冲修造”）、招商局重工（深圳）、广东中远海运重工及广州航通船业为央企二级或三级子公司。顺海造船、广东粤新海洋工程装备股份有限公司（简称“粤新海工”）、广东南祥造船有限公司（简称“南祥造船”）、广东新粤丰海洋工程装备有限公司（简称“新粤丰海工”）、广州市旭盛造船有限公司（简称“旭盛造船”）为民营企业。

表 4-3 广东省主要海工建造企业及科研院所情况

企业名称	主要海工产品
黄埔文冲	自升式钻井平台、风电安装船、平台供应船、三用工作船、油田环保船、调查船等
招商局重工（深圳）	FPSO、自升式钻井平台、风电安装船、半潜船、潜水支持船、起重船等
广东中远海运重工	FPSO、风电安装船、平台供应船
广船国际	半潜船、科考船、海工居住船、极地船、深海养殖装备、海洋牧场、海上风电桩业务、LNG 加注船、FPSO、海工改装修造业务等
广州航通船业	重吊船、科考船、平台供应船、三用工作船、多用途船、铺缆船等
顺海造船	三用工作船、平台供应船、维修船、潜水支持船、工作船
粤新海工	起重驳船、三用工作船、平台供应船、多用途支持船、维修工作船
南祥造船	水文调查船、起重船
文冲修造	多用途调查船、风电安装船
新粤丰海工	三用工作船、支持船
旭盛造船	多用途调查船

在科研院所方面，主要包括广州船舶及海洋工程设计研究院、南方海洋科学与工程广东省实验室、中国科学院南海海洋研究所、中国科学院广州能源研究所、中国水产科学研究所、广州海洋地质调查局等。广州船舶及海洋工程设计研究院自 20 世纪 80 年代与挪威合资建立广州 NPC 海洋工程公司以来，引进国外海洋工程技术及管理经验，形成了完备的海上浮式、自升式、固定式作业平台研究设计体系。南方海洋科学与工程广东省实验室结合湛江海洋基础优势与面向南海的地域优势，围绕国家海洋强国发展政策，聚焦海洋装备、海洋能源、海洋生物等领域，重点突出深海装备、海洋牧场等方向，着重开展应用基础研究、应用开发研究，重点解决拉动广东（湛江）海洋产业发展的重大科学问题，突破核心关键技术，布局系列海洋功能研究中心、大型科学装置、公共服务平台等。中国科学院南海海洋研究所重点研究热带边缘海海洋水圈—地圈—生物圈圈层结构及其相互作用特征与演变规律，探讨其对资源形成和环境变化的控制和影响，发展具有南海特色的热带海洋资源与环境

过程理论体系和应用技术。聚焦生态文明和海洋建设，着力突破海洋领域前沿科学问题和关键核心技术，为发展我国海洋经济和维护海洋权益做出基础性、战略性和前瞻性贡献。中国科学院广州能源研究所定位于可再生能源、新能源、节能环保及相关研究等领域的应用基础与关键技术、方法研发，围绕国家战略需求提供能源咨询服务，现有科研单元包括 21 个研究室，形成了以生物质能、海洋能、太阳能、地热能、固体废弃物能、天然气水合物、节能与环保、分布式综合能源系统集成及智能微电网应用为重点方向的学科布局。中国水产科学研究院（简称“中国水科院”）是国家级公益性渔业科研机构，是我国渔业科学研究的最高学术机构。中国水产科学研究院是在国内外具有广泛影响力的国家级水产科学研究机构，设有渔业资源保护与利用研究、渔业生态环境研究、水产生物技术研究、水产遗传育种研究、水产病害防治研究、水产养殖研究、水产加工与产物资源利用研究、水产品质量与安全研究、渔业装备与工程研究、渔业信息与经济研究等领域学科。

在高校方面，广东省中山大学、汕头大学、广东海洋大学等 23 所高校开设 53 个海洋相关学科专业，支持涉海专业人才培养项目研究与实践，为海洋科技和产业发展提供了充足的高端科技人才和技术支持。中山大学旗下的“中山大学”号是目前国内设计排水量最大、综合科考性能最强的海洋综合科考实习船，兼具探测、取样、实验等多项科研功能。

在海工配套企业方面，广东省的海工配套企业主要有中船华南船机广州公司、广东精铟海工等，但广东省海工配套产业发展水平属于起步阶段，建造技术和设计能力与欧洲、美国、日本、韩国等差距明显。

在产业集群方面，广东省既是我国改革开放先行地，也是我国海洋经济参与全球化竞争的主要区域。2023 年，海洋生产总值 18 778. 1 亿元，连续29 年居全国首位，占地区生产总值的 13. 8%，占全国海洋生产总值的 18. 9%。广东省高端船舶与海洋工程装备产业发展借助资源优势与区位优势，发展非常迅速，产业体系趋于完善，外向型经济优势特别明显，产业辐射能力突出，初步形成了珠三角、粤东、粤西三大海洋经济区临海工业集群。在珠三角地区，逐步形成了以广州、深圳、珠海、中山等为代表的四大聚集性船舶工业发展基地。广东省海洋经济区分布见表 4-4。

表 4-4 广东省海洋经济区分布

地区	产特发展特色
广州	聚集了广船国际、黄埔文冲、广州中船文冲船坞有限公司、广东新船重工有限公司、粤新海工等大型央企、国企和民企，形成龙穴修造船基地等大型船舶基地；深圳集中了招商局重工（深圳）有限公司、友联船厂（蛇口）有限公司、中国国际海运集装箱（集团）股份有限公司等海工装备龙头企业，形成规模超 100 亿元的海工装备企业集群；其位于珠江入海口的孖洲岛修造船基地，以招商局重工（深圳）有限公司和友联船厂（蛇口）有限公司为龙头，年产值达数十亿元
珠海	作为国家实施南海战略的重要支点，形成以高栏港经济区为主体的“珠海海洋工程装备产业基地”（“广东省战略性新兴产业基地”），聚集中海石油（中国）有限公司深圳分公司、三一重工股份有限公司、珠海太平洋粤新海洋工程有限公司、玉柴船舶动力股份有限公司产业链等重要企业，形成海油开发、深海水下装备制造、海洋工程船舶制造、船用低速机等产业集群
粤西地区	以阳江为核心的海上风电产业集群已初具雏形：落户风电装备制造项目 21 个，总投资近 200 亿元，年产值超 300 亿元，同步构建南海海上风电装备出运和运维母港、国家海上风电装备质量监督检验中心、海上风电技术创新中心、海上风电大数据中心、海上风电运营维护中心等“一港四中心”全产业链生态体系，成立海上风电学院
粤东地区	正在形成以汕头和汕尾为代表的海上风电开发产业集群
汕头	总投资 50 亿元的汕头大唐勒门 I 海上风电项目开工建设
汕尾	陆丰海工基地产业园区完成投资 43. 2 亿元，智能汕尾海上高端装备制造基地投产，聚集了明阳风电、中天海缆、天能重工等多家风电企业投资投产

在产业政策方面，2021 年《广东省海洋经济发展“十四五”规划》提出，打造海洋工程装备制造产业集群是广东省培育壮大海洋新兴产业，构建具有国际竞争力的现代海洋产业体系的重要举措。2021 年《广东省制造业高质量发展“十四五”规划》提出，高端装备制造是广东省十大战略性新兴产业之一，要以服务国家战略需求为导向，加快建设珠江西岸先进装备制造产业带，重点发展包括海洋工程装备在内的高端装备制造产业；突破海上浮式风电、海洋可燃冰开采、海上风电机组、波浪能发电装置、深海油气生产平台等海洋工程装备研制应用。广东省人民政府办公厅印发的《2023 年广东金融支持经济高质量发展行动方案》提出，支持银行机构

成立服务海洋经济发展的专营事业部和分支机构，加大对海洋经济发展重大项目的中长期信贷支持；通过产业投资基金等方式吸引外资以及保险资金、养老基金和社会资本支持“海洋牧场”发展，发展海洋设备融资租赁、供应链金融。在天然气水合物方面，2020年广东省提出了《广东省培育新能源战略性新兴产业集群行动计划（2021—2025年）》，将天然气及其水合物列为重点攻关技术领域。重点推进高温高压深水领域气田勘探开发技术、高精度勘查及原位探测技术、高效开采的深水未固结储层多井型开采的钻完井关键技术、储层改造增产技术以及运输储存、安全环保开采等关键技术攻关。

3. 生产经营情况

2023年，广东省海工企业承接的海工装备订单共25艘/座，其中包括1艘起重船、1艘重吊船、1艘多用途支持船、3艘多用途调查船、1艘维修船、8艘三用工作船和10艘船员船（表4-5）。

表4-5　2023年海洋工程装备订单明细

序号	船型	艘数	船厂	船东	交付年份
1	三用工作船	2	顺海造船	Gulf Shipg Mar	2025
2	三用工作船	3	江门航通①	Rawabi Vallianz	2024—2026
3	三用工作船	2	新粤丰海工	Rawabi Vallianz	2025
4	三用工作船	1	粤新海工	Rawabi Vallianz	2025
5	船员船	10	顺海造船	Zaki Al Zayer	2025
6	起重船	1	新河造船②	Guangdong Duda	2024
7	重吊船	1	江门航通	No. 1 Eng CCCC 1st	2024
8	维修船	1	江门航通	Rawabi Vallianz	2025
9	多用途支持船	1	黄埔文冲	HEA Energy	2025

① 中交四航局江门航通船业有限公司简称“江门航通”。

② 台山市信和造船有限公司简称“新河造船”。

续表

序号	船型	艘数	船厂	船东	交付年份
10	多用途调查船	1	广船国际	IDSSE	2025
11	多用途调查船	1	旭盛造船①	Guangdong Haike	2024
12	多用途调查船	1	黄埔文冲	同济大学	2025

2023 年，广东省海工企业共完工交付 16 艘/座海工装备，其中包括 3 艘三用工作船、7 艘平台供应船、1 艘居住驳船、1 艘潜水支持船、1 艘自升式居住船、1 艘多用途调查船、1 艘半潜驳船、1 艘半潜重吊船；截至 2023 年底，手持订单包括 62 艘/座海工装备。

在海工装备产值方面，据中国船舶工业协会统计，2023 年广东省海工装备产值共 44.2 亿元，其中，中船黄埔文冲船舶有限公司、广船国际有限公司、招商局重工（深圳）有限公司、中交四航局江门航通船业有限公司和广东粤新海洋工程装备股份有限公司的海工装备产值分别为 15.6 亿元、14.1 亿元、7.2 亿元、5.9 亿元和 1.4 亿元。

广东省近年来的亮点产品主要包括考古船、大型养殖工船、破冰科考船、风电运维船、汽车运输船等。

我国首艘深远海多功能科学考察及文物考古船于 2023 年 6 月在广船国际开工建造（图 4-2）。这艘由海南省人民政府、三亚崖州湾科技城开发建设有限公司联合国家文物局、中国科学院深海科学与工程研究所出资建造，可进行深海科学考察及文物考古，夏季可进行极区海域考察的新型多功能科考船舶，具备无限制水域航行、载人深潜、深海探测等功能，可为深远海地质、环境和生命科学相关前沿问题研究提供所需的样品和环境数据，支持深海核心技术装备的海上试验与应用。总投资约 8 亿元，建造内容包括船舶系统、载人深潜水面支持系统和综合科考作业系统。该船续航力 15 000 海里、载员 80 人。预计该船将在 2025 年完工交船，投入海上作业。

2023 年 2 月，黄埔文冲批量承建的 4 艘深远海大型智能养殖工船

① 广州市旭盛造船有限公司简称“旭盛造船”。

图 4-2　考古船

项目正式启动（图4-3）。中船黄埔文冲船舶有限公司以 4.998 亿元中标大百汇实业集团有限公司招标的深远海大型智能养殖工船建设项目，4 艘总价格超过 20 亿元。交付后将由大百汇实业集团运营。该型船由中国水产科学研究院渔业机械仪器研究所负责基本设计和详细设计，为钢质、双机双桨、电力推进可游弋养殖工船，全船设置 15 个养殖舱，可进行养殖、加工石斑鱼等经济鱼种。

图 4-3　大型智能养殖工船

2023 年 12 月 29 日，中国船舶集团广船国际为自然资源部北海局建造的破冰科考船“极地”号顺利出坞（图 4-4）。“极地”号是由我国自主设计、建造的新一代破冰科考船，该船船长 89 米、型宽 17.8 米、型深 8.2 米，具备全球无限航区航行能力，排水量达 5600 吨，航程26 000 千米，一次补给可以保障全船 60 人在海上生活 80 天以上。该船搭载了各类地球物理调查设备，能够承担大气、海冰、水体、地球物理等环境的综合调查观测研究任务。

图 4-4　破冰科考船“极地”号

2023 年 6 月 14 日，广东中远海运重工建造的世界首台兆瓦级漂浮式波浪能发电装置“南鲲”号下水（图 4-5）。兆瓦级漂浮式波浪能发电装置平面面积超过3500 平方米、重超 4000 吨，包括发电平台、液压系统、发电系统、监控系统、锚泊系统，通过“三边形”设计的发电平台充分“吸收”波浪，通过三级能量转换将波浪能变成电能，同时实现高俘获转化效率和稳定电能输出，从而实现对远海岛礁的稳定供电。该装置整体转换效率可达 22%，满负荷的条件下每天可产生 2.4 万度电，大约能够为 3500 户家庭提供绿色电力，相当于为远海岛礁增加了一个大型“移动充电宝”。

4. 与国内其他地区对标

在承建产品方面，广东省海工企业在深远多功能巡航救助船、半潜打捞船、打桩船、饱和潜水支持船、海上自升式钻井平台、海上运维船、水

图 4-5　兆瓦级漂浮式波浪能发电装置“南鲲”号

下支持维护船、多用途海洋工作船、平台供应船、海上起重船、大型铺管船、海上风电安装平台、自航式服务平台、深水综合勘察船、海洋工作居住船、回转拖轮及海洋养殖网箱、养殖平台等产品建造业绩较为突出。江苏省除了承建平台供应船、三用工作船、起重船、自升式钻井平台等产品外，还可承建 FLNG 和 3000T 大型风电安装船。

从客户来源来看，广东省海工企业获得的海外订单数量（以艘/座计）占总订单量的 66%，同期江苏省海工企业海外订单占比为 41%。

在产值方面，2023 年广东省海工装备企业产值共计 44.2 亿元，江苏省海工装备企业产值为 160.8 亿元（表 4-6）。

表 4-6　2023 年广东省和江苏省海工装备企业对标情况

省份	海工装备企业	产值（亿元）	总计（亿元）
广东	中船黄埔文冲船舶有限公司（造修船、海工）	15.6	44.2
	广船国际有限公司（造修船、海工）	14.1	
	招商局重工（深圳）有限公司	7.2	
	中交四航局江门航通船业有限公司（造船、海工）	5.9	
	广东粤新海洋工程装备股份有限公司	1.4	

续表

省份	海工装备企业	产值（亿元）	总计（亿元）
江苏	惠生清洁能源科技集团股份有限公司	57.0	160.8
	启东中远海运海洋工程有限公司	54.9	
	招商局重工（江苏）有限公司（造船、海工）	26.8	
	南通润邦海洋工程装备有限公司	11.2	
	南通中远海运船务工程有限公司（修船、海工）	10.9	

在科研能力建设方面，广东省的南方海洋科学与工程广东省实验室（湛江）是广东省委省政府第二批启动建设的广东省实验室之一。主要依托中国船舶集团有限公司、中国海洋石油集团有限公司、广东海洋大学和广东医科大学等单位共同建设。实验室结合湛江海洋基础优势与面向南海的地域优势，聚焦海洋装备、海洋能源、海洋生物等领域，重点突出深海装备、海洋牧场等方向，着重开展应用基础研究、应用开发研究，重点解决拉动广东（湛江）海洋产业发展的重大科学问题，突破核心关键技术，布局系列海洋功能研究中心、大型科学装置、公共服务平台等。江苏省的深海技术科学太湖实验室，是中国船舶集团、江苏省、无锡市深入贯彻落实党中央实施创新驱动发展战略、建设海洋强国重大部署和习近平总书记建设国家实验室重要指示，瞄准国家“十四五”规划深海前沿领域战略需求和地方发展需求，以建立深海技术科学国家战略力量、建成国家实验室为目标，统筹实施重大战略任务的创新载体。2022 年 2 月 14 日，深海技术科学太湖实验室与华为技术有限公司联合打造的“船海数据智能应用联合创新实验室”（简称“联创实验室”）在无锡市举行揭牌仪式。联创实验室针对船舶与海洋领域数据治理、智能化试验室、船舶智能技术工程化应用等方向的核心技术开展联创研究，瞄准船舶智能技术工程化应用技术方向和船舶海洋数据智能应用，完成相关智能设备系统研制、船海智能化提升。

二、广东省海洋工程装备产业发展优势

1. 政策支持方面

广东省高度重视海洋经济工作，早在2017年就明确提出，建设海洋经济强省，打造沿海经济带，拓展蓝色经济空间。中共广东省委十三届三次全会要求，要全面推进海洋强省建设，在打造海上新广东上取得新突破，构建科学高效的海洋经济发展格局，做大做强做优海洋牧场、海上能源、临港工业、海洋旅游等现代海洋产业，强化涉海基础设施、海洋科技、海洋生态等支撑保障，为广东省改革发展注入源源不断的“蓝色动力”。近几年，广东省政府发布的支持海工装备产业的政策主要包括《广东省国民经济和社会发展第十四个五年规划和2035年远景目标纲要》《广东省海洋经济发展“十四五”规划》《广东省人民政府关于培育发展战略性支柱产业集群和战略性新兴产业集群的意见》《广东省制造业高质量发展“十四五”规划》和《广东省培育新能源战略性新兴产业集群行动计划（2021—2025年）》等。

自2018年起，广东省连续5年每年设立3亿元的省级海洋经济发展专项资金重点支持，包括海工装备在内的海洋六大产业项目的科技创新和成果转化，目前海工装备方面已累计投入财政资金4.68亿元（表4-7）。2020年，海工装备立项10个，支持经费8000万元；2021年，海工装备立项6个，支持经费9000万元；2022年，海工装备立项6个，支持经费7100万元；2023年，海工装备立项8个，支持经费7700万元。

表4-7　2018—2023年广东省级促进经济发展专项资金（海洋经济发展用途）资助海工装备研究项目

年份	序号	项目	承担单位	经费（万元）
2018	1	大型多功能饱和潜水支持船研发及产业化	招商局重工（深圳）有限公司	2000
	2	海洋工程技术与设施海上试验平台	中集海洋工程有限公司	2000

续表

年份	序号	项目	承担单位	经费（万元）
2019	3	复杂海洋环境下多功能智能无人艇研制及产业化	广船国际有限公司	2000
	4	绿色功能型移动浮岛示范工程	珠海市海斯比船舶工程有限公司	2000
	5	深海浮式平台天然气处理装备研发与产业化	珠海巨涛海洋石油服务有限公司	2000
	6	低成本短流程高性能钛合金应用关键技术研发	中山大学	500
	7	海洋工程装备国产化配套设施深海测试场	中集海洋工程有限公司	2000
	8	面向无人艇与智能船舶测试技术和评估体系的海上综合测试场平台	珠海云洲智能科技有限公司	2000
	9	3500米级超深水高压海底管道研制及产业化	番禺珠江钢管（珠海）有限公司	500
2020	10	漂浮式深远海波浪能发电及立体观测集成平台研建与示范	中国科学院广州能源研究所	1000
	11	大型深水多功能风电平台研发及产业化	中船黄埔文冲船舶有限公司	1000
	12	5万吨级大型海洋装备及海洋工程结构物智能型半潜运输船研发	广船国际有限公司	1000
	13	双模式智能变频深海船载操控支撑装备的研制和示范应用	国家海洋局南海调查技术中心	1000
	14	海上油田设施拆解装备关键技术研究	中集海洋工程有限公司	1000
	15	海洋工程装备结构检测与深水计量装置研发	中集海洋工程有限公司	1000
	16	抗腐蚀海洋油气管道研制及产业化	中山大学	500
	17	海洋多功能地质取样/测试集成装备研发及工程应用	磐索地勘科技（广州）有限公司	500
	18	环保高效船体磨料水射流除漆除锈智能装备研制及应用	华南理工大学	500
	19	水下智能无人清洗作业潜航器	中国科学院深圳先进技术研究院	500

续表

年份	序号	项目	承担单位	经费（万元）
2021	20	南海游弋式大型养殖平台研制	南方海洋科学与工程广东省实验室（湛江）	2000
	21	深水钻采船设计建造关键技术研究	中船黄埔文冲船舶有限公司	2000
	22	智能甲醇燃料新能源船舶研发	广船国际有限公司	2000
	23	深海仿生型潜水器研发及产业化应用	深圳市润渤船舶与石油工程技术有限公司	2000
	24	高端水下焊接电源关键技术开发及应用	华南理工大学	500
	25	石墨烯改性环氧树脂基海洋防腐涂料研究及产业化应用	华南农业大学	500
2022	26	海洋可控震源系统关键技术与装备研发	南方海洋科学与工程广东省实验室（湛江）	1800
	27	未来型海洋智能空海潜一体无人系统母船研制	中船黄埔文冲船舶有限公司	1800
	28	敏捷展开式海底无人组网观测新装备研究及产业化	南方海洋科学与工程广东省实验室（广州）	1800
	29	国内船舶废气脱硝脱黑碳一体化装备研发与应用示范	广东海洋大学	600
	30	海上风能制氢工程示范	清华大学深圳国际研究生院	600
	31	水下常驻型智能多参数海底管线巡检系统关键技术研究	中水珠江规划勘测设计有限公司	500
2023	32	冷泉环境智能采样装置研究及应用	南方海洋科学与工程广东省实验室（广州）	1300
	33	深海资源勘探核心装备专项试验及关键国产化装备研制	中船黄埔文冲船舶有限公司	1300
	34	海洋工程装备和海上风电水下结构检测作业机器人研发与应用示范	广东智能无人系统研究院	1300
	35	漂浮式动力定位养殖网箱型工船研制	南方海洋科学与工程广东省实验室（湛江）	1300
	36	深海资源勘探船舶研发及应用	广东南油控股集团有限公司	1300

续表

年份	序号	项目	承担单位	经费（万元）
2023	37	超深水高温高压水下井口系统及操作工具国产化研究	中海石油深海开发有限公司	400
	38	船舶柴油机尾气二氧化碳高效捕集和存储关键技术及装备研制	广东广船国际电梯机电设备有限公司	400
	39	滩浅海多功能智能调查与工程作业系统研发与应用	广州海洋地质调查局	400

2. 区位优势方面

广东省海域辽阔、岸线漫长、滩涂广布、港湾优越、海岛众多，海洋资源十分丰富，经济发展基础良好。随着建设粤港澳大湾区和深圳中国特色社会主义先行示范区重大战略的深入实施以及“一核一带一区”建设的持续推进，将吸引国内国际更多的先进生产要素集聚，持续增强广东省海洋经济发展内生动力。

3. 人才优势方面

广东省“大手笔”引才聚才，优化实施“珠江人才计划”，健全科技领军人才和创新团队引进培养使用机制，加快汇聚国际高端人才。设立博士、博士后人才专项计划，已引进全球前 200 名高校青年人才逾千人。广州“海交会”、深圳“高交会”和“国际人才交流大会”等国家级高端人才交流合作平台影响力、辐射力不断提升，为海外人才来华和留学人员回国发展铺路架桥。涉海院校是海洋科技人才培养的摇篮，广东省涉海专业院校众多，兼具地理优势和经济、教育资源优势，具有十分明显的聚集效应。这些地区的涉海院校不仅涉及的专业范围广，而且实力较强，涉及海洋科学技术、海洋船舶工程及海洋水产养殖等多个领域，为海洋工程装备产业及相关领域输送人才。

4. 科技创新方面

新一轮科技革命和产业变革正在孕育兴起，全球科技创新呈现出新的发展态势和特征，新技术替代旧技术、智能型技术替代劳动密集型技术趋势明显。广东省有关企业和机关单位积极把握新趋势、新方向、新需求，主动作为，科技创新取得较大进步。其中，中船黄埔文冲船舶有限公司打造船舶行业首个工业互联网平台“船海智云”，为船舶产业链企业提供设备物联、协同制造等专业工业应用，并为区域中小企业提供供需对接等多样化平台服务。广船国际有限公司设计建造的半潜船系列与其他船东目前拥有的半潜船相比，具有适货性广、装卸货方式多等优点，其先进技术装备不仅是亚洲独有，也是目前全球最先进的大型海上工程设备专业运输船舶。广州文冲船舶修造有限公司参与并完成了国家重点深海科考项目“探索一号”的二期船改科研活动。中集集团联合中海油、中石油、中兴通讯等10余家海洋和电子信息领域的龙头单位共同成立了深圳市智能海洋工程制造业创新中心，打造政产学研相结合的创新生态体系。广东省科学院与珠海市政府共建的广东省海洋工程装备技术研究所共同开展的水下无人潜航器平台项目的技术水平处于国内领先地位。

智能化海工装备研发取得新进展。中国船级社上海规范研究所与南方海洋科学与工程广东省实验室（珠海）签署了智能型支持母船技术合作协议。智能型支持母船是南方海洋实验室打造的首个为智能快速机动海洋立体观测系统提供水面支持、协同控制的智能船舶平台。中船黄埔文冲船舶有限公司与南方海洋科学与工程广东省实验室（珠海）签订了智能型无人系统支持母船设计建造合同。该船可搭载转运及布放多种类、批量化的空、海、潜立体探测无人系统。母船在目标海区批量化布放无人系统，可面向任务自适应组网，实现对特定目标的立体动态观测。

三、广东省海洋工程装备产业发展存在的问题

1. 产品结构总体相对低端

近年来，船舶工业发展形势低迷，广东省船舶企业开始借助海洋工程

装备实现产业转型，加快了海洋工程装备基地的建设步伐。但是，由于核心技术滞后、专业人才匮乏以及配套支撑不匹配，导致浅水和低端深水装备领域成为海工产品竞争的主阵地。目前，广东省海工产品主要集中在自升式钻井平台和中小型海工辅助船等价值量相对较低的领域，高端产品承接能力较弱。其中，FPSO、大型海工勘查船等高端产品虽然实现接单建造，但国际市场竞争力仍相对较弱；半潜式钻井平台、高端钻井船、大型FLNG 等高端产品仍然空白。

2. 研发设计和创新能力薄弱

技术作为企业生存和发展的基本前提，在海洋工程装备产业发展中起着无可替代的作用。随着经济全球化的发展，企业面临激烈的国际竞争，只有通过技术创新，不断提高产品的科技含量，才能实现产品质的飞跃，从而提高其国际竞争力。一方面，当前广东省建造的绝大多数海工装备均采用国外设计，“自主设计”多指详细设计和生产设计，对创新能力要求较高的概念设计和基础设计能力较弱，未能设计研发出具有市场引领性的技术和装备，真正拥有自主知识产权的装备极少；另一方面，基础共性技术是决定产业发展的重要因素，广东省海洋工程装备产业发展起步相对较晚，在海工装备设计建造所需的基础共性技术方面研究积累不足，尤其是在前瞻性技术研究和非油气开发装备技术研究方面比较落后，使广东省海洋工程装备产业的发展缺乏足够的原动力，制约自主创新能力的发展。

3. 海工装备配套能力薄弱

海洋工程装备所需的配套装备规格种类较多、技术含量高、研发困难，海上作业的环境对配套装备的材料、精度、寿命、可靠性、环境适应性以及维护、防漏油，甚至免维护等都提出了更高要求。目前，国外供应商基本垄断了专利技术多、附加值高的高端配套设备。配套设备和系统是海工装备的核心价值所在，也是产业附加值提升的重要方向，海洋工程装备制造领域大部分的造价集中在各种配套设备，配套设备在价值链中占比高达 55%，最早发展海工装备制造业的欧美国家虽然已经退出总装建造领域，但是仍保留着海工核心配套与系统的研发制造业务。广东省具备一定的海工装备总装建造能力，但目前省内没有具备国际竞争力的骨干海工配套企业，配套业的发展滞后于总装建造业的发展。

4. 区域发展不平衡

海洋资源的配置利用不尽合理，导致海洋资源利用与海洋经济发展的地区差距非常大。珠三角地区发展迅速，船舶与海洋工程装备产业集群的种类、数量均居全省之首，在全国也有较高的地位。但发展快、规模聚集的同时，也存在着层次不高，高端产业、新兴产业集群不足的问题；反观粤东和粤西地区，由于经济基础薄弱、基础设施建设不完备、船舶工业基础较差等劣势，高端船舶与海洋工程装备产业集群发展进程较为缓慢。

5. 集群定位不够清晰

通过分析广东省各地区的船舶与海洋工程装备产业发展现状及海洋产业发展规划来看，存在着求大、求全，“宁错过不放过”的现象。一方面，导致各区域的高端船舶与海洋工程装备产业集群定位不够清晰，缺乏因地制宜的导向；另一方面，广东省内各地区，甚至珠三角地区、粤西和粤东地区内部也存在着重复建设、资源内卷的现象，导致各区域的高端船舶与海洋工程装备产业集群发展方向不明确，内部竞争时有发生。

6. 配套政策措施较少

虽然广东省内各地区大部分沿海城市也都制定了各自的海洋经济产业规划，但真正促进产业规划实施的配套政策措施较少，有些政策没有真正落实到位，不能充分体现规划对集群发展的引导作用。部分地方政府重视产业集群的“面子工程”，但忽视后续建设。

7. 资源环境约束日益突出

广东省内现有的船舶海工产业发展过于依赖资源密集和劳动密集的传统、粗放发展模式，面临着土地、环境、资源的严重制约，产业发展对土地集约工作不够重视，单位土地面积产出率不高，环境约束日益显现；当前海洋环境保护问题严峻、规范标准日益严苛，环境问题或将成为临港工业发展的桎梏，为地区招商引资带来诸多困难。如何正确处理好海洋环境保护与高端船舶与海洋工程装备产业发展的关系成为当前也是未来相当长一段时间内的关键课题。

第三节　广东省海洋工程装备产业发展规划与前景预测

一、全球海工市场前景

国际油价将持续有效支撑海上油气开发活动和装备运营市场深化改善。自 2014 年以来，经过油气行业的自我优化，海上油气开发项目成本已经明显压缩，当前约 95%的海上油气开发项目可在 90 美元/桶的油价下实现经济性开发，超过 60%的项目可在 70 美元/桶的油价下实现经济性开发。根据全球主要机构的预测，国际油价仍将处在 80~90 美元/桶的水平，有利于未来一段时期海上油气开发，支撑装备运营市场持续巩固向好。

海工装备建造市场仍面临挑战。尽管上游市场保持向好态势，但是在船舶市场整体复苏兴旺的背景下，海工装备建造面临产能受限、价格上涨、融资成本高、绿色路线不确定、行业主体信心不强等问题，新建市场仍面临挑战，新订单规模上涨存在阻力。从分装备领域来看，钻井平台方面，虽然利用率和日租金维持高位、二手装备价格达到新高、拆解量触底，但出于经济性和获得及时性的考虑，船东可能会优先考虑二手钻井平台。海上风电船舶方面，中国船东订单需求减少，过去 2~3 年的风电安装船新建潮褪去，新建需求可能会出现阶段性减少。

生产平台需求将继续释放。相对于钻井平台和海工船租赁运行的行业特性，生产平台绝大多数全生命周期服役于特定具体油气田，海上油气开发活动对生产平台建造需求的带动更为直接和有效。目前，以巴西和西非为主的海上油气开发活跃，支撑油气生产作业，在目前油价水平下，多项油气开发项目将加快建设，带来浮式生产平台需求。据 EMA（Energy Maritime Associates）预测，2024—2028 年全球授出的海上油气生产装备需求达到84~168项，以新建和改装生产平台为主，不仅涵盖大量的FPSO装备需求，也包括部分FSRU、FLNG、大型深水或超深水半潜式生产平台需求。预计未来一段时期内，生产平台订单仍将是市场的主力。

二、广东省海洋工程装备技术发展方向

1. 绿色化

“绿色”主要是指工程对“环保、能效、安全、舒适”等方面的综合考量。“绿色”现已成为行业内最大的热门话题和机遇挑战，进入21世纪以来，国际海事界的环保意识越来越强，国际海事组织（IMO）先后出台了一系列涉及减少和控制船舶污染的国际公约。相关公约对新船能效设计指数（EEDI）、涂层性能标准、压载水管理、硫氧化物及氮氧化物排放等方面均做了明确要求。随着新公约、新规则的相继实施，国际海事的环保要求也提高到一个新层次，要求造船业更多建造绿色环保型装备。标准的提高必然带来技术的革新，目前，欧洲、日本、韩国为了巩固其技术优势，纷纷开展绿色环保船型研发，同时其技术的发展进一步推动技术标准的提升，建立绿色技术壁垒的趋势日益明显。

2. 智能化

电子技术、信息技术和物联网技术的飞速发展，带动了海洋工程装备自动化控制系统朝着分布型、网络型、智能型系统方向推进，实现智能控制、卫星通信导航、船岸信息直接交流等目标。由于海上作业的特殊性，诸如海水腐蚀、振动、外界环境气候、高精度测量、高防爆要求等，对测控系统的要求越来越高，尤其是在一些海上石油钻井平台上，自动化、智能化装备更受欢迎。

3. 深远化

人类走向深海和远海的步伐逐渐加快，相应的海上装备也呈现出深远化的发展趋势。随着海洋科学的不断发展，各国海洋科学考察活动不断向深海领域推进，深潜器作业深度不断增加。与此同时，美国、英国、俄罗

斯等国均已提出深海空间站的构想。随着海上油气开采从浅海向深海扩展，深水油气田的开发规模和水深不断增加，深水海洋工程技术和装备飞速发展，人类开发海洋资源的进程不断加快，深水已经成为世界石油工业的主要增长点。国际上有数家著名的公司正注重于深水海洋工程船舶、深潜器等作业技术的探索和研究，适应深远海支持和作业的海洋工程船和深水水下装备将成为未来需求和研究的重点。

三、广东省海洋工程装备产业发展路径及布局

从目前来看，广东省高端船舶与海洋工程装备产业仍然存在行业龙头企业全球影响力有待提高、缺乏具有垄断竞争能力的产品、在全球产业链体系中处于中下游、关键核心技术创新策源能力不足、产业链较成本竞争优势有所弱化等问题。因此，广东省发展高端船舶与海洋工程装备产业必须立足现实，扬长避短，抓住政策利好、科技革命和产业变革机遇，力争在产业链关键环节实现突破，带动产业链整体转型升级。

1. 发展路径

立足新发展阶段，贯彻新发展理念，构建新发展格局，紧紧围绕建设海洋强国、建设交通强国、建设制造强国和海军装备现代化建设需求，结合船舶海工装备产业发展基础，紧抓粤港澳大湾区和深圳中国特色社会主义先行示范区建设重大机遇，坚决落实国家及广东省相关政策要求，持续完善政策举措，强化产业链关键环节自主可控，培育一批具有全球竞争力的领军企业，打造全球知名船舶海工装备产品知名品牌，优化调整船舶海工装备产业整体布局，持续推动船舶海工装备产业集群转型升级。

2. 整体布局

深入贯彻粤港澳大湾区和深圳中国特色社会主义先行示范区建设战略部署，强化“一核一带一区”区域发展格局空间响应，推动广东省高端船舶与海洋工程装备产业整体布局优化调整，聚焦高端转型，淘汰落后产能，集中力量在广州、深圳打造领军型船舶与海工总装建造企业，

以大型企业为龙头，推动产业链上下游深度合作。充分发挥珠海、佛山、东莞、中山、阳江等地现有配套企业集聚优势，打造配套骨干企业及“隐形冠军”企业，适时适度推进相关总装及配套企业退城上岛、退城入园，提高产业集聚度。充分利用广东省电子信息产业优势及粤港澳创新资源，推动船舶与海洋工程装备产业新业态、新模式。进一步促进传统及新兴生产要素高效集聚，形成从研发、设计、制造、营销、售后服务到物流、金融等环节高度融合、高效互动的全产业链布局，真正打造服务全国、辐射全球的有持续竞争力的世界级高端船舶与海洋工程装备产业集群。

第四节　产业发展建议

为落实党中央、国务院关于发展海洋经济，保护海洋生态环境，加快建设海洋强国的部署，进一步推进广东省委十三届三次全会提出关于全面推进海洋强省建设，在打造海上新广东上取得新突破的具体部署，结合广东省船舶及海洋工程装备产业发展现状及未来发展趋势，提出对广东省发展高端船舶与海洋工程装备产业发展的建议。

一、完善政策制度体系，创造海洋工程装备产业发展良好外部环境

广东省海洋工程装备产业的发展，需要政府创造良好的外部环境，包括法律环境和市场环境。持续完善相关法律和制度设计，如科技发展政策、知识产权保护、鼓励企业发展的优惠政策等。从激励自主创新、转型升级、鼓励发展新业态等角度，针对产业的具体特征，制定一套能够指导、牵引、激励、约束、监督、调配海洋工程装备产业发展的政策，形成能够延长产业链和促进产业结构优化升级的政策手段。要充分注重发挥市场和企业的作用，在促进海洋工程装备产业发展的过程中，以企业为主体，调动市场活力，推动产业集聚。要进一步健全知识产权保护法律体系，维护科技创新的积极性，为实现关键核心技术和高端技术的突破创造条件。

二、发挥市场和政府力量，建立海洋工程装备产业发展协调机制

建立和完善广东海洋工程装备产业发展的协调机制。充分发挥市场配置资源的基础性作用，利用市场的价值、供求和竞争规律，用利益诱导、市场约束和资源约束的“倒逼”机制引导科技创新活动；充分发挥政府在产业发展规划、财税、金融政策扶持等方面的积极作用，利用政府有形之手破解市场无形之手的失灵问题；建立产业集群统计监测及考核评价体系，建立国际合作及信息交流平台，加强对产业集群发展的引导、评价指导和协调服务。

三、推动强强联合，充分发挥龙头企业带动作用

实施海洋工程装备产业龙头企业培优工程，建设产业化龙头企业总部基地，支持龙头企业通过强强联合、同业整合、兼并重组做大做强做优，加快培育一批具有全球竞争力的世界一流企业，以及具有生态主导力的产业链“链主”企业，并充分发挥产业链整合优势，构建大中小企业融通发展的企业群。弘扬企业家精神，建立优质企业“白名单”，鼓励支持优质企业形成更多创新能力、技术、质量、规模、效益、品牌、形象世界一流的企业，探索开展企业分类综合评价，引导土地、劳动力、资本、技术、数据等资源向优质企业流动。推进核心承载区加快向企业综合服务、产业链资源整合、价值再造平台转型。

四、鼓励海外收购，提升研发、服务及国际化水平

借助国外优秀的研发力量和已有的专利成果，是实现广东省海工装备设计研发水平快速提升的重要途径。当前，全球海工产业进入低潮期，企业市值大幅度缩水，为广东省相关企业收购国外设计企业创造了有利条件。应鼓励广东省内骨干海工企业收购国外先进设计企业，以及相关技术和专利，在保留现有人才的基础上，最大限度地引进外来人才，沿用国外设计品牌，弥补国内企业在设计研发方面的短板，同时借助收购的企业提升自身国际化程度和市场认可度。借鉴推广中集集团并购新加坡来福士及

瑞典高端海工设计公司、中车集团收购英国 SMD（Specialist Machine Developments Limited）、海油工程与福陆公司组建合资企业的经验做法，在海洋工程装备研发设计、生产制造和综合服务领先的国际企业，通过海洋产业发展基金资助广东省有实力的企业，积极进行精准招商、收购兼并或组建合资公司。

第五章　广东省海洋公共服务产业发展蓝皮书

第一节　海洋公共服务产业概况

一、海洋公共服务产业定义

公共服务有广义与狭义之分。广义的公共服务是由政府公共部门作为主要提供方，满足社会公共需求、供全体公民共同消费与平等享用的公共产品和服务，包括加强城乡公共设施建设，发展教育、科技、文化、卫生、体育等公共事业，为社会公众参与社会经济、政治、文化活动等提供保障。公共服务以合作为基础，强调政府的服务性，强调公民的权利。要在经济发展的基础上，不断扩大公共服务，逐步形成惠及全民、公平公正、水平适度、可持续发展的公共服务体系，切实提高为经济社会发展服务、为人民服务的能力和水平，更好地推动科学发展，促进社会和谐，更好地实现发展为了人民、发展依靠人民、发展成果由人民共享。狭义的公共服务指能使公民的某种具体的直接需求得到满足的服务。国家所从事的经济调节、市场监管、社会管理等一些职能活动，以及影响宏观经济和社会整体的操作性行为，都不属于狭义公共服务。本章所讲的公共服务主要是狭义上的公共服务。

改革开放后，海洋公共服务最早以海洋服务的形式提出。2003 年，海洋公益服务代替海洋服务成为政府海洋管理的新理念。近年来，海洋公共服务逐步替代海洋公益服务，成为海洋经济发展中必不可少的组成部分。2018 年 6 月，广东省委十二届四次全会做出了全面建设海洋强省的战略部署，明确提出要把海洋电子信息、海上风电、海工装备、海洋生物、天然气水合物和海洋公共服务业作为重要抓手，建设全国海洋经济发展高地。

以海洋相关产业为依托发展起来的海洋公共服务业迎来了历史发展机遇，成为海洋经济高质量发展和加快建设海洋强省的主要力量。

目前，我国对海洋公共服务及海洋公共服务业的界定没有统一的标准。海洋公共服务的内容十分广泛，逐步形成了包括海洋监测与预报、海洋资源调查、海洋信息服务等在内的综合服务体系。根据公共产品、公共管理和新公共服务等相关理论及文献分析，立足于以政府为主体的公共服务产品基本特性，一般认为，海洋公共服务业是提供海洋公共服务产品的服务行业。

本章基于海洋公共服务的内涵特征，结合广东省发展实际，考虑到海洋金融等海洋现代服务，对广东省海洋公共服务业的概念界定如下：海洋公共服务业是为满足海洋开发、生产、流通和生活需要，以政府行政机关及各类涉海企事业单位等为主体，围绕海洋而产生的各种公共事务，生产或提供各种公共服务产品的服务产业。

二、海洋公共服务产业分类

根据海洋经济发展及供给与需求现状，基于广东省海洋公共服务业的概念，参考现代服务业的分类方法，可大体将广东省海洋公共服务业分成三大类，即基础性服务类、生产性服务类和消费性服务类，具体分类如图 5-1 所示。基础性服务类海洋公共服务以政府为供给主体，投入公共资源，为公民及其组织提供从事海洋经济生产、生活、发展和娱乐等活动所需要的基础性服务，如海洋环境观测监测、海洋预报、海洋信息、海洋防灾减灾、海洋政策和决策指导等公共服务。生产性服务类海洋公共服务以政府为资源筹资者，调动私营部门、非营利部门为供给主体，以人力资本和知识资本为主要投入，提供专业化、知识化等信息、中介服务，如涉海金融、海洋咨询、仲裁、海事法律等公共服务。消费性服务类海洋公共服务以居民消费者为需求主体，其主要目的是扩大短缺公共服务的有效供给，满足消费者多元化的消费需求，顺应居民消费结构升级优化的趋势，主要表现形式为“科、教、文、卫”，即海洋教育、海洋文化建设等公共服务。

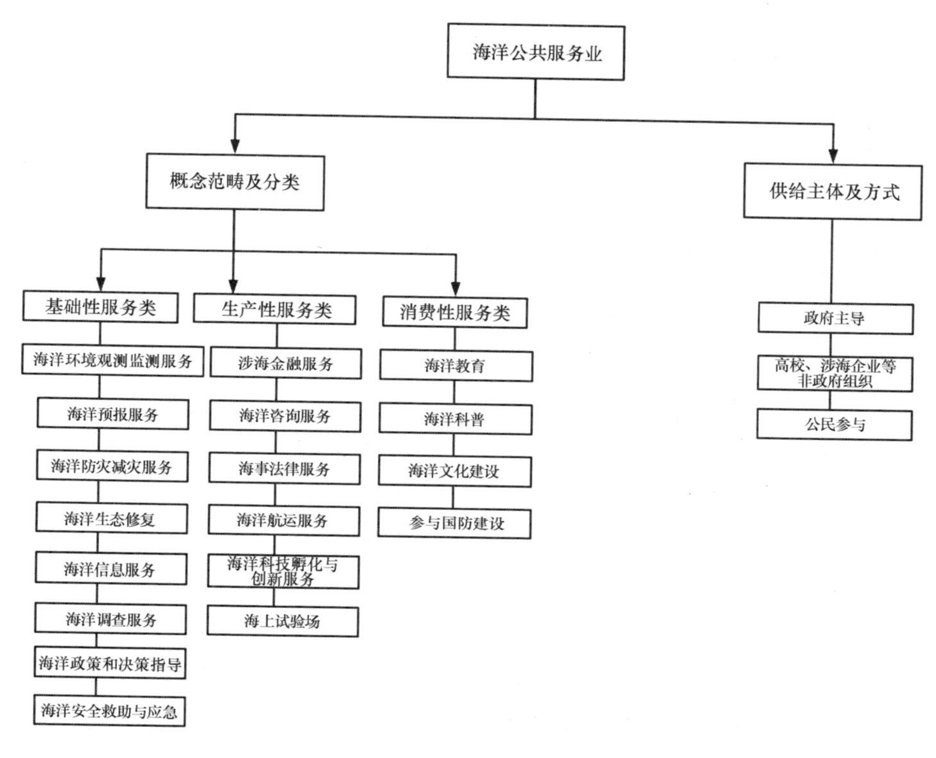

图 5-1　海洋公共服务业概念范畴及内涵

三、国内外海洋公共服务产业概况

海洋公共服务产业是以海洋为主要业务领域，提供一系列公共服务的重要行业，在海洋资源的保护、海洋环境的维系、海洋经济的繁荣、公众的海洋意识提升等方面发挥着至关重要的作用。国内外一些国家和地区在海洋公共服务产业的发展上，无论是在政策制定、科研投入、环保理念，还是在产业发展等方面，都有着独特的经验和成功的案例。广东省作为我国的海洋大省，有着丰富的海洋资源，发展海洋公共服务产业具有较大的潜力和优势。借鉴和学习国内外的成功经验，有助于广东省海洋公共服务产业的快速发展，推动海洋经济的繁荣，保护和利用好海洋资源。

1. 国外海洋公共服务产业发展形势

国外海洋公共服务产业发展较早，已经形成了一定的产业规模和体系。总体呈现出海洋观测能力不断提升、海洋信息服务日益完善、海洋环境保护意识日益增强、海洋科技不断创新、海洋公共服务产业市场化程度不断提高、国际合作不断加强等趋势特点。其中，美国、日本和挪威都是海洋强国，分别位于美洲、亚洲及欧洲等不同区域板块，拥有丰富的海洋资源，对海洋的开发利用总体起步较早，已有较好的产业发展基础，具有一定的领先性。

然而，这些国家的海洋公共服务产业也面临一些挑战，包括海洋垃圾污染、海洋生态系统破坏、海洋资源过度开发等问题。研究美国、日本及挪威等国的海洋公共服务产业发展情况，对了解全球不同区域的海洋产业发展现状及未来发展方向有一定的积极影响。

（1）美国

美国是世界上海洋经济发展最早、最成熟的国家之一，其海洋公共服务产业是指为海洋事务提供公共服务的产业，包括海洋预报、导航、救援、渔业、旅游等，目前产业发展较为完善，管理水平居世界前列，主要由联邦政府和各州政府共同承担。海洋公共服务产业的规模和贡献较大。2015 年，该产业提供了约 60 万个就业岗位，创造了约 800 亿美元的国内生产总值，占海洋经济的 18.8%。

美国海岸警卫队、美国国家海洋委员会以及美国海洋与大气管理局分别代表执法、决策和科技 3 个层面的海洋管理机构。由国家海洋和大气管理局提出制定和执行海洋政策和法规，保护和管理海洋资源和环境，支持和促进海洋科学研究、教育和创新，提供和协调海洋相关的公共服务技术支持，在国家海洋委员会的统筹和指挥下，协调各级部门全面整合海上力量，保障和加强海岸警卫队的海上执法能力。美国海洋公共服务发展形势主要体现为美国海洋管理体系和技术的进一步强化和升级。

2022 年 10 月，美国海岸警卫队发布的《美国海岸警卫队战略 2022》强调，美国的水道、海岸和海洋是经济、国家安全和生活方式的命脉，美国的安全、安保和繁荣取决于可靠地进入海洋环境、保护免受海上威胁以及保护海洋本身，它将在网络空间发展其防御能力，以帮助确保海上运输系统的安全。2023 年 3 月，美国海岸警卫队发布《无人系统战略计划》，以指导该军种无人系统的开发和运用。该战略为海岸警卫队未来 10 年需要发展的能力以及获得方式提出了愿景，并制定五大战略目标。

（2）日本

日本政府重视高层次协调机构的建立和咨询、参谋机构的编制。日本政府于 2007 年 4 月在内阁官房设置综合海洋政策本部。具体负责推进海洋基本计划方案的制定和实施；根据海洋基本计划，统一调整相关行政机构实施的政策；策划、起草和综合调整海洋方面的重要政策，协调与海洋有关的行政事务。日本政府为全国海洋管理和推进，建立了两个咨询参谋机构：海洋开发审议会和海洋政策研究财团。“海洋开发审议会”是日本内阁总理大臣在海洋开发方面的最高决策性咨询机构，负责协调、审议、制定与海洋有关的基本计划和政策措施。“海洋政策研究财团”的研究领域包括海洋政策、海上交通、安全保障、近海岸管理、海洋环境、海洋教育等。

日本重视法律和政策规划，是具备比较系统完善的海洋规划的国家。“海洋立国”和“科技创新立国”是日本的基本国策。从 2008 年始至 2022 年，日本已分别于 2008 年、2013 年、2018 年发布三期《海洋基本计划》。前两期都是以基础性的调查科研为主，积累资料，建立档案，为全面推行海洋综合管理夯实基础。第三期则开始转向实质性的海洋行政管理，重点向以领海警备和离岛防御为主的海洋权益维护倾斜。这些法律和政策规划，构成了日本发展海洋产业的基本政策依据和重要实施指南。目前，日本已成为世界上较早具备比较系统完善的海洋规划的国家之一，海洋产业也具备了相当规模。

日本重视海洋管理信息系统的建设。日本在《21 世纪海洋政策建议》中提出，在加强海洋调查、观测的基础上，充分利用国家、地方公共团体、大学、实验研究机关、产业界和国民之间的相互作用，共同合作完善海洋信息系统，为防灾减灾、海洋综合管理服务。具体措施包括海洋信息收集协调，强化海洋信息管理机能，建立统一的海洋调查、观测、监视系统，构建地域海洋信息网络。为了更好地推动海事全产业链智能化变革、应对人口老龄化问题带来的劳动力短缺困境，日本近年来不断加大在智能船舶领域的研发投入，国内船舶行业各相关方积极致力于物联网和人工智能等先进技术研究，大力推进智能船舶基础技术开发与基础设施建设进程。

（3）挪威

早在2003年，挪威就形成了成熟的海洋治理体制，但当时大多数国家还没有形成海洋治理的基础框架。挪威政府为了提高本国海洋产业的竞争力，不仅向海洋企业提供信用、保险、税金、研究开发等援助，同时还注重与商会、企业之间的沟通协调，根据企业的需要提供服务。挪威海洋公共服务发展主要包括以下特点。

以海洋战略为统领，构建完善的战略规划体系。挪威政府于2017年制定了《新的增长辉煌的历史——海洋战略》，该战略分析了石油行业、航运业、海产品行业、矿产资源等海洋行业未来的前景和发展的关键因素。同年，挪威政府还发布了《海洋白皮书》，制定海洋相关政策，重点强调了挪威海洋发展的三大领域，即可持续利用和蓝色增长、清洁和健康海洋以及蓝色经济在发展政策中的角色。挪威以海洋战略为统领，针对具体领域分别制定了海洋综合管理计划、绿色航运计划、海洋竞争力发展计划等，初步构建了完善的海洋战略体系。

加强国际合作，提升国际影响力。挪威重视加强跨行业、跨学科和跨国界的合作，积极参与政府间海洋学委员会、“地平线2020”计划、北极理事会等对话，在海洋开发知识和促进国际合作方面发挥主导作用。2018年，在挪威首相索尔贝格的倡议下，14位政府首脑联合成立海洋小组，构建了高层次的国际海洋治理新机制。

重视技术创新，加强海洋人才培养。为提高海事教育质量和专业化水平，挪威制定了《海洋竞争力发展计划》（MARKOM2020）。政府对大学和学院进行改革，其重要的目标是确保教育机构能够向未来的劳动力市场提供高质量的人才。同时，挪威制定了《2015—2024年研究和高等教育长期计划》，鼓励企业和公共部门加大研究和开发力度，推动绿色经济转型发展，增强竞争力和创新能力，进而实现海洋和大陆架上的资源可持续开发，助力挪威进入欧洲最具创新力的国家行列。

加速绿色转型，加强海洋污染防治。挪威制定的《绿色航运行动计划》指出，到2030年力争将国内船舶和渔船的排放量减少一半，促进所有船舶的零排放和低排放的解决方案的发展，引入零排放和低排放船舶的激励措施，进一步促进绿色增长，提高挪威航运业竞争力，使航运业更加绿色环保。2018年，挪威启动了一项《海洋垃圾和微塑料防治发展计划》，该计划的主要目标是防止和大大减少以发展中国家为来源的海洋塑料垃圾数量，在2019—2022年拨款16亿挪威克朗，资金将集中用在塑料废物管理、对选定的沿海地区和河流进行废物清理，以及对废物进行可持续管理等方面。2022年11月28日，挪威船级社（DNV）发布了《2022年全球能源展望》，对2022—2050年全球能源发展进行了预测，包括能源结构的变化、主要行业能源需求的变化，并对目前存在的问题提出了解决方案。

2. 国内海洋公共服务产业发展形势

从国内形势来看，我国是拥有世界上较长海岸线的国家之一，上海、山东、浙江、江苏是我国海洋公共服务产业的重要代表。

（1）上海

上海作为全国最大的沿海经济中心城市，是我国东部海洋经济圈的重要组成部分。上海因海而起、因海而发展、拥海而强，其发展与海洋密不可分，海洋深深融入上海的城市精神和城市品格，成为上海软实力的重要体现。上海作为全球海洋城市中心的建设融入“十三五”“十四五”规划及“五大中心”建设过程中。目前，其功能建设已取得了一定成就，基本形成了世界海洋中心城市的框架，正在朝着打造以海洋战略性新兴产业和现代海洋服务业为主的现代海洋产业体系和形成“两核三带多点”的海洋产业功能布局迈进。

上海市海洋局发布的《上海市海洋“十四五”规划》指出，要以习近平新时代中国特色社会主义思想为指导，全面贯彻落实建设海洋强国，把握“一带一路”“长三角一体化”发展机遇，围绕“五个中心”建设，以推动经济高质量发展、创造高品质生活、实现高效能治理为导向，提升海洋产业能级和核心竞争力，切实保护和利用海洋资源，加强海洋生态文明建设，增强海洋灾害防御能力，提升全球海洋中心城市能级，加快建设现代海洋城市。具体来说，严守海洋生态保护红线，常态化开展海上风电项目海域使用后评估工作，统筹推动海洋绿色低碳发展（包括发展海洋碳汇，鼓励发展海洋清洁能源、开发深远海资源，支持海洋可再生能源开发利用等），积极推进海洋生态保护修复（包括探索建立海洋生态保护修复项目储备和资金投入机制、编制出台海洋生态保护修复行动方案等）；协同推进深远海资源勘探开发、深潜器、海水利用、海洋风能和海洋能等高端装备研发制造和应用；推动北斗技术、生物技术、信息技术、新材料、新能源等创新技术和成果应用于海洋资源保护开发；推进佘山岛领海基点、临港滨海、金山滨海湿地、奉贤华电灰坝岸段海洋生态保护修复；将崇明、长兴和横沙三岛分别打造成碳中和岛、低碳岛和零碳岛。

综上所述，上海海洋公共服务未来将从科技创新（包括前沿技术和核心技术等）、人才培育、海洋产业集聚创新平台、产业结构调整、海洋科创金融服务体系建设等多方面协调稳步发展，到“十四五”末，海洋资源管控科学有效、海洋生态空间品质不断提高、海洋经济质量效益显著提升、海洋灾害防御能力大幅度增强、民生共享水平进一步提高、全球海洋中心城市能级稳步提升。

（2）山东

地处中国东部沿海、黄河中下游、京杭大运河的中北段，面向朝鲜半岛，遥望日本南部列岛，位于黄海和渤海之间的山东半岛地理位置优势十分明显。山东半岛矿产资源种类繁多，近海海洋生物种类繁多，鱼、虾、贝、藻、海珍品资源丰富，各种资源储量居中国前列，海洋资源优势明显。丰富的海洋资源和地理条件，为山东省海洋经济创新发展提供了有力支撑。

山东省将实施智慧海洋工程，积极运用大数据、云计算、人工智能等新一代信息技术赋能海洋产业发展。大力推进海洋牧场数字化发展，加快建设国家深远海绿色养殖试验区和国家级海洋牧场示范区，推动海洋牧场采捕装备机械化、深水大网箱“投鱼、喂饵、起插、清网”智能化、生态环境监测数字化，高水平建设“智慧海上粮仓”。海洋公共服务部门可为海洋牧场提供政策支持、基础设施和物流服务、技术和研发服务、环境保护和灾害应对等服务，以规范和支持海洋牧场的运营。实施“蓝色药库”

开发计划，建设国家深海基因库，研发大规模海洋药物虚拟筛选、分子智能设计等核心算法及软件系统，助推海洋创新药物快速发展。打造国际一流的海洋数据信息产业集群，完善海洋大数据共享开放机制，积极推动海洋大数据产业园建设。加快培育海洋产业新技术、新产业、新业态和新模式，大力发展智能制造、智慧港口、智慧航运、智慧旅游等“智能+”海洋产业。支持山东省智慧海洋产业技术研究院建设，以绿色、智慧海洋产业发展为重点，推动海洋产业高质量发展。

在经济效益方面，山东省将基本构建现代海洋产业新体系，大幅度提高海洋科技创新能力，建设具有较强国际竞争力的海洋强省，经济效益十分突出。到 2025 年，海洋产业结构进一步优化提升，传统优势产业提质增效，海洋战略性新兴产业发展壮大，海洋服务业快速发展，海洋产业迈向全球价值链中高端，形成具有较强国际竞争力的现代海洋产业体系。

在生态效益方面，山东省以海洋生态系统为基础的综合治理体系更加完善，海洋经济可持续发展能力明显增强，生态效益巨大。到 2025 年，海洋生态文明建设水平不断提高，近岸海域环境质量持续改善，优良水质面积比例不低于 92%，主要入海河流国控断面全面消劣。海洋生态破坏趋势得到根本遏制，典型海洋生态系统和生物多样性得到有效保护，海洋生态系统质量和稳定性稳步提升，大陆自然岸线保有率不低于 35%。亲海空间环境质量和公益服务品质明显增强，积极向国家申报创建“美丽海湾”优秀案例不少于 5 个，打造省级“美丽海湾”优秀案例 10 个。海洋生态环境监管能力短板加快补齐，海洋环境污染事故应急响应处置能力显著提升，陆海统筹的生态环境治理制度不断健全，海洋生态环境治理体系更加完善。

在社会效益方面，山东省将进一步拓宽就业渠道，沿海地区居民收入将稳定增长，人民幸福感和获得感持续增强。同时，海洋防灾减灾能力不断提高，沿海居民生命财产安全得到有力保障。全民海洋意识明显提高，关心海洋、认识海洋、经略海洋的理念更加深入人心。

（3）浙江

浙江沿海和岛屿地区位于我国海滨地区的中心轴上，是长江三角洲城市群核心地区，东西两侧是上海和宁波两大城市，毗邻海峡西岸经济区，具有独特的地理优势。浙江海洋资源丰富，拥有26余万平方千米的浅海大陆架，相当于浙江沿海岛屿及陆地面积的两倍多。全省海岸线6696千米，面积大于500平方米的海岛有2878个，大于10平方千米的海岛有26个，是全国岛屿最多的省份。浙江拥有丰富的港口、渔业、旅游、油气、滩涂、海岛、海洋能等海洋资源，组合优势明显，具有发展海洋经济的巨大潜力。

在专业化服务方面，既有浙江大学、浙江海洋大学、宁波大学等学术化科研单位，也有自然资源部第二海洋研究所、浙江省海洋水产研究所、浙江省海洋水产养殖研究所、宁波海洋研究院等研究性机构，又有浙江省海洋学会、浙江省渔业互保协会等民间性质的服务单位。在市场化服务方面出现了许多民营海洋公司，如浙江开创国际海洋资源股份有限公司、浙江兴业集团有限公司、扬帆集团股份有限公司等。

浙江拥有广阔的海岸线，海域管理是浙江开发和管理的重点。为有效治理海域，浙江省出台了一系列有关海域管理的政策文件和规范制度，例如，《浙江省重点海域综合治理攻坚战实施方案（2022—2025年）》《浙江省海洋环境保护条例》《浙江省海域使用金征收管理办法》《浙江省湿地保护条例》《浙江省海域使用管理办法》《浙江省人民政府关于科学开发利用滩涂资源的通知》等。宁波、舟山、温州等市发展和改革委员会、财政、海洋渔业等部门也制定了相关实施细则，使浙江省海域管理工作正常开展。同时，海洋行政执法水平也显著提高，《浙江省海洋与渔业行政处罚裁量基准（2022版）》《浙江省海洋与渔业行政执法督察暂行规定》等先后出台，首次在全国海洋综合行政执法体制方面进行改革创新。

（4）江苏

江苏省位于我国沿海、沿长江和沿陇海兰新线三大生产力布局主轴线交会处，“一带一路”、长江经济带和沿海开发三大国家战略在此叠加，临海拥江，区位优势独特。海岸线长954千米，管辖海域面积3.75万平方千米，滩涂面积达68.73万公顷，海洋资源综合指数居全国第四位，是全国海洋资源富集区域之一。

江苏沿海地区基础设施日臻完善，支撑保障能力显著增强。围绕海洋产业发展需求，江苏重点加强港口物流、海洋信息、防灾减灾等重大基础设施建设，加快构建适度超前、功能配套、安全高效的涉海基础设施支撑体系和公共服务体系。①提升港口综合能级。江苏加快长江下游重要的江海联运港区和连云港港区域性国际枢纽港、南京长江区域性航运物流中心、太仓集装箱干线港“一区三港”建设，增强港口公共基础设施保障能力，积极推进航道、防波堤、锚地等港口公共基础设施建设。完善沿海港口功能，加强港产城联动开发，提升综合通过能力。②完善港口集疏运体系。加强港口与铁路、公路、内河水运等枢纽的有机连接，完善江海、河海、海公、海铁等多式联运体系。突出多式联运服务和智慧化发展，重点解决港口集疏运节点功能不强和“断头路”问题，降低公路集疏运分担比例，推进港口集疏运一体化发展。疏港公路重点推进徐新公路、南通洋口锡通高速、南京龙潭港等公路建设，实现高速（快速）公路直通年吞吐量超过百万标箱的集装箱重点港区，一级以上公路直通沿江、沿海港口重点港区。疏港铁路重点推进连云港港徐圩港区、南京港龙潭港区、苏州港太仓港区等主要港口、重要港区铁路支线、专用线规划建设。疏港内河水运重点推进滨海港疏港航道等沿海港口四级以上内河航道建设，提升大丰港区内河疏港航道等级。支持大运河、通榆运河、盐河等干线航道内河港口和集装箱码头建设，重点打造淮安等内河枢纽港。到 2020 年，基本实现综合交通网络与沿海、沿江港口充分衔接，铁路运输全面通达沿海主要港口，高速公路直达沿海集装箱规模化港区，四级以上航道直达沿海核心港区。

第二节　广东省海洋公共服务产业发展概况

随着海洋政策的不断实施、海洋经济的高速发展，海洋公共服务作为新支柱产业，占据重要影响地位。《广东省海洋经济发展“十四五”规划》明确提出，需持续提升海洋公共服务水平，推进海洋强国地方实践和海洋经济强省建设。2023 年，省级促进经济高质量发展（海洋战略性新兴产业、海洋公共服务）专项资金重点支持了海洋公共服务业 6 个项目、2180 万元，涉及海洋碳源、碳汇、碳通量调查评估，近海实景三维建设与智能监管，微生物生态功能的海岛开发生态风险评估预警及海岸带环境评价等领域。

一、广东省海洋公共服务产业发展现状

据初步核算，2023 年广东省海洋生产总值为 18 778.1 亿元，同比增长 4.0%，占地区生产总值的 13.8%，占全国海洋生产总值的 18.9%。其中，海洋公共管理服务增加值为 5398.5 亿元，占比 28.7%，增长 3.8%。广东省海洋经济快速发展，产业结构配置优化，各类产业科技创新成果收获丰硕。广东省海洋公共服务产业在基础性、生产性和消费性服务等方面均获得较大进步。

1. 广东省基础性海洋公共服务类产业发展现状

（1）海洋观测预警效率持续完善

2022 年，围绕党的二十大提出的“发展海洋经济，保护海洋生态环境，加快建设海洋强国”目标，广东省积极提升海洋感知能力和观测服务水平，推动海洋观测体系高质量发展。根据《广东省海洋观测网“十四五”规划》要求，持续推进验潮站、浮标、雷达、志愿船等综合观测建设。2022 年，广东省印发《关于建立健全全省海洋生态预警监测体系的通知》，推进建设符合广东省情的海洋生态预警监测和防灾减灾体系。2022 年，广东省自然资源厅完成省级近海海洋浮标观测网（一期）建设，在海洋观测、监测方面取得较大进展。全年新增海洋观测设施 10 个，全省各类海洋观（监）测站点数量达到 212 个，其中浮标66个、潮位站 142 个、雷达站 4 个。完成“空—天—地—海（海面—水体—海底）一体化智能感知网”建设，实现海洋立体综合观测。广东省新建 5 个风暴潮观测站站点并完成 5 个旧站点升级改造。广州市在重点海域布设35 个自动观测站，惠州市新建立了 3 套综合观测浮标及综合潮位仪和 VPN 涉密信息无线传输网。广东省首次研发建立“无人船+被动声学监测”技术，用于中华白海豚种群调查，不仅提升了装备水平，也有助于提升监测效率。国内首批自主创新研发的、具备全天候海上浮标作业能力的海洋综合科考船“向阳红 31”号完成首航任务。2023 年，广东省共发布海浪警报 93 期、风暴潮警报 36 期、赤潮监测预警专报 18 期，启动海洋灾害应急响应

8 次；成功应对30 轮强降雨和 6 个台风登陆或正面影响。沿海各地市共紧急转移安置受海洋灾害影响人员12 843 人。广东省未发生造成人员群死群伤的重大地质灾害。

（2）海洋防灾减灾能力提升

广东省顺利完成第一次海洋灾害综合风险普查主体任务，建立广东省海洋灾害风险数据库，形成广东省海洋灾害防治区划和防治建议。2023 年，广东省海洋灾害以风暴潮、海浪灾害为主，赤潮、海平面变化、海岸侵蚀、咸潮入侵和海水入侵等均有不同程度发生，各类海洋灾害共造成直接经济损失 1.83 亿元，死亡失踪 1 人。与近 10 年（2014—2023 年）平均状况相比，2023 年海洋灾害直接经济损失、死亡失踪人口均低于平均值，分别为平均值的 10% 和 25%。与 2022 年相比，2023 年海洋灾害直接经济损失减少 5.82 亿元。2023 年，广东省共发生达到蓝色及以上预警级别的风暴潮过程 4 次，其中 2 次造成损失；近海发生灾害性海浪过程 12 次，海浪灾害过程 1 次；沿海发现赤潮 6 次，累计面积 20 平方千米；沿海海平面较常年高 54 毫米；沿海区域部分岸段存在海岸侵蚀，其中，惠州市、江门市、湛江市部分监测岸段海岸侵蚀程度较 2022 年有所增加；珠江口区域出现咸潮入侵，其中，全禄水厂监测到 7 次咸潮入侵，入侵程度较 2022 年总体减轻；湛江市和汕尾市监测到海水入侵现象。2023 年，广东省海洋综合执法总队全面开展渔船安全隐患专项排查整治，共检查渔船 53 645 艘次，发现和整改隐患 7258 个。强化海上应急处置，妥善处置海上报警事故 84 宗、救助遇险船舶 84 艘、渔民249 人，发送警报预报信息 498 万条，有力地保障了渔民群众的生命财产安全。广东省自然资源厅发布《2022 年广东省海洋灾害公报》，不断增强公众的海洋防灾减灾意识。创新性举办“防灾减灾日”“防灾减灾进校园”等活动，开展渔业安全普法、安全咨询和应急演练等活动，增强从业人员的安全生产意识、提高其突发事件应对处置水平和自救互救技能。

（3）海洋环境生态修复治理成效显著

海洋生态保护工作卓有成效。实施海岸线整治修复、魅力沙滩打造、海堤生态化、滨海湿地恢复及美丽海湾建设等海岸带生态保护修复“五大工程”，建设 11 个海岸带保护与利用综合示范区。实施广东省劣Ⅴ类主要入海河流“一河一策”精准治理。2023年，广东省36个国控河流入海断面中32个水质为优良，无Ⅴ类和劣Ⅴ类断面，珠江口12个国控河流入海断面总氮平均浓度为3.15毫克/升，与2020年相比下降了0.07毫克/升。2023年，广东省近岸海域水质优良面积比例为92.3%，为近20年来最好水平，珠江口海域水质优良面积比例为77.8%，同比提升6.1个百分点，首次达到国家下达的“十四五”攻坚目标。2022年，广东省贯彻落实《广东省红树林保护修复专项行动计划实施方案》，积极开展红树林营造和修复工作，印发《广东省红树林生态修复技术指南》《广东省红树林保护修复完成情况省级核查工作指引（试行）》，推动红树林生态修复任务落地，建设万亩级红树林示范区，标榜世界级生态保护红线。积极推进深圳前海、珠海横琴、汕头南澳以及中山翠亨、神湾等第一批“碳达峰”“碳中和”试点示范建设，探索打造“双碳”样板，推动海洋生态价值实现、绿色低碳转型和海洋新能源产业发展。重点推动生态化海堤、活力人居海岸线建设工程。截至2023年底，全省新营造红树林约2656公顷，修复现有红树林约2010公顷，海洋生态系统功能获得了较好的恢复。“国际红树林中心”正式落户深圳。

2. 广东省生产性海洋公共服务类产业发展现状

（1）海洋金融服务持续发展

广东省提出“金融+海洋”工程，打造“蓝色金融”创新，为海洋经济注入金融活力。根据广东省发布的《2023年广东金融支持经济高质量发展行动方案》要求，指导银行机构加大对海洋经济发展重大项目的中长期信贷支持，利用产业投资基金等方式，持续投入海洋设备租赁、供应链金融等领域。央行广州分行积极推出各类信贷产品，不断完善多元化金融服务体系。截至2023年3月，广东省沿海各地市银行机构海洋牧场产业贷款余额71.6亿元，较上年同期增长3.4亿元。2022年，海洋领域IPO（首次公开募股）保持稳步发展态势，8家海洋领域IPO企业完成上市，占广东省IPO企业的12.3%，融资规模达79.55亿元。政策性开发性金融工具支持港航项目建设取得重大进展，2022年新开工港航基金项目15个，总投资383亿元，签约金额26.9亿元。截至2022年底，全国首个线上航运保险要素交易平台已进驻 3 家保险机构，完成线上交易保单 3305 单，累计实现保费约 1. 2 亿元，风险保障金额约 347. 1 亿元。2022 年，广州航运交易所船舶交易 736 艘，交易额达 23. 88 亿元。广东省首笔海洋碳汇预期收益权质押贷款落地。广州航运交易所发展成为华南地区最大的船舶资产交易服务平台，交易额达 231. 72 亿元。广州航运供应链金融服务平台累计为珠三角地区近百家企业提供航运金融服务，融资金额达 6. 97 亿元。广州南沙落地首笔国际航行船舶保税油进口结算业务。2022 年，共有 3 家航运企业成功发行债券融资，累计发行规模达 60 亿元。成立总规模达 50 亿元的政策性产业引导基金，重点投向现代航运物流、服务、金融等方向，有力支撑海洋实体经济发展。

（2）海洋战略研究平台持续建设发展

广东省海洋事业发展战略研究机构呈集聚增长态势。截至 2022 年底，省级以上涉海科技创新平台包括省实验室 1 个（含广州、珠海、湛江 3 家实体）、省重点实验室 11 个（含省企业重点实验室 2 个）、省级工程技术研究中心 50 个、省海洋科技协同创新中心 1 个。拥有广东省社会科学院、中国综合开发研究院、广东省海洋规划发展研究中心等智库机构；中山大学、暨南大学、广东海洋大学等涉海高校；南方海洋科学与工程广东省实验室（珠海）、南方海洋科学与工程广东省实验室（广州）、南方海洋科学与工程广东省实验室（湛江）等重点实验室相继揭牌成立。依托于中国科学院南海生态环境工程创新研究所、中山大学、中国船舶重工集团公司、南部战区海军等科研单位，持续打造南方海洋科学与工程广东省实验室、广东省海洋遥感重点实验室、热带大气海洋系统科学粤港澳联合实验室、广东省沿海经济带发展研究院等重大研究平台，为广东省发展海洋公共服务提供更先进的科技力量与更具发展的平台空间。

（3）海洋海事法律服务取得新进展

一直以来，海洋经济都是广东省的重要经济增长点，保障海洋经济发展是广东海事审判必须承担的重大职责和艰巨任务。

海洋海事法院工作作为海洋经济高质量发展最前沿，保障海事审批质效向好是关键。广州海事法院依托信息化平台，全面优化海事审判改革，助力海洋经济高质量发展。广州海事法院 2023 年新收各类案件 3639 件，审结案件4040件，同比上升20.2%。以调解、撤诉方式结案1146件，占比42.7%。其中，新收案件量居前三的案件类型为：海上、通海水域货运代理合同纠纷，海上、通海水域货物运输合同纠纷和船员劳务合同纠纷。2023年，执结各类执行案件1192件，执行到位金额5.73亿元，网拍覆盖率达到100%。通过加强与海事行政机关的沟通交流，推进诉前、诉中实质解纷工作。2023年，扭转了海事行政案件逐年上升趋势，行政诉讼案件下降至52件，同比下降86%。智慧法院信息化水平不断提升，充分运用诉讼服务网、移动微法院和律师平台系统办理案件。受最高人民法院委托，广州海事法院承建和维护的“中国海事审判”网站于2022年4月25日正式上线运行，为中外当事人提供在线诉讼服务，为法官提供辅助办案、科学管理的智慧支撑，打造全能化数字海事诉讼新模式。

3. 广东省消费性海洋公共服务类产业发展现状

（1）加强培养海洋科研人才，激发创新活力

海洋科研人才是推进海洋发展的中坚力量。坚持科技自强、人才引领驱动，打造科研人才发展动力引擎。从海洋科技创新的人才规模来看，广东省海洋科研从业人员数量和科技活动人员数量呈逐年稳定增长的趋势。广东省已成立25个海洋科研机构，涉海科技企业22家，居沿海省份之首。此外，拥有省级以上工程实验室71家，国家级工程技术中心23家，海洋新兴产业战略基地42家。高标准推进国家海洋综合试验场（珠海）、南方海洋科学与工程广东省实验室、国家深海科考中心等创新平台建设，形成产学研紧密结合的海洋创新体系。广州、湛江和南沙被国家发展和改革委员会和国家海洋局确定为国家海洋高科技产业基地和科技兴海产业示范基地。广州打造南沙科学城、中新广州知识城、广州科学城、琶洲人工智能与数字经济试验区“三城一区”各具特色的创新核，海洋科技服务人员超5万人；中山大学、广东海洋大学、南海海洋研究所等涉海高校和研究机构，将海洋生物、海洋工程、现代海洋渔业等涉海专业作为重点建设学科，优化专业设置，并整合科技资源优势增设海洋专业博士后流动站；中央支持深圳建设海洋大学，深圳在南方科技大学、清华大学深圳研究生院等高校布局建设海洋学院；南海海洋研究所与深圳大学共建“海洋科技

菁英班”，惠州引进国际领先“清水湾生物材料研发团队”等。中国水产科学研究院珠江水产研究所、广东海上丝绸之路博物馆、广东海洋大学水生生物博物馆等 9 个涉海单位入选 2021—2025 年全国第一批科普教育基地。天然气水合物勘查开发国家工程研究中心、国家耐盐碱水稻技术创新中心华南中心揭牌成立。海洋科技领域顶尖人才的队伍不断壮大，海洋技术的支撑能力和服务水平得以提升。广东省近年来推出多项政策，旨在保障科研人才生活服务，部署实施青年科技“育才”行动，发布实施减轻科研人员负担、激发创新活力的若干措施。

（2）推进海洋旅游持续发展，向高端迈进

广东省是全国海岸线的省份，海岸线总长 3368 千米，其中，海域面积 42 万平方千米、可开发海岛 759 个，滨海旅游资源旺盛。广东滨海旅游公路全程1875 千米，贯通 90 个景点，途经 14 个沿海城市。目前，广东滨海旅游公路茂名（电白）先行段、阳江先行段已正式通车。广州南沙、深圳蛇口直达航线开通，海岛夜航及跨岛航班固定运营；茂名加快打造“国家级滨海旅游度假目的地”。万山群岛中，东澳岛成功创建 4A 级旅游景区，打造高端海岛旅游，推动高端旅游规模发展。2022 年，广东省海洋旅游业增加值为2599. 4 亿元，同比下降 4. 2%。广东省 14 个沿海城市旅游接待人次数3. 43 亿人次，同比下降 6. 5%。广东省现有滨海（海岛）类 A 级旅游景区 35 家。全国首个以“公益+旅游”模式开发的无居民海岛——三角岛一期部分项目试运营，定位为国际音乐休闲岛，配套接待酒店、研学设施、音乐文化社群等。珠海、江门等地与澳门的旅游业界签订旅游业务合作框架协议，结成旅游推广战略合作伙伴。成功举办 2022 广东国际旅游产业博览会，吸引来自全球各地和国内多个省市的文化和旅游行政管理部门、头部企业及涉旅科技企业参展，围绕科技赋能、非遗文创、乡村振兴、助企纾困等领域，集中展示文旅融合新趋势、新业态及广东文旅产业高质量发展新成果。

（3）增强海洋意识，弘扬文化特色

广东省具备历史悠久、特色鲜明的海洋文化，作为海洋强省建设的实践者，广东省切实增强海洋意识，弘扬文化特色。广东省可深入挖掘的海洋文化资源丰富，其中包括海上丝绸之路、海洋民俗、海上交通、水下文化遗产、海洋生态等。广东省组织开展2019年省级文化产业示范园区创建申报和评审工作，安排990万元专项资金对25个已获创建资格的园区及集聚类省级文化产业示范园区、文旅融合发展示范区等给予一定的经费支持。

二、广东省海洋公共服务产业发展优势

1. 广东省海洋公共服务产业整体优势

（1）海洋强省助力产业发展政策和规划体系持续完善

党的二十大报告指出，发展海洋经济，保护海洋生态环境，加快建设海洋强国。为加快推动广东省海洋经济高质量发展，打造广东省新发展格局战略支点。2022年，广东省委省政府及各级政府持续推出相关政策文件，持续支撑及推进广东海洋经济社会建设发展，进一步促进海洋公共服务产业经济快速发展和产业空间布局优化。

随着广东海洋经济势能持续释放，其将成为支撑“再造一个广东”重要战略高地。广东省继续聚焦新兴海洋产业、海洋科研教育管理服务以及其他海洋相关产业发展，持续出台多项优惠政策和综合规划文件，涵盖了用海征收、海洋渔业、生态环境等方面。持续完善广东海洋经济社会高质量发展的整套政策规划体系的同时，围绕海洋生产、科技研发、海洋教育和服务等各方面，逐步推动海洋公共服务产业发展的政策体系更加完善。

（2）汇聚海洋尖端人才，夯实科技创新优势

响应国家号召，广东省在海洋科研、公共服务、港口等领域加大投入，大力推进建设南方海洋科技创新，以优越的科研条件及各项福利政策吸引国内高校人才及海外核心尖端人才汇集。广东省作为我国海洋重要战略基地，具备完善的现代海洋产业体系，充分发挥科技及产业优势，搭建粤港澳大湾区海洋科技成果转化平台。截至2022年，全市海洋领域创新平台13个、市级以上研究机构3个、国家重点实验室29个。截至2024年1月，广东省已建有31家粤港澳联合实验室，汇聚来自香港大学、香港理工大学、澳门大学等港澳科研人员，培育硕士、博士研究生超千人。加快

建设海洋领域尖端人才工作站、创新实践基地，放宽外籍海洋人才来粤条件限制，不断创新引进机制，广汇尖端人才。

广东省海洋科技平台的数量和规模不断扩大。据统计，2022 年广东省海洋科技平台数量比上一年增长了近 10%，其中新增海洋科研机构和涉海企业超过 30 家。这些平台涵盖了海洋渔业、海洋环保、海洋工程、海洋新能源等多个领域，为广东省海洋高端产业的发展提供了强有力的支持。2022 年度认定涉海相关广东省工程技术研究中心 15 家。

2023 年，广东省在海洋渔业、海洋可再生能源、海洋油气及矿产等领域专利公开数达到 16 141 项，全省拥有海洋领域的国家重点实验室1 个、省实验室 1 个、省重点实验室 49 个，以及涉海省级工程技术研究中心 50 个。天然气水合物钻采船（大洋钻探船）、冷泉生态系统研究装置、极端海洋科考设施等一批“国之重器”加快建设，国家海洋综合试验场（珠海）、国家深海科考中心等重大创新平台建设稳步推进，省级海洋数据中心建设初见成效。

（3）战略性产业集群强大，对标国际水平

自改革开放以来，广东省产业经济快速发展，规模及质量均处于全国前列，形成强大的产业优势。在“十四五”期间，广东持续围绕创新驱动发展战略，在新兴产业中，加快产业结构调整、优化产业集群、加快海洋经济发展方式。目前，广东省具备半导体与集成电路、高端装备制造、智能机器人、区块链与量子信息等十大战略性新兴产业集群，增速明显，行业质量达到国际先进水平。广东省海洋公共服务战略性新兴科技产业多分布于珠三角区域，支持广州、深圳、珠海等地区发展集成电路产业集群。目前，国内通信运营、人工智能、数据服务等 20 多家行业企业签约韶关，投资千亿元打造大数据产业集群，集全国算力网络，打造粤港澳大湾区国家枢纽节点韶关数据中心。基于海洋的大数据服务目前已在大型港口进行应用，取得较好的成效。未来，广东省将统筹大数据资源，加快建设海岸带生态物联网，全面建设“全球海洋立体观测网”，对标国际水平，壮大海洋科技。

（4）产业创新联盟持续发展，进一步助力资源高效配置

广东海洋创新联盟是一个由海洋行政主管部门、涉海高校、海洋科研院所、涉海企业共同搭建的“以广东为主战场、以海洋事业为纽带、以重

大科研项目为抓手，以产业发展为导向”的开放型海洋科技创新合作组织。2017年，由广东省海洋与渔业厅联合国家海洋局南海分局、中国地质调查局广州海洋地质调查局、中国科学院南海海洋研究所、中山大学、广东海洋大学、中集海洋工程有限公司、广船国际有限公司8个单位共同发起组建的广东海洋创新联盟在广州成立。其吸纳了来自海洋生物、海工装备、海上能源、海洋生态环境勘测和海洋电子信息服务等领域的11家海洋高新龙头企业成为联盟首届共商会议成员单位，是我国海洋领域省级层面的第一个科技创新联盟。联盟覆盖了政府主管单位、科研单位、高校、生产和服务企业，涵盖了海洋产业链环节的方方面面。

自联盟成立以来，有效整合各方资源，通过搭建“科技公共管理信息服务平台”“科研联合攻关平台”“科技成果产业转化平台”和“人才交流合作平台”四大平台，支撑省内涉海单位充分发挥资源优势，帮助省内涉海单位达成优势互补、信息互通、资源互用，以最低风险实现资源调配利用最大化，实现大数据共享、重点实验室共享、大型科研仪器设备共享、科考船共享，达成深度合作、共建共享共赢的发展目标。目前，联盟已收集了23家成员单位的各类可共享资源150项，涉及软件平台、科考船、实验室、大型仪器设备、知识产权及其他科研资源，建立广东海洋创新联盟专家智库，启动海上联合科学考察。同时，广东海洋创新联盟定期举办海洋联盟年会、专题报告会，发布年度海洋科技研发项目计划、年度海洋科技报告、海洋产业发展报告、海岸带经济发展报告等，形成较高的综合实力和影响力，对优化产业生态、提高创新能力发挥重要作用。

2. 广东省基础性海洋公共服务类产业发展优势

（1）良好的海洋公共管理能力

海洋公共管理能力衡量政府在海洋公共服务领域行政管理效能的关键指标，政府的服务效率和服务能力是海洋公共服务效率的主要体现。其评价指标主要考察海洋行政管理和效率。广东海洋行政管理体制经过多次改革，逐步完善了管理体制、健全了管理机构和改进了管理方式，实现了从“行业管理”到“综合管理与行业管理相结合”的转变。

为深化行政审批制度改革，推进落实“放管服”改革。广东省海洋与渔业厅建设了省、市、县3级跨层级行政审批事项审批系统，初步形成11项省级海洋与渔业事项省、市、县3级“一张网”联审的服务模式，进一步压缩了审批时间。广东省人民政府办公厅印发《关于推动我省海域和无居民海岛使用“放管服”改革工作的意见》，提出“一个取消、两个下放、三个委托、四个服务、五项管理”等措施，推动广东海域和无居民海岛“简政放权、放管结合、优化服务”改革，全面提升海域、无居民海岛管理和开发水平，加快海洋经济强省建设步伐。

海洋执法是现代海洋管理的重要手段和工具，是维护海洋权益和实施海洋综合管理的重要保障，也是海洋综合管理能力的重要体现。近年来，广东省不断加强海洋与渔业综合执法体制改革，初步形成了“海渔合一”的海洋渔业综合执法体系，有效地保障了海洋经济健康发展。

广东省不断建立健全有关海洋综合管理相关政策，形成海洋开发和管理的综合决策机制，具备良好的海洋公共管理能力。

（2）海洋生态环境保护持续改善

2022年，广东省根据《自然资源部办公厅关于建立健全海洋生态预警监测体系的通知》《全国海洋生态预警监测总体方案（2021—2025年）》，印发《关于建立健全全省海洋生态预警监测体系的通知》，明确省市在海洋生态预警监测体系的职责；开展粤西海洋生态基线调查和近海生态趋势性监测等海洋生态系统调查，初步摸清粤西海洋生态系统的基本现状与分布格局，掌握海洋生态系统面临的生态和压力来源等问题。接下来，广东省将开展珠江口、粤东海域的海洋生态系统调查，力争在全国率先开展海洋生态图的编制工作。

广东省积极推进江门台山镇海湾、湛江雷州沿岸、湛江徐闻东北海域、惠州惠东考洲洋4个万亩级红树林示范区创建，其中，惠东考洲洋万亩级红树林示范区已初步建成。自《红树林保护修复专项行动计划（2020—2025年）》实施以来，截至2023年底，广东省新营造红树林约2656公顷、修复现有红树林约2010公顷。开展“和美海岛”创建示范工作，珠海的东澳岛、外伶仃岛、桂山岛、三角岛，阳江的海陵岛，汕头的南澳岛，江门的上川岛7个海岛入选国家级“和美海岛”，占全国入选总数的1/5。广东省印发《广东省水生态环境保护“十四五”规划》，提出以改善水生态质量为核心，推动实施 49 个重点工程，做好生态保护工作。2023 年，广东省近岸海域水质优良面积比例达到 92.3%，达到生态环境部所提出的水质目标，为近 20 年来最好水平。

广东省最早开展咸潮在线监测、海啸监测预警，建立“海陆空”三位一体观测网，组织开展了大规模生态修复和海洋自然保护区建设，海洋自然保护区数量、面积和种类均居全国首位，海域生态环境总体良好，海洋经济发展和滨海城镇建设具有良好的生态基础条件。

3. 广东省生产性海洋公共服务类产业发展优势

（1）涉海基础设施蓬勃发展助推海洋经济

广东省是国家参与经济全球化的核心区域、改革开放的先行地，在我国海洋强国建设，特别是海洋经济发展和生态安全格局中，具有举足轻重的战略地位。目前，广东省在航运交通、石化能源、电力能源等方面具有强大的基础优势，不仅增强了广东海洋公共服务产业发展能力，更有力支撑了广东海洋经济发展。

广东省拥有广州、深圳、珠海、东莞、湛江 5 个亿吨级大港，为海洋经济贸易服务提供优势基础设施。2023 年，广东省海洋交通运输业增加值为 996.1 亿元，同比下降 4.0%。完成沿海港口货物吞吐量 18.8 亿吨，同比增长 7.3%，其中，外贸货物吞吐量为 7.4 亿吨，同比增长 11.6%；完成沿海港口集装箱吞吐量 7209 万标准箱，同比增长 2.0%。广东省海洋运输的货运量为 62 075 万吨，货物周转量为 25 385.2 万吨千米。截至 2023 年底，广东省沿海生产用泊位 1303 个，其中万吨级以上泊位 401 个；全省已缔结国际友好港口 90 对，位居全国第一位，累计开通国际集装箱班轮航线 450 条，联通 120 多个国家和地区的 300 多个港口。2023 年，深圳港、广州港、湛江港、汕头港共计完成集装箱铁水联运量 73.6 万标准箱，同比增长 45.6%。广东省开行国际货运班列 1258 列，同比增长约 30%。

超百亿美元的重量级大项目助力世界级临海石化产业集群加速崛起，巴斯夫（广东）一体化基地项目、恒力石化（惠州）PTA 项目、埃克森美孚惠州乙烯一期项目、茂名烷烃资源综合利用项目先后建成并进入投产阶段，茂名、湛江、揭阳等地产业集聚效应凸显，海洋油气化工产业集群正蓄势待发。

（2）海洋金融服务机制创新推动海洋经济健康发展

海洋金融服务是海洋公共服务的重要组成部分。为推动和保障广东省海洋经济持续健康发展，需要加大金融支持力度，引导海洋传统产业转型升级，促进海洋新兴产业快速发展，加快海洋经济提质增效步伐。同时，广东持续健全完善海洋经济运行监测与评估体系，形成具有海洋特色的指标、指数和报告，增强公共服务能力，为政府宏观调控提供有力信息支撑。

同时，广东省毗邻港澳，与东南亚国家隔海相望，便于开展跨境金融合作，为海洋金融的发展提供了良好的环境和条件。广东省正积极推动海洋保险、海洋基金等业务的发展，比如，促进渔业转型的蓝色信贷、深海养殖平台的融资租赁以及渔业保险等，为海洋经济发展提供精准的金融服务支持，进一步促进了海洋金融的发展。2021 年 12 月，广东省印发《广东省海洋经济发展“十四五”规划》，提出要加快发展蓝色金融产业，鼓励有条件的银行业金融机构设立海洋金融事业部，开展海域、无居民海岛使用权和在建船舶、远洋船舶等抵押贷款、质押贷款，推动设立国际海洋开发银行，积极争取以深圳前海为中心创建“中国蓝色金融改革试验区”，对接深交所和上交所南方中心等资本交易平台，支持涉海企业在境内外多层次资本市场上市、发行债券融资，引导吸引各类资本加大对涉海企业股权投资，探索开发期权期货、排污权交易等海洋相关金融产品，鼓励发展海工装备和船舶融资租赁，扶持涉海融资租赁公司做大做强，加快发展航运、滨海旅游、海洋环境、海外投资等保险业务。

“十四五”期间，广东省海洋经济重大项目总投资预计超 6000 亿元，蓝色金融市场广阔，广东省内商业银行积极服务海洋重点产业，持续完善蓝色金融服务体系，增强金融创新能力，将蓝色金融作为服务实体经济的重要着力点，助力打造大湾区海洋生态圈。一方面，商业银行通过信贷、债券、股权、基金等全融资服务为扩展海洋经济空间布局提供有力支撑；另一方面，商业银行通过运用各类金融产品，提升国内外市场双循环服务和产业供应链保障能力，成为贯通涉海产业链、联结海内外两个市场的重要纽带。

在蓝色金融助力下，广东省海洋经济持续发展，企业经营效益继续好转。央行广州分行指导银行机构创新推出“海洋牧场贷”“水产致富贷”“养蚝贷”“深海养殖贷”等多项信贷产品，探索开展海洋碳汇预期收益权、海域使用权、知识产权等多样化抵质押贷款服务。深圳出台指导银行业保险业推动蓝色金融发展政策文件，成立规模100亿元的绿色航运基金，以支持海洋产业发展。2022年，广东省共有8家海洋领域公司上市，获得融资近80亿元。

广东省在海洋金融创新方面持续推进，重点推动科技金融、绿色金融、海洋金融等领域的创新发展，并已取得一定成果。例如，在科技金融方面，珠海市探索建立了以知识产权质押融资为主的科技金融新模式；在绿色金融方面，广东省已成立绿色金融研究院，并推动珠海市横琴新区开展绿色金融创新试点。同时，粤港澳涉海金融合作不断深化，在大湾区范围内推出多项先试先行的金融合作措施，服务海洋实体经济的能力逐渐增强。随着各类前沿数字化技术加速在海洋领域融合与应用，大湾区涉海金融服务模式也将发生深刻变革，由金融开放叠加金融创新，带动海洋科技金融融合发展，并通过引导资源配置推动海洋经济去杠杆，促进涉海金融存量资源优势转变为新的集成优势。

4. 广东省消费性海洋公共服务类产业发展优势

(1) 密集建设海洋科普教育基地，发挥资源优势

广东省海洋科普教育基地作为向公众提供海洋知识、宣传环保理念的重要场所，通过有效的环境管理、丰富的环境知识展览展示，推动构建生态环境治理全民行动体系。广东省持续密集建设海洋科普基地，加大提升对公众开放力度。2022年4月，中国科学技术协会发布的《中国科协关于命名2021—2025年第一批全国科普教育基地的决定》指出，共有800家单位被认定为2021—2025年首批全国科普教育基地，其中，广东省拥有53家，排名全国第二位，包含珠海长隆海洋王国、广东海上丝绸之路博物馆、广东海洋大学水生生物博物馆等。广东省拥有国内首个大型海洋文化科普教育基地——深圳大学海洋文化科普教育基地，该基地依托深圳大学海洋艺术研究中心，在海洋历史、海洋绘画、航海图、古船等领域取得了一系列研究成果。广东揭阳石碑山角领海基点，是我国最靠近

大陆且唯一在大陆肉眼可见的领海基点，拥有“亚洲第一航标塔”之称。广东省以海岸带综合示范区建设为契机，打造石碑山角领海基点海权教育基地，维护海洋权益、宣传爱国主义教育，建设美丽海湾。

（2）丰富海洋文化，助力多元产业融合发展

海洋文化具有开放、包容、自信、强大等特质，是发展海洋经济的核心因素。

广东省海洋文化资源丰富，发展潜力巨大，以海洋文化为主要吸引物，助力海洋旅游、海洋考古、海洋教育等多元产业融合发展。广东省聚焦岭南文化“双创”工程，传承与弘扬海洋历史文化，聚焦海洋考古发掘研究，建设广东省文物考古标本馆。开展对海洋古遗址和各类海洋文化遗产的调查摸底，加强对海洋水下和出水文物和遗产保护。“南海Ⅰ号”作为保存在海上丝绸之路主航道上的珍贵文化遗产，具有极高的历史价值、艺术价值、文化价值和社会价值。广东省将持续打造“南海Ⅰ号”世界级考古品牌，并同时启动“南澳Ⅱ号”沉船遗址考古发掘工作。广东海丝馆建设以中国特色世界一流博物馆、世界级考古品牌为总牵引，推进广东省水下文化遗产保护中心、环岛碧道等项目规划建设。广东海丝馆与马来西亚马六甲郑和文化馆联合举办“迎春接福船——‘南海Ⅰ号’到大马”活动，通过馆内打卡、播放视频、线上展览、线上讲座等形式，为马来西亚观众和当地华人华侨带来海丝文化体验，受到热烈欢迎。此外，广东海丝馆还举办了“南海Ⅰ号”发现30周年国际学术研讨会等，积极推动“南海Ⅰ号”的国际传播。

（3）优质海洋资源，助力海洋文旅发展

广东省拥有全国最长海岸线、可开发海岛众多，具有“滨海+温泉”金字招牌，以及千年商都等地域及品牌优势。广东省坚持以文塑旅、具有旅彰文，创新海洋文旅发展新模式。滨海资源丰富且具备独具一格的特点，因此，广东省海岛游成为众多游客首选，据统计，广东省可开发海岛数量仅次于浙江省，且海岛旅游整体开发成效显著，海域海岛精细化管理能力不断提升。湛江“五岛一湾”打包开发含有特呈岛、南三岛、东海岛、硇洲岛、南屏岛和湛江湾的滨海旅游区。茂名水东湾—放鸡岛已建成多座高规格旅游酒店，开通从水东镇油地码头至放鸡岛、浪漫海岸和第一

滩的游船航线。

三、广东省海洋公共服务产业发展问题

1. 海洋资源环境压力大，管理体系有待完善

2016年，我国处于亚健康和不健康状态的海洋生态环境占比高达76%，直至2021年，海洋生态环境才总体改善，基本消除“不健康”状态。广东省海岸线占据全国首位，海岸带开发活动密集，沿海工业发展引发的污染物入海量增加，公众亲海需求量大，致使海洋环境资源压力增加。陆源工业排放、海洋工程作业是导致海洋生态破坏污染的主要因素，海洋开发与保护存在着矛盾，广东生态保护面临复杂形式和艰巨任务。

截至2023年，广东省海洋资源开发完成了从单一资源向综合开发的转变，但仍未摆脱资源消耗的产业格局。地方性及区域性围填海、盗采海砂、人工岸线及其他工程对海岸生态造成的不可修复破坏导致近海资源环境承载力不断降低，生态环境保护管理体制有待完善。

2. 服务模式单一化，科技水平及创新尚待破局

广东省海洋公共服务产业的服务模式相对单一，缺乏多元化的服务方式。一方面，该行业较大依赖于政府投入和政策支持，缺乏科学合理的市场竞争机制，产业化市场化发展缓慢。尽管广东省已经有了一些专业的海洋公共服务机构，但这些机构的服务提供模式比较单一，主要集中在某些特定的领域和业务上，而对其他领域和业务涉及较少。机构之间的合作也较少，缺乏有效的资源共享和服务模式的多元化发展；另一方面，广东海洋公共服务行业服务模式缺乏创新，未能充分利用市场化、专业化、标准化的平台发展路线。例如，在海洋渔业方面，尽管已经有了一些专业的渔业服务平台，但是这些平台的服务模式仍然比较单一，主要集中在渔获交易、渔船租赁等方面，而对于渔业生产过程中的其他需求，如渔需品采购、渔业保险等方面的服务则涉及较少。

广东省海洋公共服务行业现有服务方式手段多以传统的线下服务手段为主，而在对物联网、大数据、人工智能、区块链、5G、卫星导航等新兴

技术的结合应用方面，虽有持续探索实践，但整体行业在产学研的科技创新研发投入不高，进展相对缓慢，行业内服务科技化水平不高，未产生重大科技创新成果，无法对行业服务方式产生影响。例如，在海洋交通运输领域，尽管电子海图和船舶自动识别系统等技术较早出现，但是在行业技术应用及融合创新方面，在海洋公共服务行业相关领域没有进行持续应用创新，以形成多元化的服务产品。

3. 金融资金投入不足，市场化发展受阻

广东省海洋经济日益发展壮大，海洋公共服务供需主体也逐步走向多元化，海洋公共服务行业仍未走上独立自主的产业化道路，绝大部分供给服务主体仍需依赖政府公共财政提供支持才能完成海洋公共服务相关计划。而海洋公共服务产业本身具有支持型产业属性，具有资金需求大、风险高的特点，如果无法通过市场竞争激发产业化活力，将会限制海洋公共服务产品和服务的市场空间，阻碍海洋公共服务的规模化发展。虽然一些企业在服务领域取得了一定的成功，但市场上的垄断竞争和资源有限，使规模化发展变得困难。当前行业市场发展具有分散化和碎片化等特点，未形成一体化发展格局，这也使行业无法达成市场化发展目标。

随着物联网、大数据、人工智能、区块链、5G、卫星导航等新技术的快速发展，海洋公共服务领域也需要及时将新技术进行商业化应用和培育新兴产业。目前，广东省海洋公共服务行业部分企业单位在技术和专业领域取得了一定的进展，但整体而言，尚未能充分发挥科技创新与行业结合的潜力，难以转换为行业市场化的科技动力。

4. 供需主体匹配不合理，产业发展不均衡

海洋公共服务是促进海洋经济发展、提升人民生活质量的重要保障，而广东省作为我国海洋资源大省，省内海洋公共服务行业的发展因为地域要素、政策优势、经济差异、产业市场化程度不同，出现产业发展不均衡的情况，进而影响导致市场供需匹配不合理的问题。广东省第一次全国海洋经济调查显示，全省海洋经济活动高度集中于珠三角地区，表明广东海洋产业结构布局不合理，珠三角地区和东西两翼两极分化现象严重。广东

省地域广阔，城市地域优势不同，发展情况也不尽相同。深圳、珠海和广州等城市位于广东省的沿海地区，它们在海洋资源和基础设施方面具有明显的优势。这些城市拥有现代化的港口、海洋科研机构和海洋旅游设施等，吸引了大量的资金和人才。相反，内陆地区的海洋服务设施相对匮乏，投资有限，难以与沿海城市竞争。这导致了沿海地区的服务业相对繁荣，而内陆地区的服务业发展相对滞后。同时，一些城市或地区在政府资金和政策支持方面受益颇丰，而其他地区则面临相对不利的情况，这可能导致一些地区过度依赖政府支持，而缺乏市场竞争能力。另外，不同地区的服务水平也存在差异。一些沿海城市的海洋服务机构和企业拥有更多的经验和资源，能够提供更高质量的服务，而内陆地区的服务提供者则可能面临技术和经验上的局限。

海洋公共服务涵盖的行业领域众多，广东省海洋公共服务产业在不同行业领域发展情况也存在较大的差异。在海洋交通运输、海洋渔业、海洋旅游等传统领域发展程度更高，但在海洋新能源、海洋生物医药等新兴领域的发展却相对滞后。一方面，部分行业领域在广东省内有着深厚的历史渊源，特别是海洋渔业等传统领域，而新兴的海洋旅游、海洋文化等领域，其发展则历程相对较短；另一方面，尽管广东省政府已经出台了一系列的海洋公共服务政策，但这些政策存在对不同领域的支持力度不尽相同、缺乏对服务模式的创新支持等问题，对不同领域的作用成效也有高低分别，这在一定程度上影响了新兴领域的发展和传统领域的转型升级。

5. 缺乏统一合作规划，无法形成跨区协同统筹

目前，广东海洋主要由广东省自然资源厅进行统筹管理，依照不同行业属性、用海类型再划分不同管理部门，如生态环境厅、农业农村厅、旅游厅等，形成一种综合管理加行业管理的模式。但是在面对复杂的海洋事务时，单个部门无法独立胜任，缺乏统一性，存在海洋资源管控协调不均的局面。不同部门在海洋经济发展规划工作中担任不同的职责，致使行政级别、人员编制、管理权限等存在较大的差别。海洋综合管控基础薄弱，海洋主管部门未建立与其他涉海企业及部门的共享信息平台。因此，建立统筹共享的海洋综合管理模式成为海洋经济发展迫切需要解决的问题。

由于海洋公共服务存在公益性、公共性的特殊点，无法为海洋经济社会提供营利性产品及服务，受到忽视在所难免。但是海洋公共服务作为海洋经济发展的重要保障，与沿海经济、生产、生活密切相关，然而基础设施滞后，管理服务也容易慢半拍，甚至可能出现“真空地带”，从而出现管理壁垒。只有互通互联，共治共享、跨区域联动合作才能实现更高水平协同发展。

四、“再造新广东”对海洋公共服务的影响

海洋既是高质量发展战略要地，也是融入世界的大通道，更是支撑广东省发挥改革开放优势、打造外向型经济的重要载体。2023 年初，广东省委书记黄坤明在全省高质量发展大会上明确指出：要扎扎实实抓好今年，抓好 5 年，再深耕 10 年、30 年，必定能再造一个新广东、再创让世界刮目相看的新奇迹。锚定“走在前列”总目标，以“再造一个新广东”的闯劲、干劲、拼劲再出发，担负起推进中国式现代化建设的广东使命。大会提出了全面深度激发创新活力，以创新新动能“再造一个新广东”的重要思路，并且重点指明了“建强海洋经济，打造海上新广东”的发展方向，要求加强陆海统筹、山海共济，高水平优化海洋经济发展规划。

1. 旺盛市场需求，激活经济活力

打造“海上新广东”需要重点建设现代化海洋产业体系，做大做强做优海洋牧场、海上能源、临港工业、海洋旅游等现代海洋产业。现代海洋产业的规划设计，需要海洋金融服务、海洋咨询服务、海洋法律服务、海洋航运服务等生产性海洋公共服务类产业的支持。

同时，现代海洋产业的建设实施和运营过程离不开基础性海洋公共服务产业提供的服务支持，比如海洋监测与监视服务、海洋预报服务、海洋调查服务、海洋信息服务等。

打造“海上新广东”将会扶持发展一批产业建设主体，这也是海洋公共服务产业需求侧主体。而需求侧的主体发展，必然带动供给侧主体发展，吸引更多的企事业单位主体进入海洋公共服务产业相关行业领域，进一步推动海洋公共服务产业相关领域人才聚集、技术升级以及市场发展。

2. 基建投入加大，服务能力提升

打造“海上新广东”，需要加快海洋科技创新步伐，培育壮大海洋战略性新兴产业，进一步深化海洋领域改革开放，实现海洋经济大省向海洋经济强省跃升。

广东省将持续强化涉海基础设施、海洋科技、海洋生态等综合保障，拓展向海图强高质量发展的海洋新空间，从而为海洋公共服务产业建设带来金融投资机会，带动海洋金融服务、海洋科技孵化与创新服务等产业进一步发展。涉海基础设施、海洋科技、海洋生态综合保障的进一步强化，将会极大增强广东海洋公共服务产业的服务能力，助力基础类海洋公共服务产业相关行业升级，推动海洋公共服务产业相关行业发展。

通过加快海洋运输、海堤防灾、渔业港口、能源通信等基础设施体系建设，能够提高海洋经济综合开发保障能力，有助于提高海洋经济主体集聚、海洋科技研发和成果转化、海洋产业创新发展、产业生态优化等方面的支持；通过强化科技基础设施、创新载体、科技研发、人才引培等产业发展核心环节支撑，促进海洋产业发展扩量增效；通过鼓励国家重大海洋科技项目成果落地，加强对公共服务平台、新产品试验等科技成果转化关键环节的支持，实现海洋科技成果落地转化的加速。

此外，深入贯彻习近平生态文明思想，坚持绿色发展理念，通过推动海洋能与海上风电、光伏等新能源融合发展，大力提升海洋能规模化利用和公共服务能力水平，为形成绿色经济新动能和可持续增长极提供坚实的产业基础和技术支撑；通过保护和合理利用海洋资源，推动海洋产业的可持续发展。

第三节　广东省海洋公共服务产业发展前景展望

一、广东省海洋公共服务产业发展前景

1. 提升海洋公共服务能力，护航海洋强国、海洋强省建设

党的二十大报告做出“发展海洋经济，保护海洋生态环境，加快建设

海洋强国”的战略部署，将海洋强国建设作为推动中国式现代化的有机组成和重要任务，这是党的十八大以来，以习近平同志为核心的党中央统揽全局、承前启后，第三次在全党代表大会上对海洋强国建设做出的明确战略部署。习近平总书记对广东工作高度重视、亲切关怀、寄予厚望，2023年4月在广东视察时，强调要加强陆海统筹、山海互济，强化港产城整体布局，加强海洋生态保护，全面建设海洋强省。广东省委、省政府全面贯彻落实党的二十大精神和习近平总书记视察广东重要讲话、重要指示精神，以习近平总书记关于建设海洋强国的系列重要论述精神为根本指引，锚定高质量发展的首要任务，出台了全面建设海洋强省意见，制定了《海洋强省建设三年行动方案（2023—2025年）》，明确海洋工作发展方向，做好经略海洋大文章，推进海洋事业在新征程上走在全国前列、创造新的辉煌。

《广东省海洋经济发展“十四五”规划》明确提出，“十四五”期间将从提升管海、护海能力出发，聚焦基础设施、基础数据、公共服务，统筹安全与发展，着力推动海洋治理体系和治理能力现代化。不断完善海洋公共服务平台，建立观测监测、预警预报、风险防范、应急救援全流程的海洋灾害防控安全体系，筑牢海洋防灾减灾防线。大力弘扬特色鲜明的南海海洋文化，推动广东水下文化遗产保护中心，以及一批海洋博物馆、海洋历史文化遗址公园等建设，为海洋经济高质量发展营造良好的人文环境。

2. 创新优化海洋公共服务，助推海洋经济高质量发展

海洋公共服务是做大做精海洋经济的重要一环，也是壮大海洋经济的基石。党的二十大报告提出，“发展海洋经济，保护海洋生态环境，加快建设海洋强国”坚持“陆海统筹”，高质量发展海洋经济。广东省是全国海洋经济强省，贯彻落实国家区域发展战略，强化“一核一带一区”区域发展格局空间响应，推动陆海一体化发展，加快形成“一核、两极、三带、四区”的海洋经济发展空间布局。加快推动区域协调发展，广东省作为中国海洋经济发展的核心地区，同时又承载了服务国家“一带一路”建设桥头堡的作用。因此，精准定位广东省海洋公共服务战略，为国家战略

进一步深入发展及珠三角、粤港澳大湾区、南海区域海洋经济联动打下坚实基础。

完善海洋公共服务供给体系，加快推动海洋经济高质量发展。目前，海洋公共服务存在供给模式单一、数量不足等问题，如何缓解公众日益增长的需求矛盾，成为海洋强省所必须解决的问题。构建海洋公共服务供给体系无疑是关键所在。海洋公共服务供给体系经过几十年的发展与改革，已经形成了一个多渠道、多层次的多元供给模式。近年来，广东省高度重视海洋发展，加快了海洋行政管理体制改革，海洋公共服务建设各市级全面展开，海洋公共服务领域的公共财政投入也有所增加，这些都为构建海洋公共服务供给体系提供了现实条件。

海洋公共服务能力建设是海洋经济可持续发展的重要保障。提高海洋防灾减灾特别是海上救助、监测预报等公共服务能力建设，是保障人民群众生命财产安全的基本要求。海洋是一个具有流动性、公共性和服务性等多重属性的“公共池塘”，提供优质高效的海洋公共服务是海洋经济更好更快发展的需要，也是“海洋政府”的主要职能的体现。广东省作为海洋大省，维护海域和平稳定，保障海洋经济安全，提供优质高效的海洋公共服务则是“海洋政府”的首要责任。具体来看，创新优化海洋公共服务主要从以下 5 个方面入手：第一，建设“数字海洋”和“智慧海洋”，强化政府海洋公共服务职能，提高政府海洋公共服务效能；第二，加强海上救助能力和力量建设；第三，提高海洋环境监测预报能力；第四，创新海洋公共服务供给方式，尝试开展“流动性公共服务”；第五，以“有管理的市场化”来创新优化海洋公共服务的供给方式，在坚持海洋公共服务“公共性”的基础上，积极探索政府购买海洋公共服务。此外，政府还可以创造条件，积极培育海洋社会组织，扩大政府向海洋社会组织购买公共服务的范围，健全政府购买海洋公共产品的程序和机制。

二、广东省海洋公共服务产业发展方向

1. 稳步夯实基础性服务类海洋公共服务供给

（1）不断提升海洋预警监测能力，建立健全海洋观测公共服务体系

2022年，广东省印发《广东省海洋观测网“十四五”规划》（简称《规划》），聚焦新时期广东省海洋观测发展面临的新形势、新需求，将提升海洋立体感知能力作为主线，提高海洋观测预报减灾和综合保障能力，不断完善海洋观测公共服务体系，从而进一步发挥海洋观测网在自然资源综合管理和社会服务中的基础性作用，形成政府主导、社会参与的海洋观测新格局。《规划》明确广东省在“十四五”期间，将基本建立陆海空天结合的业务化海洋立体观测网。以国家站点为骨干、省级站点为脉络、其他站点为补充，初步形成从单点到大面、岸基到近海、海基到空基、海表到海底等多层次的业务化海洋立体观测网，实现省基本海洋观测站点数量比“十三五”增长50%以上。形成实时观测、数据采集、质量控制、多级分发、应用服务相衔接的技术体系。观测质量控制标准和观测业务保障全面规范，观测系统的规范性、准确性、时效性和应用深度显著提升。海洋观测领域供给侧改革深入推进，逐步建立“整体规划、多方参与、保障充分、共建共享”的工作机制。

海洋观测的产品形式和服务领域不断扩展，有效地满足广东省海洋经济、海洋预警、防灾减灾、海洋资源开发、海洋空间规划、国土空间用途管制、生态保护修复、海洋综合管理，以及碳达峰、碳中和等发展需求，为沿海经济带高质量发展、人民生命财产安全、生态文明建设和美丽广东建设提供有力的支撑和保障。

（2）扎实推进海洋灾害防御，全力做好海洋防灾减灾工作

海洋是人类生存和发展的基本环境和重要资源，但同时也是孕育多种海洋灾害的温床。近年来，风暴潮、海啸、海冰、海平面上升等海洋灾害的发生，对我国造成了严重的人员伤亡和经济损失。在我国着眼于海洋、大力发展蓝色经济的同时，因海洋灾害造成的损失也备受关注。随着我国沿海区域经济发展战略的实施，大量经济产业要素和人口向沿海聚拢，沿海地区海洋灾害风险进一步加剧，海洋灾害造成的经济损失呈现出明显的上升趋势。广东省不仅是人口大省，更是海洋经济强省，海洋经济总量始终保持稳定增长，海洋产业生产总值连续28年位居全国首位，已成为我国海洋经济发展的核心区之一。向海洋要“空间”，继续搭建海洋经济发展平台，促进广东海洋经济的发展，更需要不断完善海洋防灾减灾管理体制

机制，扎实推进海洋观测、预报、减灾业务工作开展，推动海洋防灾减灾事业的发展。

广东省推进海洋灾害防治，持续推进全省海洋立体观测网建设，做好海平面变化、海岸侵蚀、海水入侵、海洋生态等调查评估工作，强化海洋智能网格预报。2022年，广东省印发《关于建立健全全省海洋生态预警监测体系的通知》《广东省赤潮灾害应急预案》，推进建设符合广东省情的海洋生态预警监测和防灾减灾体系。顺利完成广东省第一次海洋灾害综合风险普查主体任务，建立全省海洋灾害风险数据库，形成全省海洋灾害防治区划和防治建议。

（3）加强海洋生态文明建设，全面推进绿美广东建设

习近平总书记2023年4月在广东考察时强调，加强海洋生态文明建设，是生态文明建设的重要组成部分。要坚持绿色发展，一代接着一代干，久久为功，建设美丽中国，为保护好地球村做出中国贡献。我们要以习近平生态文明思想为指导，坚持绿色发展理念，大力弘扬海洋生态文化，创新海洋绿色发展路径，加强海洋生态环境治理，深化海洋生态保护国际合作，积极推进中国特色社会主义海洋生态文明建设。

贯彻落实《中共广东省委关于深入推进绿美广东生态建设的决定》，加强保护修复规划引领和制度设计，制订印发省国土空间生态修复规划；实施绿美保护地提升行动，根据《广东省重要生态系统保护和修复重大工程总体规划（2021—2035年）分工方案》，围绕红树林营造修复、海岸线整治修复、历史遗留矿山生态修复和生态保护修复支撑体系等重点领域，有序推进生态修复工程落地实施。全力支持深圳高水平建设“国际红树林中心”，打造万亩级红树林示范区；实施绿色通道品质提升行动，加快实施自然岸线保护修复、魅力海滩打造、海堤生态化、滨海湿地恢复、美丽海湾建设“五大工程”。积极推进国家和美海岛创建示范工作，支持打造桂山岛、东澳岛、大万山岛、外伶仃岛等一批“生态美、生活美、生产美”的国家级和美海岛。实施《广东省万亩级红树林示范区建设工作方案》，推动湛江雷州、湛江徐闻、惠州惠东、江门台山4个万亩级红树林示范区建设。打好珠江口邻近海域综合治理攻坚战，逐步改善珠江口海域生态环境质量。制定出台省级生态系统碳汇能力巩固提升实施方案，提升

"绿碳""蓝碳"生态碳汇能力。推进碳汇市场交易。推动海洋产业碳排放核算研究以及红树林、海草床和海藻碳汇方法学研究等，参与国家海洋负排放重大科技计划。

（4）打造海洋大数据信息平台，形成海洋综合服务体系

海洋领域已然进入大数据时代，全方位、连续、多源、立体的观测使海洋数据目前存量已达到 EB 级别，日增量也达到 TB 级别。海洋大数据已成为信息服务发展趋势。广东省持续规划完善海洋公共基础设施建设，打造综合性海洋大数据平台，形成面向海洋的综合应用服务体系。广东省全面构建"一套标准、一张图、一张网、一个平台、N 个应用"的海洋信息化新格局，实现数据汇集与统一管理。在全国率先启动省级近海海底基础数据调查，是全国范围内首个由省级部署开展的管辖海域大比例尺海底地形地貌调查，为打造广东海洋大数据"一张图"夯实数据基础。此外，广东省还实现了港口运维大数据服务平台的应用、海洋牧场自动化监测等。

2. 加快推进生产性服务类海洋公共服务建设

（1）金融助力奏响海洋经济的蓝色"渔歌"

海洋金融支持是海洋产业发展的重要动力。从 2018 年起连续 5 年，广东省财政每年安排上亿元专项引导资金，重点支持海洋六大产业创新发展。同时，积极推进海洋领域资本市场的债券、股票、保险对海洋经济发展的支持，投放资金贷款有力地支持了疏港公路、铁路、渔港、海洋工程装备制造、海洋综合旅游等涉海项目的建设。涉海信贷服务效率不断提高，银行业金融机构通过调整优化信贷流程，实施信贷审批绿色通道，提高涉海授信审批效率等。

当前金融支持海洋经济发展的渠道比较单一，银行融资品种偏少，金融供给主要支持大中型企业，对中小微企业贷款门槛高且灵活度不够，管理风险的金融对冲工具也明显偏少。"十四五"时期，国家和沿海省市对海洋生态保护与海洋经济发展提出了中长期战略规划，其中涉及大量的海洋生态保护政策、海洋新兴产业布局等，将会产生非常广泛的金融需求。未来需要从蓝色金融机构和人才资源配置上加大支持力度。首先，根据地方海洋资源和海洋产业特色，在监管规范下设立蓝色金融改革创新试验

区、区域性蓝色银行，鼓励金融机构在蓝色债券、蓝色信贷以及蓝色基金、蓝碳汇贷款等方面开展先行先试，积累更多可复制推广的实践经验。其次，考虑推动有条件的金融机构创设蓝色金融事业部或专营机构，如在沿海省市涉海金融业务开展较早或具有特色业务的机构设立专门的分支行，专门对接海洋生态保护与海洋经济项目。最后，培育具有海洋科研背景、海洋经济对口的专业人才队伍，为支持可持续蓝色金融创新提供智力储备。同时，加强国际合作，探索推进可持续蓝色金融服务与投融资工具创新，建立健全国际蓝色金融投资市场，弥补海洋生态保护与海洋经济转型的市场资金缺口。

未来几年，广东省应加大海洋公共服务的财政金融投入力度。首先，通过财政资金分配调节对非政府部门的资源配置，引导资金投放，鼓励和支持海洋公共服务基础设施和重点项目建设。其次，推进海洋公共服务技术创新与成果转化投融资体系建设，鼓励涉海机构和企业争取中央财政科技计划项目。再次，支持设立服务海洋经济发展的产业投资基金，发展知识产权质押贷款等金融产品和服务，完善融资风险补偿机制。最后，与证所联合，积极鼓励科技创新型、成长型涉海新兴产业的中小企业参与投融资路演，推动海洋领域企业利用多层次资本市场做优做强。

（2）着力打造海洋经济发展科技引擎

广东省海洋事业发展战略研究机构呈集聚增长态势，为广东省发展海洋公共服务提供了一定的基础设施与平台空间。

加速推进海洋科技创新平台建设。广东省加快构建全省“实验室+科普基地+协同创新中心+企业联盟”四位一体的自然资源科技协同创新体系。推动部省共建国家海洋综合试验场（珠海）。自然资源部与广东省人民政府共同签署《自然资源部广东省人民政府共建国家海洋综合试验场（珠海）协议》，标志着国家海洋综合试验场（珠海）正式落户。

加快建设南方海洋科学与工程广东省实验室。南方海洋科学与工程广东省实验室（广州）、南方海洋科学与工程广东省实验室（珠海）、南方海洋科学与工程广东省实验室（湛江）等实验室2022年获批国家级科研项目21项、授权专利159项。

支持海洋六大产业创新发展。2023年，广东省海洋经济发展专项投入

2.05亿元，支持海洋电子信息、天然气水合物等海洋产业29个项目创新发展，在海洋能源、海洋高端装备、海洋生态安全等领域取得一批突破性成果。

未来几年，广东省将着力打造海洋经济发展科技引擎。坚持科技自立自强、人才引领驱动，加快构建全过程海洋创新生态链。从“基础研究+技术攻关+成果转化+科技金融+人才支撑”全链条发力，夯实广东海洋科技创新优势。高标准推进国家海洋综合试验场（珠海）、南方海洋科学与工程广东省实验室、国家深海科考中心等创新平台建设。加强深海渔业装备、天然气水合物、海洋探测等领域核心技术攻关，着力突破关键技术“卡脖子”难题。充分发挥港澳海洋科技和产业优势，支持共建研发基地、技术研发中心等海洋科学技术创新平台，搭建粤港澳大湾区海洋科技成果转化平台，促进科技成果转化。完善科技金融服务体系，引导金融活水流向海洋科技创新。强化海洋科技人才引育，打造海洋科技创新人才高地。

（3）全面提供公正高效的海事司法服务和保障

广东省面向南海，发展向海经济具有得天独厚的区位和资源优势。发展好向海经济，需全省上下齐心、通力合作。海洋海事法律服务相关部门更应紧紧围绕党中央和自治区的决策部署，勇于担当，主动作为，努力提升海事司法能力，为广东省发展向海经济提供更强有力的司法服务和保障。

广东省需更进一步完善海洋法规制度及标准体系建设。首先，制定并完善广东省海洋公共服务领域相关法律法规和部门规范性文件，分领域研究制定具体政策。其次，逐步开放海洋公共服务社会组织准入标准，逐步放开技术和能力以外的限制标准，促进海洋公共服务市场化发展。在新环境下，广东省海事仲裁需要在放宽仲裁协议的认定标准、探索发展临时仲裁制度、完善法院对海事仲裁裁决的监督制度等方面进行提高。同时，为海洋人才、涉海企业提供法律援助、信息咨询等公共服务产品，促进海洋人才成长和发展。

（4）“耕海牧渔”筑牢“蓝色粮仓”

当前海洋经济已成为我国经济的新增长点，依托现代化海洋牧场开发海洋资源是推动高质量发展和经济运行整体好转的重要方向。广东省的海域面积居全国第二位、海岸线长度居全国第一位，海洋渔业资源丰富，正全面推进海洋强省建设，加快建强“海洋牧场”，力争在打造海上新广东上取得新突破。未来广东省亟须借鉴先进地区成功经验，充分利用经略南海机遇、现代化产业体系建设的支撑、消费结构转型及消费牵引，高标准建设现代化海洋牧场，在深远海智能养殖装备研发制造、优化海水养殖空间布局、推动近海养殖向深远海拓展等方面实现赶超发展。

作为沿海经济大省，广东省正以海洋渔业信息化、智能化、现代化为着力点，培育集种业、养殖、装备、精深加工于一体的现代化海洋牧场全产业链。要坚持“疏近用远、生态发展”，实施“陆海接力、岸海联动”，推动形成港产城融合、渔工贸游一体化发展的良好格局，努力闯出一条具有广东特色的现代化海洋牧场发展之路。当下，以海洋牧场建设为重要抓手，加快推进农业现代化、拓展高质量发展新空间，正成为广东省贯彻落实全国两会精神的具体实践。

3. 不断完善消费性服务类海洋公共服务共享

（1）拓宽人才培养途径，打造海洋科技创新人才高地

海洋科研人才是推进海洋发展的中坚力量。广东省强化海洋科技人才引育，打造海洋科技创新人才高地。面向大湾区、共建“一带一路”国家招揽海洋高端人才，利用广东省海洋业务部门、高等院校、科研院所人才优势，建立高层次海洋骨干人才培训中心。

第一，加强高端海洋人才培养。创新人才教育培养模式，拓宽海洋人才培养途径。支持深圳加快组建高水平海洋大学，设立中国海洋大学深圳研究院、哈尔滨工程大学深圳海洋研究院。支持省内高校增设涉海专业与学科，推动中山大学、广东海洋大学和南方科技大学等高校加快建设优势特色海洋学科，加快推进广州交通大学建设。加强高校海洋学科专业、类型、层次与区域海洋产业发展的动态协同，培养高水平复合型海洋技术人才。大力发展海洋技术职业教育和非学历教育，鼓励校企合作设立海洋技术学院或产业研究院。依托地方和企业构建实习实训平台，探索产教融合途径，建立海洋技术类人才储备库。支持涉海企业、科研机构及高校构建人才合作模式，为海洋产业生态化发展提供高水平

的人才支撑。

第二，加强高层次海洋人才引进。首先，实施更加开放的人才政策，面向全球引才聚才，优化人才培育和发展环境，强化人才支撑，打造海洋科技创新人才高地。其次，构建良好的人才引进格局。以海洋产业优化、科技成果转化、创新平台建设为中心来聚集人才，加快面向海洋的人才服务体系建设，形成广招贤才的人才引进格局。最后，利用科研项目搭建桥梁。促进人才引进与海洋产业生态化重点项目建设相结合，通过海洋重点实验室、重点学科和海洋技术平台建设以及重大技术攻关项目的带动，借助海洋科技创新平台，以多种途径、多种方式引进一批海水利用、海水淡化、能源开发、海洋生物医药、海洋高端制造等领域的专业技术人才。

第三，加快海洋人才培养配套设施建设。加快海洋人才市场建设，增强海洋类企业吸引和留住人才的能力和作用，加快海洋人才的多元化载体建设，提高人才承载力。大力推进海洋从业者教育培训体制、海洋机构干部人事制度的改革，加强监管海洋人才市场，使其能够健康有序地发展。

（2）积极推进海洋文化建设，树立海洋文化自信

当前，海洋经济发展进入新时期，海洋文化在海洋经济发展中的作用日益重要，而且繁荣和丰富海洋文化具有政治、经济、文化、社会和生态意义。充分挖掘海洋文化资源价值，大力弘扬特色鲜明的南海海洋文化，培育海洋文化产业，提升海洋文化影响力，为海洋经济高质量发展提供强劲的精神动力和良好的人文环境。

广东积极传承和弘扬海洋历史文化，树立海洋文化自信，推进粤港澳大湾区文化圈和世界级旅游目的地建设。一是提升公共文化服务一体化水平，积极推动广佛肇、深莞惠、珠中江等公共文化服务圈示范区建设；二是深入挖掘和系统整理南海海洋文化资源，开展广东文化和旅游融合发展专题调研，摸清广东文化和旅游资源融合底数，掌握文旅融合发展现状；三是围绕打造“海上丝绸之路”“中国南粤古驿道文化之旅”品牌，推动申报联合国世界文化遗产，把“南海Ⅰ号”打造成为“海上敦煌”，启动“南澳Ⅱ号”考古发掘工作。广州、江门、阳江、汕头、湛江、潮州、惠

州、茂名、佛山9个地市加入“海上丝绸之路保护和联合申报世界文化遗产城市联盟”。

（3）共享开放包容的海洋人文粤港澳大湾区

作为“一个国家、两种制度、三个关税区”下的“大特区”“试验区”，粤港澳大湾区在加快建设海洋强国进程中积极开展海洋经济合作，肩负着我国打造海洋命运共同体、为世界贡献湾区经验的使命。提升全面开放与合作水平，共享海洋公共服务产品，促进“民心相通”。

第一，提升全面开放与合作水平。粤港澳应以共赢理念全面提升大湾区海洋经济开放合作水平。首先，加强大湾区海洋经济合作的“对内开放”，充分发挥大湾区海洋产业体系完备的优势，打破地方保护壁垒，加速建成海洋经济要素高效流动的一体化市场机制，提升湾区内海洋经济市场互联互通效能。其次，善用“两制”之利在三大自贸片区探索建设海洋经济合作开放示范区，为海洋产业“走出去”、涉海金融等专业服务对外开放率先进行“压力测试”，引领大湾区海洋经济更高水平的开放合作。最后，以制度开放为引领，以“走出去”共建海洋产业园区为抓手，统筹海洋产能合作，准确把握并主动适应全球经贸新规则，“拼船出海”带动上下游关联海洋产业的国际合作，加大涉海金融、会计审计、法律仲裁等专业服务市场的开放合作力度，为国际海洋经济秩序治理与变革贡献大湾区智慧和方案。

第二，共享海洋公共服务产品。首先，建立大湾区海洋公共资源共享机制。发展“互联网+海洋”公共服务，在共建海洋大数据平台的基础上共享海洋信息服务，实现信息流的自由与安全流通。其次，整合并共享大湾区海洋生态环境等数据库，交互使用海洋生态环境调查统计与管理信息，及时发布大湾区海洋生态环境服务产品，使社会公众及时了解海洋生态环境现状。最后，加快建立大湾区海洋灾害联合预警平台，健全海洋灾害、环境污染事故应急响应机制，运用5G、云技术等不断丰富海洋公共服务产品，提升海洋生态环境风险、灾害联合预警分析与应急响应能力，共享“智慧湾区”。此外，粤港澳三地还应联合治理海上走私、偷渡等违法行为，共同维护海上安全，合作打造“平安湾区”。

第三，共享民心相通的人文湾区。一方面，海洋经济合作要凝聚大湾区内各方共识，畅通“共谋、共建、共享”的诉求表达渠道，充分调动各类智库、社会组织、涉海企业等民间主体的积极性，形成自发秩序占主导的非政府决策与咨询，促进海洋经济合作“民心相通”。另一方面，强化大湾区内法律法规、制度、文化对接，形成海洋经济合作的“软联通”。加快将三地的制度差异转化为制度优势的顶层设计，精准对接港澳与珠三角的涉海政策、规则、标准等，增强大湾区海洋文化的合作包容性，共同疏通海洋经济合作发展的“瘀堵”，不断拓宽海洋经济合作空间，以满足大湾区人民对美好生活的需要为最终落脚点，真正打造粤港澳大湾区海洋命运共同体。

三、广东省海洋公共服务产业发展布局

1. 产业优化布局和区域协调发展

珠三角地区与东西两翼地区在大经济方向上存在着产业梯度转移的可能性，海洋服务业也应遵循产业梯度转移的规律，将政府勇于尝试的精神和市场主体的自发创新进行有机结合，积极探索海洋产业转移和区域经济协调发展的新形式，在积极发挥各地区能动作用的同时，将各地区本土海洋产业的优势相互结合，开创各地海洋服务业协同发展的新局面。珠三角作为技术扩散与产业转移的率先区域，在产业优化布局和区域协调发展中发挥着重要作用，是广东省乃至全国的创新源泉和经济增长引擎。推动珠三角地区密集型产业向两翼地区转移，带动优化自身产业布局，协同区域发展，减少地区差异。在发展过程中，要贯彻落实国家区域发展战略，做到对珠江三角洲和东西两翼海洋服务业的统筹兼顾，对实现珠江三角洲和东西两翼地区海洋服务业的协调发展具有重要作用。

（1）着力提升珠三角核心发展能级，发挥核心引领作用

深入贯彻粤港澳大湾区和深圳中国特色社会主义先行示范区建设部署，珠三角核心区着力发挥核心引领作用，构筑双区驱动、双城联动和多点支撑格局，争创一批现代海洋城市，打造海洋经济发展引擎。珠三角地区地处我国沿海开放前沿，有着优越的地理位置和环境资源，是广东海洋经济发展基础最好、发展水平最高的区域。珠三角在海洋产业方面，尤其

是海洋交通运输、海洋工程建筑、海洋科研教育管理服务等领域具备明显优势；在海洋科技方面，拥有重大国家平台及围绕平台所创办的诸多科研项目中心，科技亮点突出；在管理方面，海洋综合管理进一步加强，海洋治理及产业实施规范效果显著；在发展方向上，海洋服务业迎来重大机遇的同时发展态势良好，海洋服务业的各类事业都有所突破。应继续保持良好的发展态势，充分发挥核心引领作用，加大海洋科技人才的培养力度，争取做到稳步发展的同时在科学技术及管理方式规模上有所创新。

（2）加快发展东西两翼海洋服务业，构建沿海经济带新框架

以汕头、湛江省域副中心建设为引领，加快打造东西两翼海洋经济发展极，统筹涉海基础设施建设、海洋产业布局和海洋生态环境保护，与粤港澳大湾区串珠成链，形成世界级沿海经济带。广东省东西两区作为构建沿海经济带的重要部分，更要加快自身产业的建设步伐，完善海洋服务业的相关基础建设。在珠三角地区核心引领作用下，东西两区充分发挥各城市的特色优势的同时协同发展，优先做好基础设施建设提档升级工作，在此基础上勇于创新，制定科学合理的新政策吸引新型海洋人才。东西两区各城市多点支撑，以点围面，辐射区域，围绕核心地区构建沿海经济带的新框架，促进建设海洋服务业高科技、新环保的发展新局面。

2. 加快海洋服务业升级，创建多元化产业发展新局面

海洋服务业作为海洋领域中具有中间性质的新兴产业，其特点是富信息化、高智能化、专业性强，同时发展机遇多，发展速度快，正处于机会与挑战并存的高速发展与整合阶段。尤其“十四五”时期，是我国海洋战略性新兴产业大有可为的成长时期。全面贯彻落实新发展理念，坚持以企业为主导，坚持以体制机制改革和创新驱动为根本动力。遵从科学发展理念来发展海洋服务业。具体措施包括提高对专业人才关注度，建立优化人才培养及引进机制，重点培养储备高素质专业人才，强化人才实践能力；加强海洋基础科学的学习，把牢海洋科学的发展方向，加深海洋创新科学的研发；改善原有的海洋生产性服务业体系，加快海洋事业型服务业转型，使海洋服务业整体做到信息化、智能化、低碳化、专业化。

（1）发展海洋服务业，加快产业集体转型，做好绿色发展

过去海洋经济主要强调发展海洋传统渔业、海洋传统工业，随着时代的进步和发展理念的转变，现在应该重视海洋第一、第二、第三产业的全面协调发展，大力发展海洋物流、滨海旅游、海洋调查、海洋科研、海洋教育、海洋环境监测、海洋环保、海洋信息服务业等海洋服务事业；做到集体“产业转型”，以不影响基础发展为前提，坚持环保发展理念，做好资源消耗较多、环境污染较大的海洋传统产业向高科技水平、资源环境友好型的海洋新兴产业的转型工作。努力提升海洋产业能级，建设低碳型海洋经济体系，响应“碳达峰”“碳中和”的双碳环保理念，加快海洋生态价值实现的步伐。在提升海洋新兴产业能级的同时，推动传统海洋工业、渔业的绿色低碳转型，加快步入海洋新能源产业的成熟阶段，实现低碳海洋经济发展的“双赢”。

（2）发展海洋服务业，实现“以业带业”全面发展新局面

遵从“提升传统服务业，拓展现代服务业，兼顾生产服务业，改良政府公共服务业”并举方针，促进现代海洋服务业的发展；在海洋服务业中，应用科学的管理方法和先进的科学技术，通过以点带面的发展布局推动现代海洋服务业的建设和发展。优化海洋服务业的内部产业结构，调整现代绿色产业比重，打造产业“领头羊”，以此带动整个海洋服务业的全面发展。

（3）发展海洋服务业，创新改革体制势在必行

现代海洋服务业是多元化产业，离不开多行业、多部门的沟通与协作，因此应加快深化体制改革的步伐，打破部门和地方的条块分割，简化办事流程，因地制宜，提高办事效率，同时响应“十四五”规划的号召，构建具有国际竞争力的海洋服务业产业体系发展体制，适应现代化海洋服务业自身的发展规律，做到与国际接轨。完善海洋服务业管理体制的同时，产业也应提高海洋资源的利用率，提升国家海洋服务业和海洋相关产业经济的现代化水平，努力实现可持续开发和利用海洋资源的绿色发展新局面，为保护海洋环境，维护国家海洋权益奠定坚固的基础。

（4）发展现代化海洋牧场，促进海上“蓝色粮仓”发展

现代化海洋牧场是指在一定海域内，采用规模化渔业设施和系统化管

理模式，通过人为构建模仿自然的海洋生态环境，对鱼、虾、贝、藻等海洋生物资源进行有计划、有目的的海上放养，从而建设优良生境并获得海洋食物的渔场。海洋牧场是渔业生产的新模式，也是海洋产业的新业态。

秉持生态优先的发展理念，广东省出台更多现代化海洋牧场建设的扶持政策，加强海洋空间规划支撑，促进现代化海洋牧场建设，严格把控海洋牧场的评测标准，做到科学选址和高效管理；根据发展情况举办海洋牧场专家论坛，大力引进海洋牧场专业人才；针对海洋牧场管理，提升现代化信息技术对海洋牧场区海洋生态健康水平在线监测与实时评价能力，促进政府部门政策保障能力稳步提升。

3. 完善公共服务体制建设，保障产业集群发展

（1）强化顶层设计，健全海洋服务业政务部门

坚持党总揽全局、协调各方的领导核心地位，完善集中统一高效的海洋工作领导体制。积极发挥省海洋工作领导小组作用，强化全省海洋事务统筹，协调解决跨区域、跨部门重大问题，督促各地各部门落实责任和任务。沿海各地结合本地发展实际，制定本级海洋经济发展规划或政策，积极落实各项目标任务。省有关部门按照职责分工，强化工作协同，形成规划实施的政策体系。组织开展规划实施动态监测、中期评估和总结评估，重大情况和评估结果及时向省政府报告。

（2）统筹整合政府财政资源，稳步加大投入

统筹整合各级财政资金，稳步加大对海洋经济、科技、生态等方面的财政投入，进一步优化涉海领域财政支持政策。积极申请中央财政支持海洋公共基础设施、重大实验室建设及海洋生态保护修复等。探索设立市场化运作为主的省海洋经济创新发展基金，鼓励社会资本以市场化方式运营海洋产业投资基金。完善海洋产业投融资风险分担机制。用好政府性融资担保降费奖补政策和再担保代偿补偿政策，支持涉海企业融资。加强用地用海用林保障，强化资源供给和空间响应的精准化、差异化配置，推进用地用林计划指标优先向重大平台、重大项目集聚。对涉及用海的重大平台、重大项目提前介入、跟进服务，优先安排符合国土空间规划、海洋生态红线等管控要求的重大项目用海，确保涉海重大平

台、重大项目落地实施。积极构建涵盖高层次技术创新人才、管理人才、技能人才的多层次海洋人才体系。建设省海洋经济发展智库，为海洋经济发展提供智力支撑。

（3）推进海洋服务业的网络化、信息化建设

在产业普遍智能化的时代下，产业自动化、智能化、信息化成为不可避免的发展趋势。国家海洋信息系统是我国海洋信息系统建设史上规模最大、技术含量最高、系统性最强、应用性最突出的工程项目，以国家海洋信息中心为核心，通过国家公共数据通信网络，纵向联结国家海洋局，各海区信息中心，以及沿海省、市、自治区海洋管理部门，横向联结全球海洋组织，是一个覆盖世界海域的综合性海洋信息网络，具有对各种海洋信息的搜集、传输、处理、存储、管理及信息产品服务等综合功能。“海上丝绸之路国家海洋空间规划信息系统”项目的实施，促进了我国海洋业的信息化发展，作为海洋业新型产业，海洋服务业更应该紧跟时代步伐，提高产业自动化、智能化、信息化的比重，包括应用动态数据监测技术、海洋遥感技术、通信导航系统等网络科技手段，构建专用平台，以此为技术基点，推动海洋服务业的高质量发展，同时加强网络监察手段，为海洋服务业的高质量发展保驾护航。

四、广东省海洋公共服务产业规划内容

1. 构建海洋公共服务平台综合体系

（1）加强海洋产业公共平台基础建设

加快产业新旧动能的转换步伐，保证港口、航运等传统专业性公共服务平台能够保持较快发展，在充分发挥政府作用的前提下，继续统筹开展各级各类海洋公共服务平台的建设工作，结合海洋遥感、水下通信、海洋海底观测、风电、潮汐能等各种技术手段，继续完善解决限制产业发展问题的方法，完善海洋工程装备测试、投融资需求对接与信息共享、海洋经济运行监测评估等公共服务平台基础建设，推进国家海洋综合试验场（万山）高质量发展，为涉海企业提供技术信息咨询、产品设计、试验、加工、设备检测共享、推广等全方位和高质量服务。

（2）加快海洋公共服务科技创新平台建设

加快推进海洋科学数据共享服务、国家海洋综合试验场（珠江）、国家深海科考中心等创新平台的建设，构建海洋公共服务产业全过程的海洋创新生态链，加强海洋探测、深海海洋工程装备、天然气水合物等领域核心技术攻关，着力突破关键技术“卡脖子”难题，充分发挥港澳等地区的海洋科技和产业优势，支持共建研发基地、技术研发中心等海洋科学技术创新平台。在政府的引领、规范作用下，重点扶持海洋生物中试、海洋装备、海洋产权交易等新兴专业性平台的构建，通过创新型专业公共服务平台整合要素资源、协调技术创新、促进成果转化、提供政策咨询、发挥产业优势，推进海洋公共服务业的高质量发展。

（3）加快形成海洋产业公共服务平台网络

政府发挥引导作用，贯彻海洋公共服务发展新理念，结合国内外平台建设及产业双循环的发展需求，推动各海洋公共服务平台间的合作交流，以点带面，通过重点建设，发展水平较高的地区带动相对技术及制度较为落后的地区产业，海洋公共服务基础建设健全的地区为创新技术地区提供基础保障，实现海洋公共服务平台间的优势互补、资源共建共享和上下游衔接，创新各平台间的协作运营模式，因地制宜组建产业公共服务平台联盟，形成网络化技术成果转移体系，发挥协作协同效应，提高各平台装备的利用率和资源的优化配置效率，系统提升产业公共服务效能。

2. 推动海洋产业生态化建设

（1）高水平维护并修复海洋自然资源

严格实施海洋生态红线管控制度，构建以修复海洋自然资源为目的的自然栖息地体系，除了保护、建立、优化整合珍稀物种及自然栖息地外，还应健全海洋生态环境监测网络，提升海洋环境监测能力，加强对近岸重要海洋功能区、严重污染海域、环境质量退化海域、环境敏感海域关键指标的监测，系统的修复海洋生态环境，建立海洋环境综合治理体系，方便协调联动和统一监管。

（2）提高海洋自然资源利用率

建立科学的海洋资源调查评价方法，建设统一的海洋资源调查监测与应用体系，加强海洋资源基础调查、专项调查和动态监测。除此之外，发挥市场在资源配置中的决定性作用，建立涵盖海洋资源资产等在内的全省自然资源统一交易平台，提供链接供需信息，完善资格认定、价值评估、信用赋予、交易鉴证等服务以持续推进海洋资源科学配置，推动港口等传统产业的转型升级，针对浪费资源、闲置资源等不合理行为，定期开展闲置用海调查，引导建立优胜劣汰的市场化退出机制。促进海洋各关联企业的合作交流，不断拓展和延伸海洋公共产业链条，提高海洋公共资源的综合利用水平以推进海洋资源形成能够循环利用的绿色闭环网络体系。

（3）大力发展蓝色碳汇产业

根据国家的碳达峰、碳中和部署战略对海洋碳汇相关产业进行深入研究，研讨完善蓝碳标准体系，加强各海洋公共服务企业对于海洋碳汇核算系统的理论方法和碳汇计量相关技术方法及标准的学习研究。培养环保意识，建设修复性海洋牧场等固碳功能强大的生态场所，建立并完善生态渔业的固碳机制和增汇模式，鼓励开展海水贝藻类养殖区碳中和示范应用，促进海洋生态修复、生态旅游等海洋环保新经济业态的发展，推动海洋公共服务产业的碳汇经济发展。

3. 完善海洋公共服务业市场化机制

（1）深化地区间的海洋经济合作

进一步推动海洋公共服务业的市场化机制，逐步实现海洋公共服务业由公益性服务向商业性服务的转变，尝试建立“研学基金”，鼓励各企业间深度融合合作，以技术创新、服务升级等促进产业模式的创新转化，强化各地区间的海洋基础设施互联互通，发挥比较优势，通过协同合作模式及信息化手段加强海洋公共服务产业的市场化机制。

（2）促进海洋公共服务产业的文化创新

除了加强海洋公共服务各产业间的经济与科技创新的合作交流外，也不能落下海洋文化的宣扬发展，大力鼓励沿海地市结合当地文化和旅游特色，建设海洋主题游乐场或海洋文化城。以优秀的海洋文化作为旅游热点带动海洋公共服务产业的可持续发展，依托现代科学技术，开展海洋文化遗产调查和保护研究，建设广东水下文化遗产保护中心。打造海洋文化品牌，提升海洋文化软实力。依托海洋创新平台、海洋实验室、海洋观测站点等，形成一批跨学科、特色鲜明的海洋科普教育场所，争取建设成为国家级海洋科普教育基地。

（3）完善海洋公共服务业市场化监管制度

提升海洋公共服务业“自我造血”能力的同时，制定完善相关制度政策，鼓励各类市场主体参与到海洋公共服务业的发展进程中，适当提高政府关于海洋服务相关的采购范围及数量，梳理现有广东海洋公共服务资源，制定科学的市场制度，为更多的企业主体提供市场机会，为参与海洋公共服务业的主体提供强有力的保障，将海洋公共服务科技创新企业纳入政府资金予以重点支持，出台相关的管理制度鼓励公益性质的企业向市场化转变，提高海洋公共服务业整体的市场化水平。

第四节　产业发展建议

一、完善海洋公共服务体系

1. 持续完善管理体系，构建立体服务网络

海洋公共服务是广东省海洋经济发展六大产业之一。为更好地服务广东省海洋经济发展，持续完善海洋公共服务体系是一项重点工作，应在政策上做到先进、全面，把便民、利民放在工作首位。以广东省“先行先试”制度为重要抓手，推动规则、规制、管理、标准的全面完善，不断推进探索海域立体分层设权。细化海域分别设权，以海岸带、海岛、海上构筑物和海上交通安全等为重点领域，分领域出台具体政策措施，为海洋领域立体化管理提供技术支持。持续完善海洋公共服务体系，构建立体服务网络，对提升海洋公共服务治理效率，推进海洋经济发展向高质量可持续发展转化具有重要意义。

2. 共谋海洋现代化建设，促进产业市场化发展

广东省海洋公共服务产业多由政府主导，受限于自身统筹、风险高、

投入大等影响，无法发挥资源最优配置。面向海洋现代化建设要求，广东省海洋公共服务产业应充分发挥涉海企业高新科技力量，依托行业龙头企业或具备行业影响力的新型研发机构，带动中小企业参与，实现海洋公共服务市场化发展，加快推进涉海企业创新发展。逐步开放准入标准及部分限制标准，引导涉海高新技术企业参与建设，对优秀企业设定补助及优惠政策。在政策上，号召涉海企业和新型研发机构参与海洋公共服务产业发展，加大金融机构对企业的支持力度，鼓励推进涉海科技资源共建共享。利用市场机制完成资源合理调配，促进海洋公共服务市场化发展。

3. 健全金融规则体系，打造广东特色海洋金融服务

金融是经济发展的血脉，而海洋金融服务作为海洋公共服务的重要部分，支撑海洋经济的持续稳定发展。“前海金融 30 条”指出，以前海为抓手推动资金跨境流动，逐步建立健全与国际对标的海洋金融规则体系，打造市场化、国际化的金融环境。加快建设前海深港现代服务合作区，建立健全以金融业扩大开放、人民币国际化为重点的政策体系，打造具备广东特色的海洋金融服务业，为全国金融服务业发展起到示范引领作用。先行“CEPA”框架下对港澳开放措施，推进粤港澳经贸规则对接，稳步扩大制度改革开放，探索广东自贸试验区，促进蓝色金融稳步发展。依托粤港澳大湾区平台，培育粤港澳大湾区优势，支持香港提升国际金融、贸易、航运地位，支持澳门发展中葡商贸合作服务平台建设，促进广东与港澳金融体系深度融合，带动海洋经济产业辐射发展。提升金融赋能海洋牧场，优化金融投入服务体系。为支持涉海企业发展，建议多通过金融机构开发新的金融产品、发行蓝色债券。

二、着力提升海洋公共服务的科技水平

1. 加快现代数字技术的融合创新步伐

广东省是海洋大省，海洋资源禀赋独特，加快推进现代海洋公共服务平台建设是海洋强省建设的必然要求。充分利用网络信息技术和大数据平

台，结合智能终端、可再生能源、生物资源等海洋新兴产业，促进现代数字科技与海洋公共服务业的融合创新，推动海洋公共服务业的高质量发展。加快政府创新职能部门的构建，推动海洋经济监测评估体系的进一步完善，提高海洋经济监测和评估水平，不做“一锤子”工作，保证海洋经济的可持续发展，深刻研究和讨论发展过程中遇到的重大问题，出台鼓励涉海产业共享数据的相关政策，促进海洋产业信息开放式，技术创新融合式发展，为海洋公共服务业的高质量发展提供保障。

2. 夯实海洋防灾减灾工作基础

2023 年，广东省共发布海浪警报 93 期、风暴潮警报 36 期、赤潮监测预警专报 18 期，启动海洋灾害应急响应 8 次，成功应对 30 轮强降雨和 6 场台风登陆或正面影响，共紧急转移安置受海洋灾害影响人口 12 843 人。这主要得益于海洋防灾减灾的扎实工作基础和现代化的海洋应急装备水平，在海洋防灾减灾方面除了保持原有的工作标准外，还应该继续强化防灾减灾的现代化手段，推进建设符合广东省省情的海洋生态预警监测和防灾减灾体系。建立广东省海洋灾害风险数据库，做好海洋灾害综合风险普查主体任务，通过融合风暴潮预报技术、高分遥感、岸基雷达、海底观测影像、海底浅层调查监测等多源数据创建预警平台，提高动态监控能力，系统地提高海洋公共服务的工作质量，保护人民的生命和财产安全。

3. 推动海洋公共服务的绿色高效发展

自“十四五”规划以来，绿色成为发展的“底色”，发展海洋公共服务业应秉持“绿水青山就是金山银山”的理念，利用现代化手段加快推进海洋公共资源的整体保护、系统修复和综合治理，提升海洋资源节约集约利用水平，探索海洋生态产品价值实现机制，积极参与碳达峰、碳中和行动，为促进海洋经济全面绿色低碳转型和推进人与自然和谐共生的现代化建设做出贡献。构建以海岸带、海岛链和自然保护地为支撑的海洋生态安全格局，加强海洋物种和生境保护，实施海洋生态修复重大工程，强化陆源污染物入海控制，大力提升海洋生态系统质量和稳定性，完善海洋环境综合治理体系，丰富海洋环境保护手段，促进海洋公共服务绿色发展进程，保证海洋公共服务业的低碳化和环保化。

4. 打造开放的海洋公共产业人才聚集地

人才是海洋发展的主力军，根据《广东省海洋经济发展“十四五”规划》的要求，实施更加开放的人才政策，面向全球引才聚才，优化人才培育和发展环境，强化人才支撑，打造海洋科技创新人才高地。加强海洋人才的培养，以强引强，选优引优，支持重点海洋企业引进高水平人才，同时注入高活力青年人才，壮大海洋人才队伍，为广东省的海洋公共服务营造良好的科研环境；建设人才三创（创新、创业、创优）综合服务平台，努力打造高水平人才团队，加快广东省“海洋大省”的建设步伐。

三、加大海洋公共服务的财政金融投入力度

1. 精细化支持政策引导财政金融精准投入

政府相关部门可以通过制定精细化的财政补贴政策，对具有更广泛市场前景的海洋公共服务项目提供精准财政资金支持，重点扶持与海洋战略新兴产业相关海洋公共服务产业的发展。建立海洋公共服务发展基金，与社会资本开放式合作，促进科技产业市场转化，为海洋公共服务项目提供更加灵活和多样化的金融支持措施，如贷款、担保和风险补偿等。

对参与建设海洋生态保护、海洋渔业发展、海洋文化旅游、海洋信息技术等具有战略意义的海洋公共服务项目的企业或机构，可以根据项目的投资规模、技术水平、产业带动能力等因素，设定不同的补贴标准和程序，激励金融机构积极参与海洋公共服务项目。

2. 强化政企合作，提高金融服务的整体效能

推动政银企合作平台建设，促成金融机构、企业等多方参与海洋公共服务项目，借助与金融机构之间的深度合作，实现资源共享和优势互补，共同支持海洋公共服务项目。政府相关部门可以在平台上发布海洋公共服务项目的相关信息，包括项目需求、政策支持等，促进公共服务行业竞争市场化；企业可以在平台上发布自己的产品和服务信息，以便企业进行市

场推广和品牌宣传；金融机构可以在平台上发布自己的投资和贷款信息，吸引具有潜力的企业或团队主动对接。

政府有关部门积极引导金融机构之间的战略合作，鼓励不同类型、不同规模的金融机构进行合作，金融机构可以通过共同投资、联合授信、互为担保等方式，共同为海洋公共服务项目和企业提供资金支持，促进资金和资源的整合，提高海洋公共服务金融服务的整体效能。

3. 金融产业融合服务新模式助力行业发展

金融机构针对海洋公共服务项目的特点，开发与之适应的金融产品和服务模式。通过建立以海洋战略性新兴产业为主要投向的专业金融机构或服务部门，加强金融与产业的深度融合，开展全产业链的融资服务。例如，开发渔业供应链金融产品，通过整合渔业产销环节的金融服务，为渔业公共服务项目提供全方位的金融支持，助力广东省海洋牧场相关产业全面发展。

搭建基于互联网技术的海洋公共服务在线金融服务平台，积极引入新技术和新模式，探索数字化、智能化的金融服务模式，为海洋公共服务相关企业和项目提供全天候、高效便捷的金融服务。

4. 健全财政金融监管体系，确保资金使用安全

政府与金融机构针对海洋公共服务领域相关财政金融投资，建立健全财政金融监管体系，确保财政金融支持政策的持续有效执行。对内，由政府有关部门设立专门的海洋公共服务财政金融监管机构，对用于海洋公共服务项目的专项资金使用情况进行定期检查和审计；由金融机构对海洋公共服务项目的资金使用情况进行严格把关和监督，确保资金专款专用和透明使用。两者相互联合，互为补充，采取多种措施来保障资金安全。对外，建立风险监管预警机制，及时发现和防范潜在的财政金融风险；对内，建立完善的风险评估和内部控制机制，确保资金的安全和合规使用。

政府部门和金融机构之间进一步加强信息共享和协作机制的建设，提高监管效率和透明度。政府可以定期向金融机构提供海洋公共服务项目的

相关信息和发展趋势分析，帮助金融机构更好地评估风险和制定风险防控措施。金融机构则可以向政府提供相关信息和支持材料，协助政府开展监管工作。

四、构建政府、市场、社会组织的多元化海洋公共服务主体格局

1. 夯实协同政府构建全面推进海洋强省建设

协同政府是指为提高跨部门合作质量以实现政府追求的共同目标，在解决针对职能管理的“碎片化”问题时，打破传统的组织界限，有效协同各个相互独立的政府部门和组织的机制。

协同设置海洋发展协调机构。协同政府提倡当有特定政策目标时，在保持原本部门界限的前提下，以信任为基础进行跨部门和跨组织合作。在实际处理海洋发展相关问题时，广东省可设立涉海综合协同机构或海洋工作领导小组，对海洋发展事业“定方向、制政策、化矛盾、促合力”。

推动海洋信息制度化共享。广东省海洋信息的公开与共享将促进公众主动参与相关公共事务，有助于推动服务型政府建设。随着大数据时代的到来，广东省海洋管理部门应更好地利用信息化平台，开发智能化的海洋综合管控系统，推动海洋信息互联互通，更好地促进各部门之间的协同发展。

协同构筑高水平质量海洋基础设施体系。广东省将坚持陆海统筹、山海互济，强化港产城联动，从顶层设计出发完善海洋公共基础设施建设，推动粤港澳大湾区海洋经济融合发展。充分利用海博会、消博会、高交会、广交会、博鳌亚洲论坛等平台促进广东与海南相向发展，聚焦航运、能源等基础设施建设、高技术产业发展及生态环境保护等领域，高质量、高水平谋划合作项目，共同把“黄金水道”和客货运输最佳通道这篇大文章做好，更好地推动海南自由贸易港与粤港澳大湾区联动发展。

2. 打造多元主体协同分工、共同决策的治理格局

政府作为海洋公共服务的主体虽然有着不容置疑的正当性，但由于政

府的有限性，亟须更多的主体参与到海洋公共服务中来。海洋公共服务体系现代化，需要把市场和社会参与海洋决策的通道打通，通过再塑海洋制度基础、调整海洋治理结构，激发各涉海主体共同参与决策的活力和精神，形成多元化、负责任的海洋治理主体，构建各涉海主体之间边界清晰、分工合作、平衡互动的和谐关系。

把本应属于市场的职能交给市场，让市场来配置海洋服务资源。政府重点履行好海洋事业宏观调控、海洋公共服务等职能，做到低成本、高效率地为公众提供服务，即建成所谓的“有限政府”和“有效政府”。一般来说，纯海洋公共产品可以由政府提供。准海洋公共产品则可以通过政府补贴的方式，由政府和私人混合提供。

更加公正、有效地发挥社会组织的海洋公共服务主体作用。社会组织作为海洋公共服务的主体之一，它的非政府性、公益性和专业性，保证了其能够在海洋公共服务中更加公正、有效地发挥作用。首先，通过社会组织代替政府提供部分海洋公共服务，满足公众对海洋的多样化需求，提高海洋公共服务的供给效率。其次，通过社会组织协调不同海洋利益主体之间的利益冲突，整合复杂的利益关系。海洋作为一个庞大的综合体系，需要多个不同海洋行政部门和机构参与综合治理。社会组织作为第三方治理主体的介入，在协调和解决不同利益主体之间的矛盾、整合复杂的利益关系中起到至关重要的作用。同时，社会组织作为政府和公众之间沟通的桥梁，能协调政府和公众之间不同的利益诉求，寻求利益的最大化。最后，通过社会组织提升公民的海洋素质，营造良好的海洋治理文化。

五、积极推进海洋公共服务开放合作

1. 推动海洋生态保护，共筑防灾减灾防线

积极倡导和平发展，促进涉海事业与沿海国家的海洋产业合作，共同建设友好港口和临港物流园区。倡导互利合作共赢的海洋共同安全观，加强海洋公共服务、海事管理、海上搜救、海洋防灾减灾、海上执法等领域合作，提高防范和抵御风险能力，共同维护海上安全。重点关注我省海洋

产业技术发展与国际标准接轨，积极参与国际海事交流。海洋观测监测网作为海洋产业的基础设施，也受到了全球的重视。为了完善海洋立体观测体系，广东省在“十四五”规划中明确将“智慧海洋工程”作为重点项目，旨在构建全方位、多层次、立体化的海洋观测监测网，实现对海洋环境的全面、精准、实时监测。这将为广东省的海洋产业发展提供强有力的支撑，也将为广东省的海洋环境保护和海洋资源的可持续利用提供有力保障。

2. 进一步深化粤港澳蓝色经济合作

全力推进粤港澳大湾区建设，发挥香港—深圳、广州—佛山、澳门—珠海强强联合引领带动作用，共同打造世界级湾区。依托深港、广佛、珠澳极点和广深港、广珠澳科技创新走廊建设，形成具有全球影响力的国际海洋科技创新策源地。以广州南沙、深圳前海、珠海横琴为载体，共同建设高端现代海洋产业基地。推动广州打造世界海洋创新之都，构建江海联动海洋经济创新发展带，形成海洋科技创新和综合管理与公共服务高地。加大粤港澳地区投入力度，建设海洋科学研究设施、海洋观测站、海洋渔业基地等基础设施，为提高海洋公共服务水平提供有力支撑。充分利用各自的资源优势，加强海洋渔业、航运、港口物流、海洋旅游等产业的合作，促进产业结构优化升级，提高区域整体竞争力。深度融入港澳科技研发氛围，构建粤港澳创新共同体。加快推进深圳前海、广州南沙、珠海横琴等重大平台开发建设，充分发挥其在进一步深化改革、扩大开放、促进合作中的试验示范作用，拓展港澳发展空间，推动公共服务合作共享，引领带动粤港澳全面合作。

3. 积极促进海洋管理和科技合作创新

加强海洋科技合作和创新，充分发挥研究所、高校和企业之间的优势，确立清晰的分工，注重彼此的合作，推动构建海洋命运共同体。形成以市场为主导、企业为核心、高校科研院所为支撑、政府为推动、产业链为载体的“政产学研用”相结合的海洋科技创新示范体系，让科技创新成为打造高质量发展战略要地的重要引擎。目前，广东省内的研究所和高校之间已经建立了密切的联系，为学生提供了良好的实践和学习平台。为了更好地实现“十四五”规划和 2035 年远景目标，广东省要加强研究所、高校和企业之间的联系，利用企业资源，培养更符合市场需求的高质量人才，以加快广东省海洋经济的发展进程。

参考文献

陈兴麟,吴黄铭,汤熙翔,2020. 中国海洋生物医药与制品产业发展建议——基于四个城市的调研分析[J]. 中国发展, 20(4): 14-21.

丁燕楠,高小玲, 2016. 全球海洋渔业产业格局与投资趋势分析[J].海洋开发与管理,33(9):59-64.

段荷蓉,白福臣,2023. 基于钻石模型海洋生物医药产业竞争力评价[J].产业创新研究,6:39-41.

冯蕊,史秦川,杨伦庆, 2020. 广东省海洋公共服务业发展探讨[J].合作经济与科技,(16):162-165.

冯贻东,冯汉林, 2021.现代海洋药物研发进展与浅析[J].应用海洋学学报,40(2):366-371.

高鸿业,2004.西方经济学(第三版)[M]. 北京: 中国人民大学出版社.

高庆彦,2021.中国城镇化与基本公共服务耦合协调时空演变及优化调控[D].昆明:云南师范大学.

顾协国, 2006.加快舟山市水产品精深加工产业发展的思考[J].浙江海洋学院学报(自然科学版),(3):331-334.

广东海洋协会,2022. 广东省海洋六大产业发展蓝皮书[M].北京:海洋出版社.

胡杰华,2023. 中国海洋生物医药产业竞争力研究 [D].上海:上海海洋大学 .

胡舜华, 张宏远, 曹园园, 等, 2023. 协同政府理论视角下江苏政府部门的海洋协同管理研究[J]. 海洋开发与管理, 39(12): 17-23.

姜雅, 2010. 日本的海洋管理体制及其发展趋势[J]. 国土资源情报,(2): 7-10.

李骏,周雪峰, 潘剑宇,等, 2021. 广东省海洋生物医药产业现状与发展机遇的思考[J]. 中国海洋药物, 40(1):41-48.

李学峰,岳奇,余静,等,2021.基于生态系统的挪威海海洋环境综合管理计划[J].海洋开发与管理, 38(6):24-30.

梁永贤,2020.山东省海洋经济创新发展研究[J].中国海洋经济,(2):96-112.

林香红,2020.挪威海洋产业发展态势研究[J].海洋经济,10(6):77-80.

林逸君, 2023. 海洋药物和生物制品产业发展经验与对策[J].科技管理研究, 43(15):

152-158.

刘波,朱广东,2021.江苏海洋经济高质量发展的问题、定位与路径[J].盐城师范学院学报(人文社会科学版),41(4):1-10.

刘帅,陈戈,刘颖洁,等,2020.海洋大数据应用技术分析与趋势研究[J].中国海洋大学学报(自然科学版),50(1):154-164.

刘兴,贝竹园,张呈,2021.加快上海全球海洋中心城市建设的思考[J].交通与港航,8(6):74-78.

唐菀晨,王迎利,2019.2018年欧美批准新药情况分析[J].中国药物评价,36(1):73-76.

王成,张国建,刘文典,等,2019.海洋药物研究开发进展[J].中国海洋药物,38(6):35-69.

王礼鹏,2017.如何推动海洋经济又好又快发展[J].国家治理,(22):27-39.

夏立平,苏平,2011.美国海洋管理制度研究——兼析奥巴马政府的海洋政策[J].美国研究,25(4):77-93.

徐祥民,于铭,2009.区域海洋管理:美国海洋管理的新篇章[J].中州学刊,(1):80-82.

薛国安,胡臣友,2020.强弱项补短板促进江苏海洋经济高质量发展[J].江苏政协,(12):19-20.

叶芳,2015.浙江海洋公共服务供给体系构建研究[D].南昌:南昌大学.

于婷,董明媚,殷悦,2021.海洋科学大数据共享与价值研究[J].海洋信息,36(3):31-42.

于喆,2015.全球鱼油市场未来增长势头强劲[J].中国水产,(1):43.

俞越鸿,2015.试论非政府组织在海洋综合治理中的作用[J].法制与社会,(32):186-187.

张承惠,2021.我国海洋金融事业发展的启示与建议[J].海洋经济,11(5):68-75.

张浩川,麻瑞,2015.日本海洋产业发展经验探析[J].现代日本经济,(2):63-71.

张善文,黄洪波,桂春,等,2018.海洋药物及其研发进展[J].中国海洋药物,37(3):77-92.

张所续,2020.挪威海洋战略举措的启示与借鉴[J].中国国土资源经济,33(7):34-40.

张效莉,万元,2018.上海海洋公共服务战略定位及政策建议研究[J].海洋经济,8(4):61-66.

赵臻,张继承,2013.浅论社会组织在海洋公共管理中的作用[J].海洋开发与管理,30(11):44-48.

周墨,2018.广东省海洋生物医药产业集群发展对策研究[D].湛江:广东海洋大学.

周墨,刘辉军,吴春萌,等,2018.湛江市海洋生物医药产业发展的PESTEL模型分析[J].金融经济,(2):89-92.

朱坚真,周珊珊,李蓝波,2020.广东海洋经济发展示范区建设对江苏的启示[J].大陆桥视野,(2):93-100.

自然资源部海洋发展战略研究所课题组,2023.中国海洋发展报告 2023[M].北京:海洋出版社.

SAMUELSON P A,1954. The pure theory of public expenditure[J]. The Review of Economics and Statistics, 36(4): 387-389.